D1628723

Károly Szelényi

FARBEN
Die Taten des Lichts
Goethes Farbenlehre im Alltag

Károly Szelényi

FARBEN
Die Taten des Lichts
Goethes Farbenlehre im Alltag

Bibliografische Information der Deutschen Nationalbibliothek
Die Deutsche Nationalbibliothek verzeichnet diese Publikation in der Deutschen Nationalbibliografie;
detaillierte bibliografische Daten sind im Internet über http://dnb.d-nb.de abrufbar.

Bei den Fotos in diesem Buch handelt es sich um Aufnahmen des Autors,
soweit nicht anderweitig angegeben.

Die Illustrationen wurden mit freundlicher Genehmigung den Sammlungen folgender Institutionen entnommen:
*Amerikanische Zionistische Frauenorganisation, Jerusalem; Josef Albers Museum Quadrat, Bottrop;
Egyházmegyei Könyvtár (Bibliothek der Kirchendiözese), Eger; Helikon Kastélymúzeum (Helikon Schlossmuseum), Keszthely;
Herendi Porcelánmanufaktúra Zrt. (Herender Porzellanmanufaktur AG), Herend; Magyar Tudományos Akadémia Könyvtárának Goethe-Gyűjteménye (Goethe-Sammlung der Bibliothek der Ungarischen Akademie der Wissenschaften), Budapest;
Magyar Tudományos Akadémia Művészeti Gyűjteménye (Kunstsammlung der Ungarischen Akademie der Wissenschaften),
Budapest; Kner Nyomdaipari Múzeum (Kner-Museum), Gyomaendrőd; Magyar Természettudományi Múzeum (Ungarisches
Museum für Naturkunde), Budapest; Magyar Nemzeti Múzeum (Ungarisches Nationalmuseum), Budapest;
Magyar Néprajzi Múzeum (Ungarisches Ethnographisches Museum), Budapest; Magyar Nemzeti Galéria (Ungarische
Nationalgalerie), Budapest; Országos Széchényi Könyvtár (Landesbibliothek Széchényi), Budapest;
Palóc-ház (Palozenhaus), Parád; Vass László-Gyűjtemény (László-Vass-Sammlung), Veszprém*

© 2012 Károly Szelényi / Hungarian Pictures, Veszprém–Budapest

Deutsche Ausgabe:
E. A. Seemann Verlag in der Seemann Henschel GmbH & Co. KG, Leipzig
ISBN 978-3-86502-289-9
www.seemann-verlag.de

Die Verwertung der Texte und Bilder, auch auszugsweise, ist ohne die Zustimmung
der Rechteinhaber urheberrechtswidrig und strafbar. Dies gilt auch für Vervielfältigungen, Übersetzungen,
Mikroverfilmungen und für die Verarbeitung mit elektronischen Systemen.

Umschlagmotive: Károly Szelényi
Umschlaggestaltung: Lambert und Lambert, Düsseldorf
Redaktion und Bildauswahl: Aranka Sz. Farkas
Register: Rita Vaskó-Ábrahám

Co-Autoren:
László Tolcsvay (Gedanken über das Verhältnis der Farben und der Musiktöne)
Attila Farkas (Farbensymbolik im Bereich der Kulturen, insbesondere in der katholischen Kirchenliturgie)
Tamás Raj (Die Farben im Alten Testament und in der jüdischen Tradition)

Lektor: Stephanie Jahn
Fachlektoren: Anna Ács (Volkskunde), János Auber (Chemie), László Beke (Kunstgeschichte), Dóra Maurer (Josef Albers),
István G. Szabó, Zsolt Németh, Cecilia Polnauer, András Szabó, (Physik, Optik), Gergely Nagy (Architektur)
Deutsche Übersetzung: Eva Berta, Gyula Berta, Birgit Torjai
Deutsche Redaktion: Eva Berta, Aranka Sz. Farkas, Birgit Torjai
Projektleitung: Caroline Keller

Vorbereitung, Satz und Reproduktionen: Gellért Áment, Borbély Gézáné, Attila Kispál, Evelin Kispál,
Balázs Kóger, Balázs Renner
Herstellung: Thomas Flach

Druck: Prospektus Nyomda, Veszprém
Bindung: Stanctechnik GmbH, Budapest
Printed in Ungarn, 2012

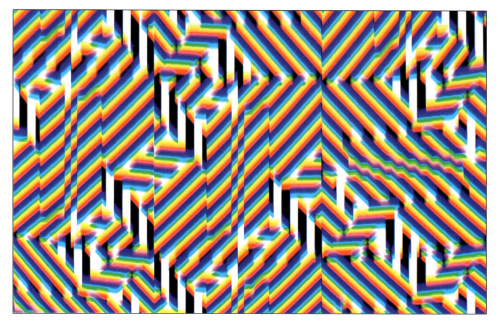

Dan Reisinger: Die Befreiung der Farben. Prismatisches Phänomen

„Mit diesem Buch hat Károly Szelényi Goethes Farben der Welt zurückgegeben."

Dan Reisinger

Grafiker, Designer
Honorarprofessor der Moholy-Nagy-Universität
für Kunst und Kunstgewerbe, Budapest

„Das Ohr ist stumm, der Mund ist taub:
aber das Auge vernimmt und spricht.
In ihm spiegelt sich von außen die Welt.
Von innen der Mensch."

JOHANN WOLFGANG VON GOETHE

Einführung

Mit der Verbreitung der Computertechnik, dem Aufkommen der digitalen Datenverarbeitung und der dreidimensionalen Bildgestaltung hat sich auch die Technik der Bildfixierung grundlegend geändert. Zur bildlichen Wiedergabe unserer Umwelt stehen uns Menschen im 21. Jahrhundert zuvor nicht geahnte Möglichkeiten offen, durch diese neuen Mittel das früher schwer oder gar nicht zu Erreichende „begreifbar" und „erkennbar" zu machen. Leider ist dies nicht nur von Vorteil, sondern damit ist auch die Gefahr verbunden, dass die physikalischen Gesetzmäßigkeiten und die Werte der traditionellen Methoden sowie die ästhetischen und psychologischen Gesichtspunkte für überflüssig gehalten werden. In letzter Konsequenz kann dieser Prozess zu einer Verflachung unserer visuellen Kultur führen. Die fundamentalen Regeln jedoch, das Prinzip der Camera obscura, der Lichtlehre, der Perspektive und der Farbenlehre und die Wahrheiten der Sensitometrie müssen von unantastbarer Gültigkeit bleiben.

Unter den Informationen über die Außenwelt durch unsere Sinnesorgane beschäftigten das Sehen und die Mittel des bildlichen Ausdrucks der Umwelt Philosophen wie Aristoteles, das Universalgenie Leonardo da Vinci und Kunstschaffende wie Eugène Delacroix und in jüngerer Zeit Josef Albers. Ihre Ideen bewegten sich allgemein auf theoretischer Ebene, bestenfalls hat der eine oder andere Kunstlehrende experimentelle Mittel zu Hilfe genommen, um eine Beweisführung anzutreten. Vielleicht war das Bauhaus dank seiner hervorragenden Künstler und Pädagogen die einzige Institution, die Theorie und Praxis miteinander zu verknüpfen verstand.

Ich hatte das Glück, während vier Jahrzehnten sowohl alte Kunstwerke als auch Schöpfungen heutiger Künstler sowie sakrale und profane Bauwerke bzw. unterschiedlichste Landschaften abbilden zu können. Neben kulturellen Höhepunkten boten sich mir außerdem Gelegenheiten zur Darstellung materieller Genüsse, wie die Wiedergabe der Ess- und Trinkkultur. Im Laufe meiner Tätigkeit begleitete ich die fantastische qualitative und praktische Entwicklung der Bilddarstellung in Farben und in meinen Aufnahmen bemühte ich mich darum, die theoretischen Erkenntnisse stets mit der neuesten Technik zu verbinden.

Vor mehreren Jahren habe ich beschlossen, einen „visuellen Atlas" als Zusammenfassung meiner Erfahrungen der nächsten Generation zu überreichen, welcher im Zeitalter der digitalen Technik helfen soll, durch Erläuterungen fundamentaler Gesetzmäßigkeiten, den Prozess der Bildschöpfung zu verstehen.

Als Modell zur Darstellung der visuellen Wirklichkeit habe ich die uralte Form, die Wiege jeglicher Existenz, das mythische Symbol der Geburt, das EI, gewählt. Durch seine jedem bekannte Größe und Form ist das Ei hervorragend dazu geeignet, räumliche Veränderungen plastisch zu veranschaulichen. Auf dessen Oberfläche kommen die Gesetzmäßigkeiten der Farben- und Lichtlehre ausgezeichnet zur Geltung. So ist es gelungen, bisher nur beschriebene oder lediglich in Zeichnungen dargestellte Phänomene im Fotoverfahren unter Verwendung von Filtern vorzustellen. Auch für die zu erläuternden Theorien habe ich das Ei als „Modell" gewählt und dazu praktische Beispiele angeführt.

Meine Studie umfasst drei gegeneinander abgrenzbare, aber selbstverständlich nicht abtrennbare Gebiete der bildlichen Darstellung: die des Raums, des Lichts sowie der Farbenlehre. Je mehr ich mich in meine Arbeit vertiefte, umso entschiedener hat sich in mir die Erkenntnis gefestigt, dass es die Farbenlehre ist, welche von diesen drei Sektoren die meisten widersprüchlichen Theorien in sich trägt und die Forscher dieses Themas sich daher in divergierende Richtungen bewegen. Darum beschloss ich als Praktiker, der mit Farben lebt und schaffenden Auges arbeitet, im ersten Band die Fragen der Farbenlehre und ihre über Jahrhunderte entstandenen Theorien zu untersuchen und in Buchform zu einer brauchbaren Synthese zu bringen. Ich ging auch deshalb mit besonderer Freude an die Arbeit, weil ich meine immer größer werdende Bewunderung gegenüber „dem geistigen Riesen" des 19. Jahrhunderts, dem Dichter, Schriftsteller, Philosophen und Naturforscher Johann Wolfgang von Goethe, ausdrücken kann. Er hat ohne Zweifel auf fast jedem Gebiet der Farbenlehre seine Handschrift hinterlassen. Sein Wirken und Wissen, das von seinen Zeitgenossen über Kunstschaffende des 19. und 20. Jahrhunderts bis in unsere Tage weitergereicht wurde, vermochte damit auch auf deren Denk- und Handlungsweise Einfluss nehmen.

In diesem Band soll die Aufmerksamkeit hauptsächlich auf die Studien derjenigen gerichtet sein, die nicht nur als praktizierende Künstler und Philosophen sondern auch als Pädagogen bedeutende Arbeiten geleistet haben. Von einigen technischen Handbüchern abgesehen liefern die Studien von Goethe, Johannes Itten, Antal Nemcsics, György Kepes, László Moholy-Nagy, Josef Albers, Wassily Kandinsky, Harald Küppers, Roman Liedl und Dóra Maurer den fachlichen Hintergrund dieses Buches. Dem Wirken des kongenialen Pädagogen Andreas Feininger und dessen Foto-Fachbüchern habe ich persönlich viele Anregungen zu verdanken.

In diesem Sinne wird sich meine Arbeit mit den wichtigsten Theorien der Farbenlehre befassen. Ich kann und möchte dabei allerdings nicht zu den zurzeit akzeptierten bzw. diskutierten Fragen der Farbenlehre Stellung nehmen. Ich lasse mich lediglich darauf ein, die gegenwärtig bestehenden grundlegenden Gesetzmäßigkeiten darzulegen und unter Zuhilfenahme von Bildern in der Praxis zu bestätigen.

DER VERFASSER

Die Bezeichnung der Malfarben und Lichtfarben der Farbenlehre sind unterschiedlich.
In der Umgangssprache gibt es für einen Farbton unzählige Bezeichnungen. Die physikalische Farbenlehre ordnet die Farben auf dem 360 Grad Farbenkreis.
Zur leichteren Orientierung fertigte der Autor eine dreiteilige Farbenscheibe mit 12, im Abstand von 30 Grad auf dem Farbenkreis angeordneten Lichtfarben in deutscher Sprache an, die auch die sechs Grundfarben des Farbenkreises nach Goethe enthält. Durch Drehen der Scheibe lassen sich die wesentlichen Kontraste sowie Zwei- und Dreiklänge einstellen.
Die Farbenscheibe ist in verkleinerter Form dem Buch beigelegt.
Zusätzlich wurde ein Farbenschach entworfen:
Drei dünne Holzplatten – bedruckt mit den 12 Grundfarben in 3 × 4 rechteckigen Feldern – lassen sich in drei Schichten miteinander verbinden, indem man auf die Basisplatte eine ovale und eine einrahmende ausgestanzte Schablone platziert. Damit können unzählige Varianten zusammengestellt werden. Die im Buch aufgezeigten Farbverbindungen entstanden auf der Basis des Schachs.

Geschichtliche Übersicht

Der Mensch ist von einer Welt der Farben umgeben. Allerdings kann er sich heute kaum vorstellen, wie vor vielen Jahrtausenden seine Vorfahren ihre farbige Umgebung wahrgenommen haben und wie sie sich die vom Licht abhängigen Veränderungen und stimmungsmäßigen Wirkungen erklärten. Zu einem der Aufschluss liefernden Fakten gehören u. a. die bis auf ein Alter von 30.000 Jahren zurückdatierbaren Felszeichnungen eiszeitlicher europäischer Urgemeinschaften. Sie stellen das erlegbare Wild ihres Lebensraums in lebhafter Bewegung und kräftigen Naturfarben dar und sprachen diesen Bildern offenbar magische Kräfte zu. Damit gaben sie ihnen bereits einen symbolischen Sinn. Seit historischen Zeiten kennt man die bei Naturvölkern bevorzugte rote Farbe (das beweisen rot angemalte Gesichtsmasken, Totempfähle und Amulette oder ihre rote Körperbemalung) und auch ein kleines Kind fühlt sich zu lebhaften Farben hingezogen.

In den Kulturen des Altertums (Babylonier, Akkader, Sumerer, Ägypter) hatten Farben in engem Zusammenhang mit ihrem Glauben eine mystische Bedeutung. In der ägyptischen Kultur (um 3000–640 vor Chr.) wurden neben den Erdfarben schon künstliche Farben, beispielsweise das Ägyptische Blau (ein Natriumsilikat) hergestellt.

In jedem Zeitalter hat man sich mit den Naturerscheinungen, ihren Zusammenhängen und so auch mit der Frage, wie Farbe entsteht, in unterschiedlicher Art und Weise beschäftigt. Die Untersuchung des Sehorgans und des Farbwahrnehmens hängt eng mit der Entwicklung der Kulturen und Zivilisationen, aber auch den jeweiligen geschichtlichen Geistesströmungen zusammen.

Die großen griechischen Denker der Antike haben die unterschiedlichsten Theorien über den Vorgang des Sehens ausgearbeitet. Die Pythagoräer meinten im 6. Jh. v. Chr., dass das Auge Strahlen aussendet, welche die Gegenstände abtasten. Ihre Hypothese erklärten sie damit, dass alle unsere Sinnesorgane konkav wie ein Gefäß ausgebildet sind, bereit zu empfangen und nur das Auge gewölbt – also konvex – ist und deshalb eine entgegengesetzte Funktion erfüllen könnte. **Sokrates** (469–399 v. Chr.) behauptete, dass das vom Auge ausströmende Feuer mit den bestrahlten Gegenständen zusammentrifft. Nach seinem Zeitgenossen **Demokrit** (um 460–371 v. Chr.) senden die Gegenstände durch die Wirkung des Lichts Bilder von sich selbst aus, die vom Auge aufgefangen werden. (Das ist auch nach heutigem Erkenntnisstand eine bemerkenswerte Feststellung.) Er und **Empedokles** (um 495–um 435 v. Chr.) haben schon vier Elemente (Erde, Luft, Feuer, Wasser) mit Farben in Zusammenhang gebracht. Ihre Theorie wurde von **Platon** (427–347 v. Chr.) und besonders von Aristoteles übernommen, und sie lässt sich bis hin zu Isaac Newton in zahlreichen Farbtheorien auffinden.

Aristoteles (384–322 v. Chr.) glaubte, dass der sich zwischen dem Gegenstand und dem Auge befindende „Äther" vom Licht aktiviert wird und das Sehen dadurch zustande kommt. Er befasste sich in mehreren Werken mit den Farben. Durch manche Feststellungen geriet er schon fast in die Welt der psychologischen Farbenlehre. Nach ihm sieht man keine einzige Farbe klar, so wie sie als solche ist, sondern nur so, wie sie schon einer Veränderung – sowohl durch fremde Farbe als auch durch Helligkeit oder Dunkelheit – unterlag. Einen Gegenstand

Totenkultmaske aus Ozeanien, bemaltes Holz (Ungarisches Ethnographisches Museum, Budapest)

kann man im Sonnenlicht oder im Schatten, bei Mondschein oder künstlichem Licht sehen, schwach oder stark beleuchtet, in unterschiedlichem Winkel sich neigend: die Farbe ist in jedem Fall anders geartet.

Seine Vorstellung, dass die Farben u. a. durch ständiges Zusammenstoßen von Licht und Dunkelheit entstehen, hat sich Jahrhunderte lang gehalten und selbst Goethe vertrat sie in seinem Streit gegen Newton.

Aristoteles hat auch ein Farbsystem entwickelt, in dem er die Farben den Urelementen zuordnete und sie sogar mit bestimmten Eigenschaften versah (Rot: heiß–trocken = Feuer, Blau: warm–feucht = Luft, Gelb: kalt–trocken = Erde, Grün: kalt–feucht = Wasser).

Er ordnete die Farben entsprechend des Sonnenlichts linear ein: das weiße Licht der Mittagssonne wechselt im weiteren Tagesverlauf auf Gelb, Orange, Rot bis zu Rotblau und vergeht im Tiefblauen. Dazwischen kann das Grün aufschimmern. (Vielleicht stammt daher die Beurteilung von Grün als Mittelfarbe.)

Von den antiken Denkern hat uns Aristoteles die umfassendste Farbentheorie hinterlassen.

Bis zum 19. Jahrhundert hielt sich die Meinung, dass die antiken griechischen Bauwerke

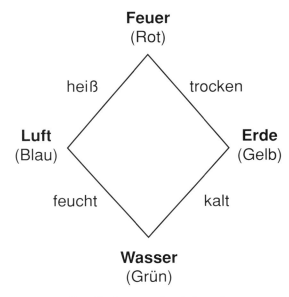

Das Farbsystem des Aristoteles

und Plastiken farblos waren. Entsprechende Forschungen bewiesen dann aber, dass von den Friesen des Parthenon über Statuen bis hin zu der Ausgestaltung von Gebäuden in Pompeji lebhafte Farben mit Vorliebe benutzt wurden. Der vornehmste Rang kam dabei dem Purpur zu.

Aristoteles kannte auch schon das Funktionsprinzip der Camera obscura.

Die Camera obscura, mit anderem Namen Dunkelkamera, Lochkamera, ist der Urahn der Laterna magica, des Projektors und des Foto-

Funktion der Camera Obscura auf einer Grafik von István Orosz

Mit der Camera obscura gemachte Aufnahmen

apparats. Ein geschlossener Kasten ist auf einer Seite mit einem Loch von engem Durchmesser versehen. Die durch diese Öffnung einfallenden Lichtstrahlen projizieren das farbgetreue, vom Mittelpunkt aus wiederspiegelte Bild eines außen stehenden Gegenstandes auf die gegenüberliegende Innenseite des Kastens. Anfangs wurden solch riesige Camerae obscurae gebaut, dass ein Mensch in ihnen Platz hatte.

Aristoteles konnte nicht ahnen, dass die Wissenschaft mehr als 2000 Jahre auf die Möglichkeit der Fixierung des entstandenen Bildes warten musste!

Erst durch die Vervollkommnung der Erfindung von **Joseph Nicépore Nièpce** (1765–1833) hat **Louis Jacques Mandé Daguerre** (1787–1851) 1839 ein Verfahren, die Daguerreotypie, entwickelt, bei der mithilfe einer jodierten Silberplatte erstmals das Gesehene festgehalten wurde. Damit nahm die siegreiche Laufbahn der Fotografie ihren Anfang. (Das erste Foto machte eigentlich Nièpce im Jahre 1826 auf einer Bitumenplatte.)

Alhazen (**Ibn al-Haytham**, um 965–1039), ein arabischer Naturforscher, hatte schon um das Jahr 1000 genauere Beschreibungen über den Gebrauch der Camera obscura angefertigt. Ihre Funktion überzeugte ihn davon, dass die in die Augen einfallenden Strahlen dort Bilder und Farben entstehen lassen.

Im ausgehenden 12. Jahrhundert versuchte **Papst Innozenz III.** (1198–1216) einen liturgischen Farbenkanon für die Westkirche einzuführen. Das Grün war für ihn – in Anlehnung an Aristoteles – die Mittelfarbe zwischen Rot, Schwarz und Weiß, die bei weniger wichtigen Festen zu tragen sei. Die Ostkirche bevorzugte lediglich helle Farben und Weiß, selbst zu Traueranlässen. Erst **Papst Pius V.** (1566–1572) erklärte das Tragen bestimmter liturgischer Farben an den Kirchenfesten des Jahres als obligatorisch.

Auf profaner Seite entstand im 12. Jahrhundert durch das aufstrebende Rittertum und dem Hochadel die Wappenmalerei, deren verbindliche Vorschriften bezüglich der Gestaltung und vor allem des Kolorits noch heute Heraldiker beschäftigt. Die Farben der Wappen gingen später in die Farben von Fahnen über, die selbst heute in nationalen Motiven vieler Länder weiterleben.

Von der Antike angefangen bis ins 20. Jahrhundert hinein versuchte man die Farben mit unterschiedlichen geometrischen Figuren oder mit den Jahreszeiten in Verbindung zu bringen. Besonders die Maler und Denker der Renaissance wandten sich wieder antiken Theorien zu: **Nicoletto da Modena** (1480–1538) beispielsweise stellte – von Platon ausgehend – folgende Verbindungen auf:

Kreis – Ikosaeder – Wasser – Grün
("Ikosaeder" = Zwanzigflächner)
Dreieck – Tetraeder – Feuer – Rot
Quadrat – Kubus – Erde – Gelb
Oktogon – Oktaeder – Luft – Blau

(Leonardo stellte die Zuordnung von Kubus und Erde infrage.)

Der Baumeister und Humanist LEON BATTISTA ALBERTI (1404–1472) verband das Grün mit dem Frühling, das Rot mit dem Sommer, das Weiß mit dem Herbst und das Dunkel (fuscus) mit dem Winter (Gage 2009, S. 33).

Zur Wende des 15./16. Jahrhunderts setzte der geniale Maler und Geisteswissenschaftler der Renaissance, LEONARDO DA VINCI (1452–1519) einen Meilenstein in der Entwicklung der Licht- und Farbenforschung.

Im *Trattato della pittura* (Das Buch von der Malerei), das posthum aus seinen Notizen zusammengetragen wurde, ist das wissenschaftliche und künstlerische Denken eines ganzen Zeitalters enthalten. Im Verlauf seiner breit gefächerten Untersuchungen von Maltechniken setzte sich Leonardo vorzugsweise mit dem Phänomen der Farben, Lichter und Schatten und deren Gesetzmäßigkeiten, wie auch mit den Regeln der Farbmischung und mit dem Verhältnis der Kontrastfarben auseinander. Er wies bei der Wahrnehmung der Farben auf die Verbindung mit den umliegenden und sich im Hintergrund befindenden Farben sowie auf die Raum formende Rolle des Lichts und des Schattens hin.

Seine Feststellung, dass jeder undurchsichtige Körper an den Farben der sich in seiner Umgebung befindenden Gegenstände bzw. seines Hintergrunds teilnimmt, kann als ein Axiom der Farbenlehre und dem Ausgangspunkt zahlreicher späterer Theorien angesehen werden. Seine mit Lichtphänomenen verbundenen Versuche (Lichtbrechung, Lichtbeugung) gingen den im 17. Jahrhundert mit fortschrittlicheren Geräten durchgeführten Experimenten voraus.

Neben der Ausarbeitung der Theorie über die Linienperspektive ist seine Entdeckung bezüglich der Farbenperspektive von größter Bedeutung. Auch er stellte eine Lochkamera her und nahm an, dass das Auge ähnlich wie diese arbeitet.

Er schuf ein Farbsystem, nach dem für die Malerei acht Grundfarben existieren (sechs Farben, sowie Schwarz und Weiß), aus denen alle anderen Farben mischbar sind. (Leonardos Wirken wird in einem Kapitel gesondert behandelt.)

Für die Naturwissenschaftler des 16./17. Jahrhunderts – Galilei, Kopernikus, Giordano Bruno und Kepler – eröffneten sich neue Wege zur Erforschung des Verhaltens des Lichts, der Lichtreflexion und der Lichtbrechung. Im Zusammenhang mit den Farben vertrat JOHANNES KEPLER (1571–1630) die Theorie des Aristoteles insoweit, als Farben aus der Vermischung von Licht und Dunkelheit entstehen.

1678 veröffentlichte der niederländische Physiker CHRISTIAN HUYGENS (1629–1695) seine Wellentheorie. Nach ihr ist das Licht eine Energie, die sich in Form von Wellen ausbreitet, ähnlich wie die Wellenbewegung auf einer Wasseroberfläche. Hierbei kann jeder Punkt der Wellenoberfläche als eine neue Lichtquelle betrachtet werden.

Die von Leonardo konzipierte Farbperspektive auf einer in Delphi gemachten Aufnahme: die hinter dem Heiligtum liegenden Berge schwimmen in blauer Farbe

Dem englischen Physiker **ISAAC NEWTON** (1643–1727) gelang zum ersten Mal eine wissenschaftliche Anordnung der Farben. Obwohl Forscher sich auch schon vorher mit „prismatischen Farben" befasst hatten (wie Leonardo, Galilei und andere), war er es, der im Laufe seiner Experimente zur Auflösung des Sonnenlichts durch ein dreieckiges Prisma erkannte, dass der weiße Sonnenstrahl ein zusammengesetztes Licht ist, dessen Grundelemente die Farben des Spektrums sind. Newton versuchte dann als Erster, dies in einem geschlossenen Farbenkreis darzustellen, indem er die beiden Enden der Farbenskala aneinanderfügte. Das so gefundene Farbenbild des Sonnenspektrums beinhaltet mit Ausnahme des Purpurs sämtliche Grundfarben: das Rot *(rubens)*, Orange *(aureus)*, Gelb *(flavus)*, Grün *(viridis)*, Blaugrün *(caerulus)*, Blau *(indicus)* und Violett *(violaceus)*.

Newton suchte außerdem eine Analogie zwischen der Anordnung musikalischer Töne und der der Farben herzustellen: er verglich die Reihe der Farben des Farbenkreises mit der Anordnung der Töne innerhalb einer Oktave. Sein Irrtum beruhte darauf, dass er die Anordnung der Farben in seinem Farbenkreis als endgültig betrachtete.

Er vertrat eine Korpuskular-Lichttheorie, nach der das Licht aus winzigen Materialteilchen (Korpuskeln) besteht, welche von der Lichtquelle an einer geraden Linie entlang mit sehr hoher Geschwindigkeit ausgestoßen werden.

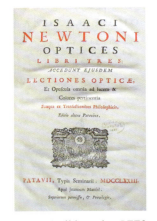

Das Titelblatt der 1773 veröffentlichten Ausgabe von Newtons „Opticks" aus der Sammlung der Staatlichen Széchényi Bibliothek, Budapest

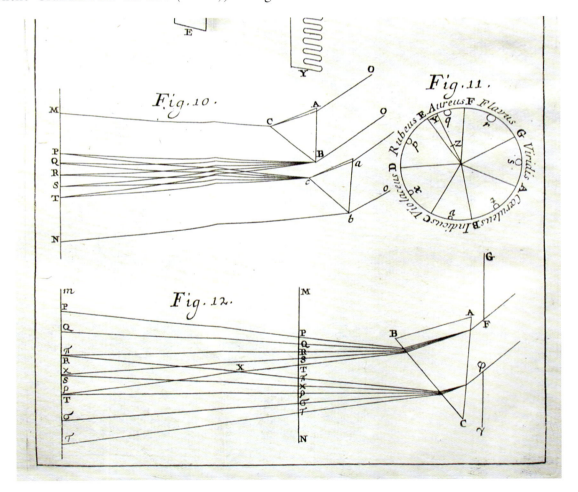

Die von Newton mit Prisma durchgeführten Experimente in seinem mit „Opticks" betitelten Werk. In dem von ihm geschaffenen Farbenkreis sind auch die Musiktöne einer Oktave angeführt

Die Wiederholung Newtonscher Experimente mit einem dreieckigen Prisma

Laut der modernen Physik kann die Ausbreitung des Lichts sowohl durch die Korpuskeltheorie als auch durch die Wellentheorie modelliert werden.

(Zur Entstehung der Farben sind auch andere physikalische Möglichkeiten bekannt, die wir als Interferenz-, Diffraktions-, Polarisations- oder Fluoreszenzphänomene kennen. Diese werden später behandelt.)

Theoretisch hatte Newton die Verbindung von Licht, Lichtreiz und dem Sehen richtig erkannt. In seiner Arbeit *Opticks* (1704) formulierte er, dass die Lichtstrahlen nicht farbig sind, sie bieten nur eine gewisse Kraft bzw. eine Möglichkeit die Farben wahrzunehmen.

Newtons naturwissenschaftliche, aber vor allem physikalische Entdeckungen haben etwa zweihundert Jahre lang die Entwicklung der Wissenschaft bestimmt und außerdem auch auf die späteren Forschungen der Farbentheorie ernsthaft Einfluss genommen.

Mit der Anordnung der Newtonschen Farben experimentierten viele Forscher und Wissenschaftler: Sie versuchten, in dreieckigen Flächen oder Pyramiden die Farbtöne unterzubringen. Diese Versuche konnten wegen des Fehlens der Farbmessung und der gesättigten Farbstoffe nur Teillösungen bringen. Am weitesten kam dabei 1810 Goethes Zeitgenosse, PHILIPP OTTO RUNGE (1777–1810): es gelang ihm die Lösung einer fast richtigen Farbenanordnung auf der Fläche einer Kugel (s. S. 27).

JOHANN WOLFGANG VON GOETHE (1749–1832) befasste sich nachhaltig mit der physiologischen und psychologischen Einflussnahme der Farben auf unser Sehen und wies damit einen neuen Weg zu deren Betrachtung auf. Er lehnte die ausschließlich physikalische Analysierung der Farben, die Newton vertreten hatte ab und verdeutlichte, dass unserem Sehorgan beim Zustandekommen der Farbempfindungen eine wesentliche Rolle zufällt. Nach ihm sind die Farben Naturereignisse und Gefühle, die nicht in Maßeinheiten auszudrücken sind. Sie werden von den sich im Auge abspielenden Vorgängen determiniert und sind deswegen eigentlich „Sinnestäuschungen".

In seinem Hauptwerk *Zur Farbenlehre** hat Goethe die bis dahin gültigen Erkenntnisse der Farbenlehre und die Resultate der früheren physikalischen Forschungen zusammengefasst und seine neuen, bis heute noch weitgehend gültigen Grundprinzipien seiner Theorien in allen Einzelheiten aufgezeigt.

Im Frühjahr 1791 hielt Goethe zum ersten Mal ein Prisma an sein Auge, das zu einer Reihe von optischen Geräten gehörte, die er aus der berühmten Instrumentensammlung des Jenaer Hofrats CHRISTIAN WILHELM BÜTTNER (1716–1801) ausgeliehen hatte. Vor der Rückgabe der Teile, die seit Monaten unberührt in seinem Schrank lagen, wollte er sich wenigstens einmal noch vom Sachverhalt der Newtonschen Farbphänomene überzeugen lassen, von denen er schon oft gehört hatte. Er hielt also das Prisma vor sein Auge und drehte sich zuerst in Richtung einer weißen Wand, konnte aber statt der erwarteten Regenbogenfarben nur Weiß sehen. Dann hielt er das Prisma in Richtung eines Fensters auf die Stelle, an welcher sich der Himmel und der dunkle Fensterrahmen trafen und da wurde ihm ein wunderbares Farbphänomen zuteil: Mit einem Schlag stellte er fest, dass die gesehene Erscheinung von Newtons Theorie abwich! Daraufhin gab er das Prisma Büttner nicht zurück und widmete sich in den folgenden Lebensjahrzehnten auch dem intensiven Studium des Lichts und der Farben.

Als Resultat dieses Experiments lehnte Goethe die Korpuskular-Lichttheorie Newtons ab. Er gelangte zu der Überzeugung, dass im weißen Licht keine Farben verborgen sind. Zur Darstellung der Farben ist nicht nur Licht, sondern auch Dunkelheit erforderlich: die Farben entstehen durch das Zusammentreffen von Licht und Dunkelheit. (Somit ist Goethe der letzte Vertreter der Farbenlehre des Aristoteles.) Er stellte fest, dass das Helle und das Dunkle und die zwischen ihnen entstehenden Farben diejenigen Elemente sind, aus denen das Auge seine eigene Welt schöpft und erschafft (s. *Nachträge zur Farbenlehre*). In dieser Mischung von Dunkelheit und Helle glaubte er das Urphänomen gefunden zu haben, das in einer einheitlichen Ordnung die unterschiedlichsten Farberscheinungen unserer Sinneswelt zusammenfasst.

Während die Physik Newtons die Dunkelheit als Fehlen des Lichts betrachtet, behauptet Goethe, dass die Dunkelheit der Gegensatz der Helligkeit ist, sie setzen sich gegenseitig voraus und beleben sich gegenseitig, durch sie wird die sie umgebende Welt erkennbar. Das Licht an sich ist unsichtbar, nur durch eine beliebige Materie kann man es wahrnehmen: Es schafft stoffliche Nähe – eine sonnenbestrahlte Wiese umringt uns sozusagen –, während die Dunkelheit in uns das Gefühl von Raum und Entfernung erweckt. So also sind sowohl die Helligkeit als auch die Dunkelheit, wie auch die Materie und der Raum voneinander untrennbar. Sie existieren nur in einem Bezug zueinander.

Die Gedanken Goethes sind auch vom wissenschaftlichen Standpunkt aus bemerkenswert; seitdem gibt es – insbesondere dank der Physik des 20. Jahrhunderts – exakte Antworten auf die aufgeworfenen Fragen.

---

* Diesem Buch liegt die Gesamtausgabe des Cotta'schen Verlags von 1851 zugrunde.

Die Wiederholung von Goethes Experiment aus dem Jahre 1791 an einem Fenster mit einem vor die Linse des Fotoapparats montierten Prisma

Der Autor hat Goethes erstes Erlebnis mithilfe eines vor das Objektiv des Fotoapparats montierten Prismas wiederholt und folgendes Phänomen stellte sich ihm dar: Die im Fenster stehenden Blumen und die Fensterrahmen erschienen durch das Prisma in farbenprächtiger Schattierung. (Die Erklärung dieses Phänomens wird im Kapitel „physikalische Farben" gegeben).

Eckart Heimendahl, ein anerkannter Goethe-Forscher, nimmt in seinem Buch *Licht und Farbe* (1961) zu Goethes Theorie so Stellung: „Es ist uns schon zu gewiss geworden, dass die Farben als Lichtenergien nicht der Dunkelheit bedürfen, um zu sein. Denn jedes chemische Element sendet im glühenden Gaszustand »seine« Farben aus. Gehört die Dunkelheit zu unserer Welt, so wird sie oft dazu dienen, die Farben in Erscheinung zu bringen. Aber das Dunkel und seine Schatten, mögen sie sie auch herausfordern, indem sie das Licht im Auge farbig provozieren, die Farben sind die Mitglieder und Zeichen des Lichts, das in der Spannung seiner Buntheit selbst den Hell-Dunkel-Gegensatz (Gelb/Blau [Cyan])* farbig in sich hält" (s. Heimendahl 1961, S. 37). Weiter sagt er, dass unter den Experimenten von Newton und Goethe der grundlegende Unterschied darin liegt, dass Newton das Verhalten des Lichts vom objektiven Standpunkt des außen stehenden Betrachters beobachtete, während Goethe durch sein Prisma gegenständliche Gestalten als „Mitspieler" überprüfte (S. 30). Newton studierte das reine Licht, Goethe beobachtete mithilfe seines Prismas Formen und Grenzen. Newton machte mit seiner Lichtanalyse quantitative Bestimmungen, Goethe dagegen legte den Akzent auf die Prüfung der qualitativen Seiten der Phänomene, auf die Prüfung des Ursprungs und der Wirkung der Farben.

Auf welche Weise trug Goethe zur psychologischen Annäherung der Farbempfindung und zur heutigen ästhetischen Farbenlehre bei?

1) Goethe entwarf einen *sechsgliedrigen Farbenkreis,* dessen „phänomenale" Grundfarben Purpur [Magenta], Gelb und Blau [Cyan] sind. Sie sind die Malgrundfarben bzw. die Farben der subtraktiven Farbmischung und der dreifarbigen Drucktechnik. Die Mischfarben erster Ordnung sind Grün, Blaurot [Violett] und Gelbrot [Orange]. Dieses sind die Farben der additiven Farbmischung. Gemeinsam bilden sie den sechsteiligen Farbenkreis, der bis heute der Ausgangspunkt aller Farbenkreise unterschiedlicher Farbsysteme geblieben ist. Der von

---

* Da die Farben des Farbenkreises seitens der einzelnen Forscher unterschiedlich angegeben sind, wird man im Folgenden neben den verwendeten Farbnamen die heute gültigen Farbnamen des Farbenkreises in [ ] anführen. Mithilfe der dem Buch beigelegten Farbenscheibe können die Farben und Farbverbindungen identifiziert werden.

ADOLF HÖLZEL (1853–1934) aus diesem weiterentwickelte zwölfteilige chromatische Farbenkreis dient als Grundlage aller heute gebräuchlichen Farbenkreise.

2) Aufgrund seiner in der Natur und Umwelt gewonnenen Erfahrungen, Beobachtungen und durch Experimente stellte Goethe fest, dass unser Auge im Augenblick der Aufnahme der Farben nach *Totalität* strebt und nach der Komplementärfarbe der gesehenen Farbe verlangt, „um in sich den Farbenkreis abzuschließen". „Die mannigfaltigen Erscheinungen, auf ihren verschiedenen Stufen fixirt und nebeneinander betrachtet, bringen Totalität hervor. Diese Totalität ist Harmonie fürs Auge." (Goethe: *Zur Farbenlehre*, 4. Abt./706)

Die Wahrnehmung der Farben ist eine Konversation mit unserem Umfeld, indem wir auf eine vorgegebene Farbe mit der „anderen Hälfte" derselben antworten.

Mit den später vorzustellenden simultanen und sukzessiven Kontrasterscheinungen hat Goethe die Grundlagen der Farbenharmonielehre geschaffen.

Auch seine Beobachtungen bezüglich der farbigen Schatten gehören zu diesem Phänomen.

Zwar kann die Physik die Komplementärfarben noch konkreter bestimmen, aber auf dem Gebiet der ästhetischen Farbenlehre haben sich die Thesen Goethes durchgesetzt. Sie wurden von Delacroix, van Gogh, Hölzel, Klee und vielen anderen übernommen und angewandt.

3) Goethe befasste sich mit der Wahrnehmung der Maße von Schwarz, Weiß und Grau bzw. hellen und dunklen Farben (wie schon von Leonardo beschrieben): Zwischen zwei gleich großen Gegenständen wirkt der dunklere kleiner. (Dieses Phänomen nennt man *Irradiation* = Überstrahlung). Er bestimmte auch die Maße der wahrnehmbaren Unterschiede und beschäftigte sich ebenfalls mit der Raumwirkung der einzelnen Farben.

4) Goethe konzipierte die Leitprinzipien für *charakteristische* und *charakterlose Farbzusammenstellungen* und meinte, in den „starken Effekten" die Eigenschaft der musikalischen Dur-Tonarten und in den „weichen Effekten" die der Moll-Tonarten entdeckt zu haben. Mit der Aufzeichnung des charakteristischen Kolorits legte er die Grundlagen zur Farbenkombinatorik (s. 6. Abt./880).

5) Goethe hat bei der Farbwahrnehmung und in der Kunst dem Phänomen der *scheinbaren Mischung* große Bedeutung beigemessen, namentlich in Bezug auf das in unserem Sehorgan stattfindende Verschmelzen der Farbpunkte und Farbstreifen. Wenn diese nämlich so klein sind, dass sie aus gebührender Entfernung nicht mehr einzeln erkannt werden können, wird unser Auge die Mischfarbe aus diesen Einzelfarben wahrnehmen (s. 3. Abt./560, 6. Abt./823). Diese Methode wurde zur Eigenheit des Impressionismus, Neoimpressionismus, Pointillismus bis hin zur Op-Art. Die Gesetzmäßigkeit kommt sowohl bei der Licht- als auch der Farbstoffarbe zur Geltung.

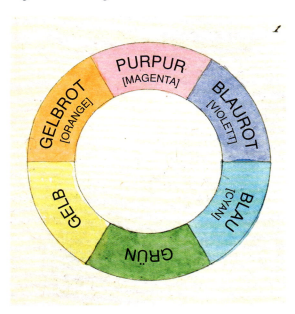

Goethes sechsteiliger Farbenkreis

Ein aus dem Leben gegriffenes Beispiel einer „scheinbaren Mischung": das homogene Aussehen der in den Farben Blau-Weiß ihrer heimischen Fußballmannschaft gekleideten Schlachtenbummler im Gelsenkirchener Stadion auf Schalke 04

6) Die Veränderung der Farben, die durch quantitatives Zunehmen, durch Sättigung und Überschattung der sie tragenden Mittel entstehen, hat Goethe *Steigerung* genannt. Sie wird beispielsweise bei Zunahme der Menge in einem mit farbigem Wasser gefüllten Glasbehälter beobachtet. „Es ist dieses eine der wichtigsten Erscheinungen in der Farbenlehre, indem wir ganz greiflich erfahren, daß ein quantitatives Verhältniß einen qualitativen Eindruck auf unsere Sinne hervorbringe..." (s. 3. Abt./519).

7) Goethe führte für die im Farbenkreis sich in 120° gegenüberliegenden Farben, die Gegensätze von Gelb und Blau [Cyan], den Begriff *Polarität* ein. Er gab der aktiven (gelben) Seite das mathematische Pluszeichen und der passiven (blauen) Seite das Minuszeichen bei und stattete beide Seiten mit bestimmten Eigenschaften aus (s. 4. Abt./695).

8) Goethes Feststellungen über die *sinnlich-sittliche* Wirkung der Farben lassen erkennen, wie außerordentlich überzeugend und tiefgehend sie Einfluss auf unseren Gemütszustand, unsere Gefühle, unseren ästhetischen Sinn und unsere innere Welt nehmen. Das Auge braucht die Farbe. Die durch einzelne Farben verursachten Eindrücke sind von spezifischer Wirkung und rufen in unserem Bewusstsein dementsprechende Zustände hervor. Nach Beobachtung seiner Umwelt fand Goethe Antwort auf den Sinngehalt der einzelnen Farben und deren gefühlsmäßiger Ausstrahlung. Damit hat Goethe die Grundlagen zur *Farbenpsychologie* gelegt.

Goethe hütete sich davor, das Licht mechanisch oder ganz abstrakt zu bestimmen. Ein Mensch ist beispielsweise mit psychologischen Theorien schwer charakterisierbar. Wenn man dagegen sein Verhalten und seine Aktivitäten (Taten) nebeneinander stellt, zeichnet sich bereits sein Charakterbild ab. Auf ähnliche Weise untersuchte Goethe die Erscheinungen, in denen uns das Licht durch die Farben seine vielfältige Natur aufzeigt. Man muss das Licht in seinen Aktivitäten und den daraus folgenden Wirkungen betrachten, um zu den Farben zu gelangen. „Die Farben sind Thaten des Lichts, THATEN UND LEIDEN", sagte er (s. Vorwort zum didaktischen Teil *Zur Farbenlehre*).

Also das Resultat (die Tat) des Lichts ist die Farbe, die dann zustande kommt, wenn das Licht der Dunkelheit begegnet, und die Leiden sind jene Spannungen und Widerstände, die das Licht während der Entstehung der Farben über sich ergehen lassen muss.

Die Farben eröffnen also den zum inneren Wesen des Lichts führenden Weg.

Um die Gesetzmäßigkeiten der Erscheinungen erkennen zu können, verfügt der Mensch von Geburt an über Sinnesorgane, zur Erkenntnis und zum Wissen kommt er aber nur durch entsprechendes Studieren. Goethe hat der Schulung der Persönlichkeitsentwicklung eine große Bedeutung beigemessen. Seiner Ansicht nach braucht das sehende Auge mehr als nur den Einfall des Lichts: es braucht auch das innere Licht des Verstandes. Das ist aber nur durch die aktive Teilnahme an der Welt und durch eine ständige Weiterentwicklung des Sehorgans möglich. Wenn man in einem Arboretum ohne besondere botanische Kenntnisse spazieren geht, sieht man zwar das gleiche wie ein Fachmann, aber man registriert weniger Erscheinungen und Details als er, und man fasst ihre Bedeutungen anders auf.

Vielleicht wissen nur wenige, dass der Dichter seine Farbentheorie über seine Dichtung und über alle seine anderen Arbeiten stellte.

ARTHUR SCHOPENHAUER (1788–1860) wurde von Goethe selbst in dessen Farbenlehre eingewiesen. Er entwickelte die Theorien Goethes teilweise weiter, aber ihre Meinungsverschiedenheiten und Streitigkeiten führten zum Bruch ihrer Verbindung.

Schopenhauer vertrat die These, dass die Netzhaut durch die komplementären Gegensatzpaare Magenta und Grün, Orange und Blau sowie Gelb und Violett stimuliert würde.

Er stellte als erster fest, dass die Hirnfunktion beim Zustandekommen der Farbempfindung eine wichtige Rolle spielt.

Im Laufe der Erforschung des Lichts veröffentlichten **AUGUSTIN JEAN FRESNEL** (1788–1827) und **THOMAS YOUNG** (1773–1829) im Jahre 1825, dass sich das Phänomen der Interferenz, der Wellenbeugung und der Polarisation aus der Wellentheorie des C. Huygens ableiten lässt. Sie zeigten auf, dass es sich bei den Lichtwellen um transversale, also senkrecht zur Ausbreitungsrichtung schwingende Wellen handelt.

Ein Beispiel der Polarität ist in einem Bürgerhaus in Budapest zu sehen: In einem farbigen Fenster von Miksa Róth (1865–1944) kommt der Kontrast von Gelb und Cyan zustande

Beim Aufeinanderprojektieren der um 180 Grad angeordneten Komplementärfarben entsteht die Farbe Weiß

Danach warteten zwei weitere Fragen auf ihre Lösung: die Messung der Wellenlängen und die Definition der Physiologie des Farbensehens.

Die Wissenschaft verdankt Thomas Young und dem Physiker und Physiologen **HERMANN LUDWIG VON HELMHOLTZ** (1821–1894) eine Entdeckung, welche die Grundlage der heutigen Farbentheorie bildet: Das menschliche Auge nimmt die Farben durch die Rezeptoren auf, die sich in den sogenannten Zapfen befinden. Diese bestehen aus drei unterschiedlichen Typen: die auf Rot empfindlichen Protos-, auf Grün empfindlichen Deuteros- und auf Blau empfindlichen Tritos-Fasern (Dreifarbentheorie).

H. L. Helmholtz erkannte als Erster, dass unser Auge nicht in der Lage ist, die einzelnen beteiligten Farben einer Farbmischung zu unterscheiden, im Gegensatz zu unserem Hörorgan, das einzelne Töne eines Akkordes heraushören kann.

Seine Erkenntnis, dass die Mischung von Licht und Materie anderen Gesetzmäßigkeiten unterliegt, ist von außerordentlicher Wichtigkeit: Seine Theorie über die additive und subtraktive Farbmischung hat bis zum heutigen Tage Gültigkeit. Er stellte in einer Tabelle die Komplementärfarbenpaare zusammen und beschäftigte sich auch mit dem Phänomen der Farbkontraste.

1864 veröffentlichte **JAMES CLERCK MAXWELL** (1831–1879) seine elektromagnetische Lichttheorie (Elektrodynamik), nach der sich das Licht – ähnlich wie bei der Elektrizität – in Wellen verbreitet. Mit seinen experimentellen Messungen und deren Erklärungen hat er zur Entwicklung der Farbmetrik (Kolorimetrie) einen bedeutenden Beitrag geleistet.

Sein Name ist auch mit der Ausarbeitung der Gesetzmäßigkeiten der additiven Farbmischung und der Formulierung der Prinzipien der Farbfotografie verbunden (1855). Maxwell hatte folgerichtig erkannt, dass jede Farbe aus der Mischung drei gut gewählter additiven Farben, prinzipiell aus den primären Spektralfarben herstellbar ist. Die so entstandene Farbe kann dann in ihre Grundfarben zerlegt werden. Obwohl viele Künstler längst wussten, dass man mit drei primären Pigmenten sämtliche Farbtöne mischen kann, vertraten die Physiker nach Newton, dass die sieben prismatischen Farben elementar, also nicht mischbar sind.

Maxwell fotografierte zuerst mithilfe eines orangen, dann grünen und violetten Filters farbige Schleifen. Die drei gewonnenen Bilder projizierte er mit Filtern auf eine Leinwand. Nach diesem Prinzip führte er 1859 ein farbiges Bild im „Royal Institut" vor.

Als erster konstruierte er ein solches Farbendreieck, in dem die Wellenlänge der einzelnen Farben schon mit Zahlen gekennzeichnet wurde. Seine Entdeckungen haben zu weiteren farbtheoretischen Forschungen einen erheblichen Anstoß gegeben.

Additive Farbmischung

In einer 1920 posthum publizierten Arbeit des Physiologen EWALD HERING (1834–1918) steht, dass er die Existenz der drei spektral abweichenden Zapfentypen nicht nur bestätigen, sondern denen noch die Empfindung weiterer Farben zuordnen konnte, nämlich die Farbenpaare Schwarz–Weiß, Rot–Grün und Blau–Gelb.

Er klassifizierte die Farben nicht nach ihren Wellenlängen, sondern nach den bei direktem Sehen wahrgenommenen Ähnlichkeiten und Abweichungen.

Die Wellenlängen seiner vier psychologischen Urfarben sind: Blau = 470 nm, dies entspricht der Wellenlänge des Cyan, Grün = 500 nm, Gelb = 570 nm und Rot = 700 nm. Hiermit kehrte Hering mit seinem System zu den Grundfarben von Leonardo zurück.

Diese Grundfarben bilden opponente Farbenpaare (Schwarz-Weiss, Rot-Grün bzw. Gelb-Violett), die von den drei Rezeptoren der Retina bearbeitet werden.

Hering nannte seine „Gegenfarbtheorie" das natürliche System der Farbempfindungen. Sie ist heute die Grundlage des „Natural Colour System" (in Abkürzung NCS).

Mit seiner Forschung hinsichtlich der psychophysikalischen Voraussetzungen des Farbensehens hat er zur Entwicklung der Farbenlehre wesentlich beigetragen. Unter anderem bewies er mit seinen Experimenten, dass die durch eine vorgegebene Farbe verursachte Farbempfindung in großem Maße von den Farben der Umgebung abhängt.

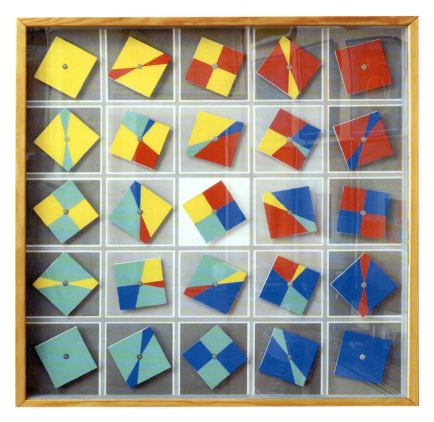

Antal Nemcsics: Aus den vier Urfarben entstehende Farben, 2010.
Akryl, 100 × 100 cm
Die 25 Teile drehen sich um ihre eigene Achse

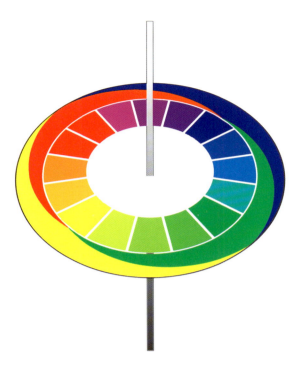

Herings Farbsystem

Der deutsche Physiker und Nobelpreisträger für Chemie **Wilhelm Friedrich Ostwald** (1853–1932) definierte in seinem Buch *Farbfibel* (1916) die Gesetzmäßigkeiten der Farben auf mathematischer Grundlage. Sein Farbsystem stützt sich auf die Urfarben Herings. Das 1923 erschienene Buch *Harmonie der Farben* befasst sich mit den Harmonien zwischen den einzelnen Farben und Tönungen. (Sein Farbsystem wird im nächsten Kapitel erörtert.)

Obwohl die Physik am Anfang des 20. Jahrhunderts mit der Relativitäts- und Quantentheorie und der Atomforschung die bisher kleinsten Teilchen der Materie fand, erwies sich trotzdem, dass sogar im Besitz dieser Erkenntnisse nicht alle Naturerscheinungen oder soziales und menschliches Verhalten erklärbar sind. Die Wissenschaftler wandten sich fachübergreifend an die Psychologie, den Behaviorismus oder die Psychoanalyse. In der Farbenlehre geschah Ähnliches: Man begann – angeregt von den Studien Goethes, **Michel Eugène Chevreuls** (1786–1889) oder Herings – sich ebenfalls mit der Psychophysik und Psychologie zu befassen. Charakteristisch sind für diesen Zeitabschnitt die folgenden Worte des Malers **Wassily Kandinsky** (1866–1944): „...aus der Tatsache, dass wir zu einer Zeit leben, die voll von Fragen, Ahnungen, Deutungen ist und deswegen von Widersprüchen..., können wir leicht die Folge ziehen, dass gerade in unserer Zeit ein Harmonisieren auf dem Grunde der einzelnen Farbe am wenigsten passend ist. Vielleicht neidisch, mit trauriger Sympathie können wir die Mozartschen Werke empfangen. Sie sind uns eine willkommene Pause im Brausen unseres inneren Lebens, ein Trostbild und eine Hoffnung, aber wir hören sie doch wie Klänge aus anderer, vergangener, im Grunde uns fremder Zeit. Kampf der Töne, das verlorene Gleichgewicht, fallende ‚Prinzipien', unerwartete Trommelschläge, große Fragen, zerschlagene Ketten und Bänder, die mehrere zu einem machen, Gegensätze und Widersprüche – das ist unsere Harmonie (Kandinsky 1965, S. 108).

Die Avantgarde-Künstler des Jahrhunderts – unabhängig davon, welcher Künstlergruppe sie angehörten – behandelten die wissenschaftlichen Farbsysteme mit Kritik und versuchten für die verschiedenen Farberscheinungen Antworten zu geben oder eigene Erklärungen zu finden.

Zwischen 1919 und 1933 wirkte in Deutschland das Bauhaus, eine Schule mit Werkstätten für gestaltendes Handwerk, Architektur und bildende Künste. Unter seinen Pädagogen drückten einige der Forschung über die Farbenlehre des 20. Jahrhunderts ihren Stempel prägend auf: **Johannes Itten** (1888–1967) gründete mit **Walter Gropius** (1883–1969) das Bauhaus. Als praktizierende Künstler und

Lehrer forschten W. Kandinsky, PAUL KLEE (1879–1940), JOSEF ALBERS (1888–1976) und LÁSZLÓ MOHOLY-NAGY (1895–1946) über die Lichter und Farben, über deren Form schaffende Rolle sowie über ihre gegenseitigen und psychischen Einwirkungen. Sie beurteilten das Farbsystem von Ostwald als zu objektivistisch.

J. Itten legte in seiner Arbeit *Die Kunst der Farben* das ästhetische System der Farben fest, die über Jahrzehnte das richtungsweisende Nachschlagewerk der Künstler und Kunsthistoriker wurde. Seine Tätigkeit basierte auf den Theorien von Goethe, Runge, dem Physiker WILHELM VON BEZOLD (1837–1907), Hölzel und M. E. Chevreul. Von führenden Persönlichkeiten der modernen Farbenlehre, wie beispielsweise von HARALD KÜPPERS (1928), wird Ittens Kontrasttheorie allerdings für orthodox und ungültig gehalten.

Die größtenteils spiritualistische Farbtheorie von Kandinsky wurzelte teilweise in Herings Gegenfarbentheorie und teilweise in Goethes Theorie über die sinnlich-sittliche Wirkung der Farben. Ihn beschäftigte vorrangig die geistige und gefühlsmäßige Wirkung der Farben bzw. deren Polarität. Sein 1912 herausgegebenes Buch *Über das Geistige in der Kunst* sucht vorwiegend die Verbindung zwischen Farben und Musiktönen und auch zwischen Farben und geometrischen Körpern.

Nach der Auflösung des Bauhauses in Deutschland führten mehrere Lehrer ihre Tätigkeit in den USA fort. L. Moholy-Nagy gründete in Chicago ein neues Bauhaus, J. Albers wurde als Professor an der Yale-Universität mit seinen Experimenten und Studien zu einem der Apostel der modernen Farbenlehre, nachdem er seine Grundthesen der visuellen Kommunikation niedergelegt hatte. (Mit seiner Tätigkeit und deren Wirkung befasst sich eine separate Studie).

Die Mitglieder der 1917 gegründeten holländischen Künstlergruppe De Stijl: PIET MONDRIAN (1872–1944), GERRIT RIETVELD (1888–1964), GEORGES VANTONGERLOO (1886–1965) und VILMOS HUSZÁR (1884–1960) polemisierten anfangs gegen das Farbsystem von Ostwald hinsichtlich der vier Urfarben, nahmen es später aber doch an (Gage 2009, S. 259).

Die 1896 gegründete Künstlerkolonie von Nagybánya (heute Baia Mare, Rumänien), die spätere „Freie Schule" vertrat die neuen revolutionären Bestrebungen der Franzosen des Malens im Freien (Plein-Air). Die Luft, die Sonne und die vibrierenden Reflexionen des Lichts, die Wirkungen der Atmosphäre verliehen ihren Bildern eine malerische frische Farbenwelt, die sich noch auf die heutige ungarische Malerei auswirkt.

1905 wurde Matisse zur führenden Persönlichkeit der neu gegründeten, nur kurzzeitig tätigen französischen Künstlergruppe „Fauves". Die Mitglieder der Gruppe strebten mit der Auflösung der Farbenwerte einen Einklang zwischen Ausdruckskraft und dekorativer Wirkung an.

Neben den vielseitigen und erfolgreichen Resultaten in der Physik und Physiologie, die das 19. und 20. Jahrhundert hervorbrachte, sind solche Themen in Vergessenheit geraten, die von Goethe bereits in seiner *Farbenlehre* formuliert wurden. Sonst hätte ein 1955 vorgestelltes Forschungsergebnis des amerikanischen Physikers EDWIN HERBERT LAND (1909–1991) – dem Erfinder der Polaroidkamera –, nicht eine derartige Überraschung ausgelöst: So, wie hundert Jahre zuvor 1855 Maxwell in einem ähnlichen Verfahren ein erstes farbiges Foto ausgearbeitet hatte, stellte der Wissenschaftler ein farbiges Bild her, indem er mithilfe von drei Farbfiltern im Wechsel (rot, grün und blau) ein Farbmotiv auf einen

Aufgrund eines Fragebogens von W. Kandinsky wurden im Bauhaus die synästhetischen Beziehungen zwischen Farben und Form untersucht. Die Mehrheit der Gefragten entschied sich für eine Zuordnung von Gelb zum Dreieck, von Rot zum Quadrat und von Blau zum Kreis

Schwarz-Weiß-Film ablichtete und Farbauszüge davon zog. Diese drei Schwarz-Weiß-Dias legte er in drei nebeneinander stehende Projektoren mit Filtern in der zuvor angewandten Farbanordnung, schaltete sie ein und gewann nach Übereinanderschieben der getrennten Bilder die anfangs abgelichtete farbige Szene auf einer Leinwand zurück. Bis dahin geschah nichts Neues.

Als Land dann aber rein Interesse halber die blaue Lichtquelle abdeckte, veränderte sich die Farbenwelt des Bildes keineswegs, selbst nicht bei zusätzlicher Abdeckung der grünen Farbe! Im Saal leuchtete lediglich eine Lampe mit schwachem Licht und das noch offene Licht mit dem roten Filter: Die Farben des projizierten Bildes blieben trotzdem unverändert, obwohl sie sich ein wenig blasser zeigten.

Nachdem Land den Verdacht hegte, dass ihn seine Augen wegen des langen Experiments täuschten, unterbrach er seine Arbeit, aber seine Neugierde trieb ihn in der nächsten Nacht abermals ins Labor, wo ihm das gleiche Ergebnis zuteil wurde. Dieses widersprach völlig der bisher akzeptierten Theorie des Drei-Farben-Sehens, dass nämlich sein Auge bei der roten Farbbeleuchtung einer Schwarz-Weiß-Komposition (neben einem schwachen farblosen Licht) ein farbiges Bild sehen konnte!

Land hatte unbeabsichtigt eine solche Erscheinung zustande gebracht, die Goethe in seiner *Farbenlehre* als das „Phänomen der farbigen Schatten" bezeichnete. Er hatte damals bereits festgestellt, dass ein Schatten, der von einem Körper geworfen wird, dann die Komplementärfarbe hervorbringt, wenn dieser Körper und seine Umgebung von einem einzelnen farbigen Licht beleuchtet und der Schatten durch ein farbloses Licht aufgehellt wird (s. 1. Abt./62–80).

Im Experiment von Land war dies also das Zusammenspiel zwischen den unterschiedlichen schattigen und aufgehellten Nuancen des Schwarz-Weiß-Positivs, dem es überdeckenden Rotlichts und der farblosen Raumbeleuchtung, die wegen des Strebens des Auges nach Totalität das ursprüngliche farbige Bild in Szene setzte.

Land zog aus seinem Experiment die Folgerung, dass die Wellenlängen der Lichtstrahlen (also der faktischen Farben) nicht so große Bedeutung haben, weil seiner Meinung nach das Farbsehen eher das Resultat der Aufeinanderwirkung der gleichzeitig ins Auge fallenden Strahlen von kürzeren und längeren Wellenlängen abhängt.

Otto Gerhard, einer der Verleger von Goethes Werken, versteht darunter „das dynamische Zusammenspiel von Licht- und Schattenflächen, das Farben aus den verschiedensten Entstehungsursachen zu Stande bringt." (Goethe, 2003, S. 347, aus: Hinweise zu besonderen Kapiteln *Zur Farbenlehre*) Das Ergebnis des Experiments war letztendlich ein Beweis dafür, dass die Farbempfindung im menschlichen Gehirn entsteht.

Lands Entdeckung hatte die Fachwelt nur für einen Augenblick auf die von Goethe vertretena Farbentheorie aufmerksam gemacht. Einige amerikanische Fachblätter schenkten dem Phänomen zwar große Aufmerksamkeit und das deutsche Magazin „Der Spiegel" publizierte 1959 einen Artikel unter dem Titel *Die schlafende Schönheit*. Da aber die im Laufe der Experimente sich zeigenden Farben nicht eindeutig genug qualifizierbar waren, konnten sie in der Praxis nicht zur Anwendung kommen.

Die Entdeckung Lands bedeutete trotzdem in der Polemik der Farbtheorien von Newton und Goethe einen weiteren Beweis zugunsten der psychologischen Farbenlehre.

Die Systematisierung der Farben

Die Griechen der Antike haben eine lineare Ordnung der Farben aufgestellt, die zwischen dem Tageslicht und der Dunkelheit der Nacht auftreten. Die Gelehrten des 16. und 17. Jahrhunderts (Della Porta, 1593; Aquilonius, 1613; Kircher, 1646) führten die ersten Versuche zur Darstellung zweidimensionaler Verbindungen der Farben durch. Della Porta kannte bereits das Spektrum, das durch ein Glasprisma entsteht.

Im Verlauf seiner Arbeit kam dem Autor eine Studie von Christian Illies in die Hände, in der dieser darauf verwies, dass zu dem 1613 veröffentlichten Lehrbuch der Optik des Jesuiten FRANCISCUS AQUILONIUS (1567–1617) der Maler PETER PAUL RUBENS (1577–1640) sechs feine Kupferradierungen lieferte. Dies führt zu dem Schluss, dass Rubens der folgenden genialen Abbildung begegnen, oder sogar selbst an ihr Anteil haben konnte. Die Zeichnung verbindet die Farben in Form von Kreisbögen: die beiden äußeren Pole werden durch Schwarz und Weiß dargestellt. Zwischen ihnen sind drei Grundfarben platziert: Gelb, Rot und Blau. Der sich nach unten wölbende Bogen von Gelb und Blau mündet im Grün, zwischen Gelb und Rot ist das Gold, zwischen dem Rot und Blau der Purpur gesetzt. Die Höhe der Bögen weist auch auf die Reinheit und Sättigung der einzelnen Farben hin: Sich dem Weiß und Schwarz nähernd mischen sich die Farben immer mehr mit ihnen und verlieren schließlich ihre Farbwirkung. Die Zeichnung ist ein exzellenter Beweis dafür, dass sich der forschende Geist bereits vor 400 Jahren in der Nähe der heutigen Erkenntnisse bewegte.

Obwohl im 15.–16. Jahrhundert einige Theoretiker probierten, die bis dahin verwendeten linearen Farbenreihen der Renaissance

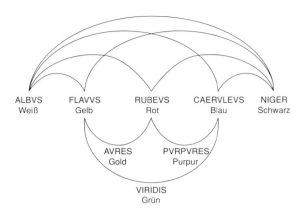

Abbildung der Farbenlehre des Aquilonius

mit entsprechenden Farbschattierungen zwischen den Hauptfarben aufzulockern, konnte eine Vereinheitlichung von Farbton und Tonwert in einem gemeinsamen System bis Ende des 16. Jahrhunderts nicht verwirklicht werden.

Die viel genutzte kreisförmige Anordnung der Farben geht interessanterweise auf eine Skala zurück, die Ärzte im Mittelalter zur Diagnosestellung mithilfe der Uroskopie (Harnuntersuchung) benutzten. Die Farben liefen von Weiß angefangen über eine Reihe von Gelb- und Rottönen bis hin zum Schwarz, das den Kreis vollendete, wobei verständlich ist, dass hier nur die eine Diagnose liefernden Farben verwendet wurden (Gage 2009, S. 171).

Der finnische Astronom und Neuplatoniker ARON SIGFRID FORSIUS (1569–1624) fertigte 1611 eine zweidimensionale „Farbkugel" an: Die vier Grundfarben Rot, Gelb, Grün und Blau bildeten einen Kreis, dessen Mittelachse Grau war. Leider konnte diese Farbkugel das Verhältnis des Farbtons und des Tonwerts noch immer nicht wiedergeben.

1677 gelang dem englischen Anatom und Physiologen FRANCIS GLISSON (1597–1677) einen ersten dreidimensionalen Farbkörper zustande zu bringen, auf dem er mit drei Grundfarben – Rot, Gelb, Blau – und Schwarz

Mayers Farbendreieck

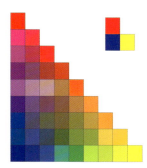

Das Basisdreieck der Farbenpyramide von J. H. Lambert

Die Farbenkugel von Ph. O. Runge

und Weiß die Gradierung zwischen Farbton und Tonwert definierte.

Der Mathematiker TOBIAS JOHANN MAYER (1723–1762) aus Göttingen fand 1745 zum ersten Mal zur Systematisierung der Farbtöne eine Lösung. Er platzierte seine drei Malfarben Zinnober [Magenta], Königsgelb [Gelb] und Bergblau [Cyan] jeweils in eine Ecke eines Dreiecks. So befanden sich auf jeder Seite des Dreiecks je zwei Farben, während sich zur Mitte hin die abgestuften Mischungen der drei Farben bewegten. Nach gleichem System mischte er die Grundfarben mit Schwarz und Weiß und stellte so Abstufungen der Farben her. Aus Mangel an Farbmaterial in erwünschter Sättigung konnten seine Versuche nicht das angestrebte Resultat erbringen, wie er dies auch selbst erkannte.

Die 1772 durchgeführten Experimente des Physikers und Mathematikers JOHANN HEINRICH LAMBERT (1728–1777) zeigten schon einen gewissen Fortschritt. Er entwarf eine dreieckige Pyramide, die an den unteren Eckpunkten aus Mayers Grundfarben Zinnober [Magenta], Königsgelb [Gelb] und Bergblau [Cyan] besteht. Durch Mischung der Farben in variierenden Anteilen schuf er 112 Farbtöne die nach oben immer heller werden und in der Spitze im Weiß enden. Er hoffte, mit seinem System den Textilhändlern oder Druckern helfen zu können, aber mangels eines Farbmessinstruments konnte er die Farbquantitäten nur durch Schätzung festlegen.

1810 ordnete Ph. O. Runge die Farbschattierungen auf einer Kugelfläche an. Auf einem Pol der Kugel platzierte er das Weiß, auf dem anderen das Schwarz, auf der Achse die Abstufungen des Grau und auf dem „Äquator" der Kugel die gesättigten reinsten Farben. Seine Konzeption war so schlüssig, dass die fast vollkommene Lösung zur Anordnung der Farben in seinem Jahrhundert nicht übertroffen werden konnte.

Der französische Chemiker M. E. Chevreul entwarf 1861 einen 72teiligen Farbenkreis, dessen Radien die subtraktiven Primärfarben Rot [Purpur], Gelb und Blau [Cyan] und deren sekundäre Mischungen Orange, Grün und Violett und sechs weitere sekundäre Mischungen beinhalten. Die Farben der einzelnen Abschnitte bestehen aus je 20 Helligkeitsstufen in Richtung auf Weiß und Schwarz. Auf diese Weise verfügt der Farbenkreis über 1440 Schattierungen.

Chevreul hat auch die entsprechende Stellung der Komplementärfarben bestimmt. Sein Buch *De la loi du contraste simultané des couleurs et de l'assortiment des objects colorés*, 1839 [Über die Gesetzmäßigkeit des Simultankontrastes der Farben und das Zusammenpassen der farbigen Gegenstände] war eines der beliebtesten Fachbücher über die Farbenlehre im 19. Jahrhundert und ein Grundwerk für die Impressionisten und Postimpressionisten.

Weil damals noch keine Farbmessung existierte, gab es für die Systematisierung der Farben vorübergehend keine Möglichkeit der Weiterentwicklung, obwohl Lambert, Runge und Chevreul bereits wussten, dass zur Charakterisierung der Farben drei Parameter (Buntton, Sättigung, Helligkeit) nötig waren und auch genügten.

Am Ende des 19. Jahrhunderts bekam die Messung der Farben und deren Einreihung in ein System neuen Auftrieb. Am Anfang des 20. Jahrhunderts hatte der amerikanische Kunstmaler ALBERT MUNSELL (1858–1918) seine aus 4000 Teilen bestehende Farbmuster-Kollektion und ein Farbsystem ausgearbeitet (Munsell Color System, 1923 posthum publiziert). Dieses ist bis heute noch eines der am weitesten verbreiteten Farbsysteme und das Fundament der amerikanischen Farbennorm geblieben. Der „Farbenbaum" von Munsell besitzt die drei Koordinaten der Raumdarstellung, die Buntart *(hue)*, Sättigung *(chroma)* und die Helligkeit *(value)*.

W. F. Ostwald entwarf ein bedeutendes Farbsystem und eine Farbmuster-Kollektion, die auf der Farbharmonie aufbaut. Dieses System bezieht sich auf die sogenannte additive Mischung der Lichtfarben. In diesem System wurde jede Buntfarbe nach dem Schwarz- und Weißgehalt charakterisiert. Das System unterscheidet 24 aus der Natur genommene Buntarten. An der Spitze der einzelnen Reihen stehen die reinsten und gesättigten Farben, und neben ihnen ordnen sich in beiden Richtungen

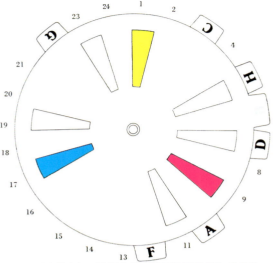

Die 24 Bereiche umfassende Farbskala nach Ostwald, auf der verschiedene Kombinationen eingestellt werden können

die mit Weiß und Schwarz jeweils fortlaufend gemischten, immer dunkler oder heller werdenden Nuancen an. Ostwald schnitt die einzelnen Farbnuancen aus Buntpapier aus und klebte sie auf die entsprechenden Bögen. Jede Farbe ist durch Ziffern und Buchstaben charakterisiert. Zwei Ziffern geben die Buntarten, die

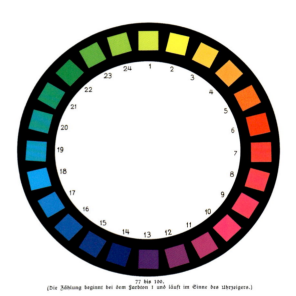

Die Gruppierung der Farben auf dem 24 Farben darstellenden Farbkreis:

Gelb	1–3
Kress	4–6
Rot	7–9
Veil	10–12
Ublau	13–15
Eisblau	16–18
Seegrün	19–21
Laubgrün	22–24

Hauptfarben: 2, 5, 8, 11, 14, 17, 20 und 23, Urfarben: 2, 8, 14, 20, Warme Farben: 23–9, Kalte Farben: 11–21

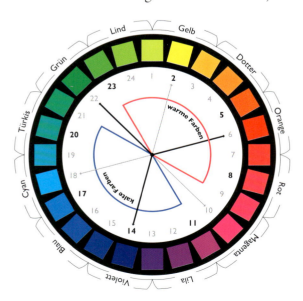

Das Titelblatt des Buches die „Farbenfibel" von Ostwald, 1928

Der Farbkreis nach Ostwald mit den heute angewandten Farbbezeichnungen

Blätter aus dem Buch „Farbenfibel" von Ostwald

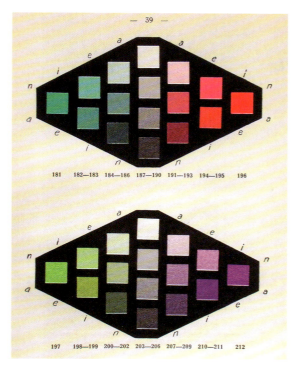
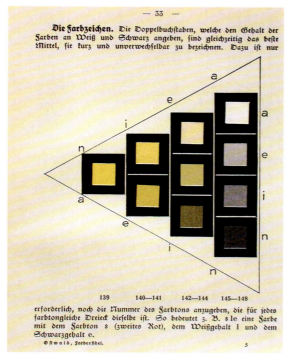

folgenden beiden Buchstaben die Teilmengen von Schwarz und Weiß an.

Nach 1917 publizierte Ostwald 12 Bücher, 8 Farbmuster-Zusammenstellungen und mehr als 100 Studien zum Thema Farbenlehre.

ALFRED HICKETHIER (1903–1967) aus Hannover publizierte 1952 sein System, das zur Verwendung beim Druck und der Farbfotografie bestimmt war: Die drei Druckfarben Gelb, Magenta und Cyan dienen als Grundlage, um jeweils 10teilige Farbenreihen aufzubauen. Die dreiziffrige Kennzeichnung der Farbnuancen verweist auf die Mengenwerte der einzelnen Farben. Durch Übereinanderdrucken der Farben stehen dann 1000 Farbnuancen zur Verfügung.

Bis zur Mitte des 20. Jahrhunderts waren nur die Farbatlanten von Munsell, Ostwald und Hickethier im Umlauf.

Die Commission Internationale de l'Éclairage (C. I. E.: Internationale Beleuchtungskommission) führte im Jahre 1931 zur eindeutigen Charakterisierung der Farben ein solches Messsystem ein, das auf der additiven Farbmischung (Mischung von Lichtfarben) beruht (**CIE-XYZ-System**). Zur Veranschaulichung der Einordnung der Farbvalenzen verwendet man den sogenannten Spektralfarbenzug.

Als Basis benutzt das System die drei monochromatischen Farben, das Violett mit der Wellenlänge 435,8 nm, das Grün mit der Wellenlänge 546,1 nm und das Orange mit der Wellenlänge 700 nm. An den äußeren Seiten sieht man die monochromatischen Spektralfarben,

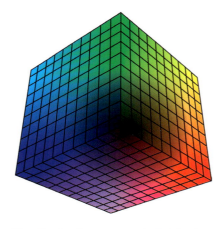

Der Farbenkörper von A. Hickethier

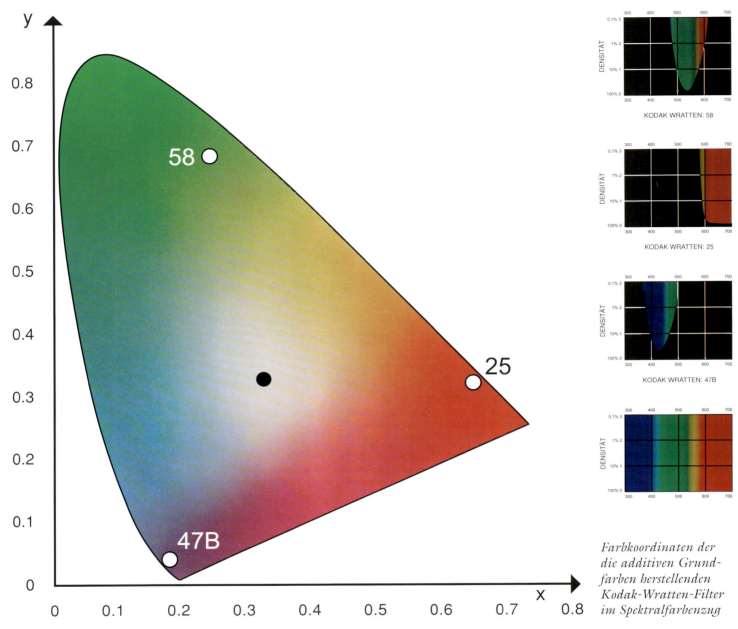

Farbkoordinaten der die additiven Grundfarben herstellenden Kodak-Wratten-Filter im Spektralfarbenzug

die in der Mitte – nach den später vorzustellenden Gesetzmäßigkeiten der additiven Farbmischung – die weiße Farbe bilden. Auf der Verbindungslinie (Purpurgerade), welche die Punkte 400 nm und 700 nm verbindet, kann man die Farben sehen, die sich nicht im Spektrum befinden (in der modernen Farbenlehre wird dies der „Magentabereich" genannt).

1954 wurde die deutsche DIN-Farbenkarte (DIN 6164) veröffentlicht, die aus dem Farbsystem von **Manfred Richter** (1905–1990) entwickelt wurde. Weil diese Farbmuster nach der Farbmetrik absolut genau sind, bilden sie bis heute die Grundlage jeder wissenschaftlichen Arbeit.

Das **CIE-LAB-System** ist eine 1976 entworfene internationale Messmethode für die Abgleichung verschiedener Farben.

Pantone-Farbskala

An der Technischen Universität in Budapest erarbeitete man im Jahre 1931 im Einklang mit dem CIE-System das SZINOID-Farbsystem (Die heutige Fassung entstand 1975.)

Außer den oben genannten Systemen hat beinahe jede Branche ihr eigenes Farbmesssystem erstellt.

Für die Architekten war dies der 1980 von dem ungarischen Professor **Antal Nemcsics** (1927) veröffentlichte Farbenatlas COLOROID Farbsystem und Farbenmuster. Er nahm die bekannten drei Koordinaten: Buntart, Sättigung und Helligkeit zur Grundlage seines Farbsystems.

Auf deutschem Gebiet veröffentlichte Harald Küppers 1981 sein Buch *Die Logik der Farbe*, in dem er die Farben auf der Oberfläche, bzw. den Innenräumen eines Romboeders platzierte, und – als Zusammenfassung seiner zahlreichen Arbeiten – 1987 *Den großen Küppers Farbenatlas*.

In der Textil- und Druckersparte ist die PANTONE Farbenskala Pantone Matching System, 1963 verbreitet. Ihr System baut sich auf einem zylindrischen Körper auf und die Koordinaten sind auch hier die Buntart, Sättigung und Helligkeit.

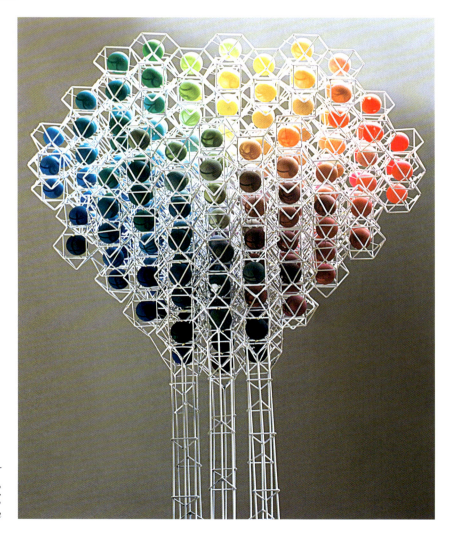

COLORIUM, Symbol des Coloroid-Farbsystems von Antal Nemcsics, 1993–1996. Stahl, Kunststoff, Tempera, 90 × 73 × 73 cm

eine der ihrigen gleiche Farbe zum nahen Gegenüber hat." (Bd. 2, Nr. 217) Damit gibt Leonardo den Malern beispielsweise den Rat, bei einem Portrait auf die passenden Farben der es umgebenden Kleidungsteile zu achten, die sich widerspiegeln sollen. Die Stärke der Reflexfarben ist natürlich geringer als die des direkten Lichts.

„Weiß nimmt jegliche Farbe besser an, als irgendeine sonstige Körperoberfläche, die nicht etwa spiegelt..." (Bd. 2, Nr. 215) Der Effekt ist umso bedeutender, je größer die Oberfläche des reflektierenden Gegenstandes ist und je näher dieser sich befindet.

Hier folgen einige Beispiele, die den Zusammenhang der Farben und ihrer Mischung darstellen, aber gleichzeitig auch die Relativität unseres Sehens demonstrieren:

Stellt man einen weißen Gegenstand vor einen weißen Hintergrund, so ist seine Helligkeit gleichwertig, und der Umriss wird dort etwas dunkler, wo er an den Hintergrund grenzt. Wenn dagegen der Hintergrund dunkler ist, hebt sich der im Vordergrund stehende Gegenstand stärker ab (s. Bd. 2, Nr. 230).

„In je dunklerem Feld etwas Weißes steht, umso weißer wird es sich zeigen, und je heller sein Hintergrund ist, umso dunkler (erscheint es)..." (Bd. 2, Nr. 231)

„Von gleich hellen Dingen (Gegenständen) zeigt sich dasjenige als das minder helle, das im hellsten Feld gesehen wird, und dasjenige wird am hellsten erscheinen, das vor dem dunkelsten Grunde steht. – Und Fleischfarbe erscheint blass vor rotem Grund, ist sie aber blass, so sieht sie rötlich aus, sobald sie vor gelbem Hintergrund gesehen wird..." (Bd. 2, Nr. 232)

Die Feststellung, dass der Rand einer Farbfläche sich anders zeigt als die Mitte (ausgenommen wenn er an eine ähnliche Farbe angrenzt), ist ebenfalls von Wichtigkeit (s. Bd. 2, Nr. 204).

ÜBER DIE LUFTPERSPEKTIVE

Es ist allgemein bekannt, dass in der Natur entfernte Körper, beispielsweise Berge, in einer bläulichen Farbe schwimmen. Schon bei Aristoteles ist diese Beobachtung aufzufinden und L. B. Alberti machte sie bereits zu einem der Grundsteine seiner Farbenlehre. Diese Erscheinung lässt sich folgendermaßen erklären:

Die von Objekten austretenden farbigen Lichtstrahlen verlieren, wenn sie durch die Luft dringen, an Kraft. Abhängig von der Dicke der Luftschicht, die sich zwischen Auge und Objekt befindet, wird die Originalfarbe dessel-

Das im Bd. 2, Nr. 232 erwähnte Phänomen

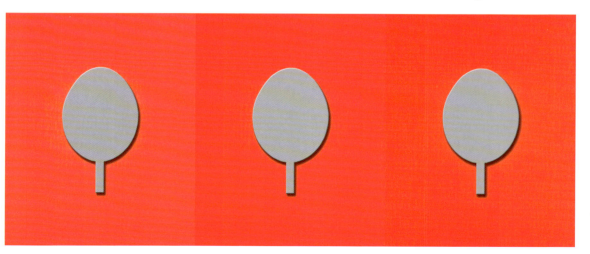

Und ein Beispiel aus dem 20. Jh. für die Relativität des menschlichen Sehens: In Albers' Experiment erscheint der linke Rand der Mittenfarbe dunkler und am rechten Rand heller: „die Mittenfarbe spielt die Rolle der beiden Elternfarben in umgekehrter Reihenfolge." (Albers 1997, S. 57–58)

ben verschluckt und ihm eine bläuliche Schattierung verliehen.

Leonardo schuf zur Erklärung dieses Phänomens und zu seiner Verwendung in der Malerei seine eigene Theorie der Luftperspektive. Er formulierte fortführend, dass bei den Körpern, die heller als die Luft sind, diese in der Ferne dunkler erscheinen, während dunklere Körper entfernt heller wirken, dass also die Objekte den Grad ihrer Helligkeit und Dunkelheit von der Entfernung abhängig vertauschen! (s. Bd. 2, Nr. 262). Weil die Dichte der Luft in Erdnähe größer ist als in höheren Bereichen, verliert der sich in Erdnähe befindende Körper seine originale Farbe ebenfalls mehr und nimmt eher eine blaue Tönung an. Beim Malen von Gebäuden bestimmt die Entfernung zwischen Auge und Objekt in geradem Verhältnis diese Veränderungen. Mit dieser Methode, mit der Anwendung der Luftperspektive, kommt die perspektivische Darstellung des Raumes zustande. (Goethe hat in diesem Phänomen die zur Geltung kommende Theorie des trüben Mittels gesehen; s. 6. Abt./868, 869, 872). Der Maler soll also, abhängig von der darzustellenden Entfernung, die fernen Körper in abgestuften bläulichen Tönen und die Luft dunstig malen, um seine künstlerischen Absichten richtig umzusetzen.

Die Wolkenkratzer von Chicago

GOETHES FARBENLEHRE

Die von Goethe 1810 veröffentlichte *Farbenlehre* wird im Prinzip nur an dem 1704 publizierten Werk *Opticks* von Newton gemessen. Die Physiker seiner Epoche hielten die Thesen in *Zur Farbenlehre* und *Beiträge zur Optik* für dilettantisch und lehnten diese von Anfang an ab. Die Fachwelt berücksichtigte lediglich die Theorien, die sich auf sinnlich-sittliche und ästhetische Wirkung bezogen. Sie ließ die Überlegungen, die mit optischen Phänomenen, wie Nachbilder und die farbigen Schatten in Zusammenhang standen, völlig außer Acht.

Dabei hatte Goethe ursprünglich keine konkurrierende Farbentheorie aufstellen, sondern sich mit der Newtonschen Lehre lediglich auseinandersetzen wollen und war dadurch auf eine vollkommen neue Interpretation der wissenschaftlichen Annäherung gestoßen. Seine Experimente vereinen so in sich die Fähigkeit eines wissenschaftlich experimentierenden Gelehrten mit dem großen Vorstellungsvermögen eines Dichters.

In Goethes *Farbenlehre* spielen die Geheimnisse der Wahrnehmung und der optischen Täuschung eine zentrale Rolle. Er wies in den untersuchten Phänomenen auf die lebendige Verbindung zwischen der inneren Welt des Menschen und der äußeren Welt der Natur hin. Seine Erfahrung führte ihn dazu, sich zuerst mit der inneren Farbenwelt des Auges zu beschäftigen und erst danach auf die äußeren Erscheinungen überzugehen.

Im Zusammenhang mit den pathologischen Fällen des Farbensehens hat er in seinen Studien bedeutende Fortschritte bezüglich des Erkennens von Farben und deren wirklicher Existenz erzielt. Darin ist er den Untersuchungen von **JOHN DALTON** (1766–1844) im Hinblick auf die Farbenblindheit schon im Jahre 1798 vorausgegangen.

Sein Leben lang polemisierte Goethe gegen die Lichttheorie Newtons und es war sein festgesetztes Ziel, seine eigene Wahrheit zu beweisen und eine bessere Theorie zu schaffen. Die Fachwelt aber übernahm die physikalischen Theorien Newtons. In Gesprächen mit Eckermann erklärte Goethe zum Ende seines Lebens, dass bei einer erneuten Herausgabe der *Farbenlehre* der polemische Teil weggelassen werden könne „...Meine eigentliche Lehre ist in dem theorethischen Teile enthalten, und da nun auch schon der historische vielfach polemischer Art ist, so daß die Hauptirrtümer der Newtonschen Lehre darin zur Sprache kommen, so wäre des Polemischen damit fast genug." Die Polemik wäre gegen seine eigentliche Natur, woran er nur wenig Freude hätte. (J. P. Eckermann: *Gespräche mit Goethe, 15. Mai 1831*)

Ungeachtet dessen steht die *Farbenlehre* von ihrer Geburt an bis in unsere Tage im Kreuzfeuer der Diskussionen. Die Anschauungen tragen keinen absoluten Charakter, eher hängen sie davon ab, welcher Epoche und wissenschaftlicher Theorie der Kritisierende angehört. Nach der Veröffentlichung der *Farbenlehre* hat die offizielle Schulphysik Goethes Standpunkt umgehend abgewiesen. Sie stellte fest, dass die Theorien Newtons zur Klärung der Phänomene ausreichten und man keine neuen Hypothesen brauche, um die Naturphänomene zu verstehen. Man hat die Arbeit Goethes als Produkt seiner Phantasie und des dichterischen Vorstellungsvermögens betrachtet. Die Naturwissenschaftler des 19. Jahrhunderts – Hermann von Helmholtz, Heinrich Wilhelm Dove, Rudolf Virchow, John Tyndall, Emil De Bois-Reymond – traten alle als Gegner der Goetheschen Theorien auf. Sie hatten nur wegen der Größe Goethes als Dichter diesem Thema so viel Aufmerksamkeit gewid-

Titelblatt von Goethes Farbenlehre aus dem Jahre 1810 (Ungarische Akademie der Wissenschaften, Budapest Manuskriptsammlung der Bibliothek)

Die Ungarische Akademie der Wissenschaften verfügt über die viertgrößte Goethe-Sondersammlung in Europa.

Darstellung Goethes Farbenkreises, der farbigen Schatten und anderer Farbphänomene sowie des Sehens der an Blaublindheit (Akyanopsie) leidenden Menschen. Anlage zur Farbenlehre, Tafel I. (Ungarische Akademie der Wissenschaften)

met. Die generelle Zurückweisung lässt sich dazu aus den Verhältnissen dieser Epoche erklären.

Die Naturwissenschaft wurde damals fast uneingeschränkt durch positivistisches Denken mit folgenden Basispunkten dargestellt: Die Welt besteht aus eigenschaftsloser Masse von Materie und Energie. Die Bewegung der Materie erfolgt nach den Gesetzen von Ursache und Wirkung. Die Materie lässt sich in vollem Maße durch mathematische Formeln ausdrücken. Nach Auffassung seiner Epoche stellte sich Goethe mit seinen Anschauungen ausgerechnet gegen diejenigen Naturwissenschaftler, die der Menschheit bis dahin so viel gebracht hatten und die in der Hierarchie menschlicher Größen an ersten Stelle standen!

Hier soll der Bezug von **Rudolf Steiner** (1861–1925), Doktor der Philosophie, Schriftsteller und Begründer der Anthroposophie (antropos: Mensch, sofia: Weisheit), zu Goethe erwähnt werden. Schon in jungen Jahren – 1882 – begann er mit der Publikation von Schriften Goethes, die sich mit der Naturwissenschaft beschäftigten und setzte dies auch später, als er Mitarbeiter im Goethe–Schiller-Archiv geworden war, fort. Nach intensivem Studium der naturwissenschaftlichen und philosophischen Schriften Goethes veröffentlichte er 1886 sein erstes Buch *Grundlinien einer Erkenntnistheorie der Goetheschen Weltanschauung mit besonderer Hinsicht auf Schiller.*

1889 hielt Steiner im ungarischen Nagyszeben (heute Sibiu in Rumänien) einen Vortrag mit dem Titel *Die Frauen im Licht der Goetheschen Weltanschauung,* der zu einem gewissen Grad den Anstoß zu einem ungarischen „Goetheanismus" gab und weitergehend die Einführung der Anthroposophie in Ungarn bedeutete.

(1902 brachte er sein Werk *Theorie der Entwicklungsgeschichte der Menschheit* heraus.)

1914 wurde im schweizerischen Dornach das als Zentrum der Anthroposophie gedachte Goetheanum eingeweiht, das mit in Farben des Regenbogens spiegelnden Fenstern und mit Fresken gestaltet war. Das Holzhaus brannte leider Silvester 1922 nieder und wurde 1926 durch einen anderen Bau ersetzt.

Bei Editionen von Goetheausgaben fügte Steiner eigene Studien an. In seiner Arbeit *Goethe, Newton und die Physiker* erklärte er: Das „Licht" im Goetheschen Sinne kennt die moderne Physik nicht; ebenso wenig die „Finsternis". Die *Farbenlehre* Goethes bewegt sich somit in einem Gebiet, welches die Begriffsbestimmungen der Physiker gar nicht berührt. Die Physik kennt einfach alle die Grundbegriffe der Goetheschen Farbenlehre nicht. Sie kann somit von ihrem Standpunkt aus diese Theorie gar nicht beurteilen. „Goethe beginnt da, wo die Physik aufhört."

1919 gründete Steiner die erste Freie Waldorfschule, die er bis zu seinem Tod leitete. Er legte großen Wert auf eine farbige Ausgestaltung der Klassenzimmer: die Farben steigerten sich von der niedrigsten bis zur obersten Klasse in den einzelnen Graden des Goetheschen Farbenkreises. „Es gibt die Möglichkeit, gerade durch Form und Farbe stark einzuwirken in das Leben. In dieses Raumgefühl, in das muss das Kind notwendigerweise hineinwachsen. Das geht dann bis in die Glieder." (Steiner: *Die seelisch-geistigen Grundkräfte der Erziehungskunst,* 1922)

Hier lässt sich ohne Zweifel feststellen, dass Goethes Maximen die pädagogischen Methoden der Waldorfschulen beeinflusst haben.

Die im 19. Jahrhundert vollkommenes Vertrauen genießende Naturwissenschaft hat Anfang des 20. Jahrhunderts begonnen, ihren Januskopf zu zeigen. Neben dem Segen des Fortschritts sind die Gefahren aufgetaucht: die Gentechnik, der Treibhauseffekt, das Ozonloch etc. Diese Erfahrungen brachten die Einsicht mit sich, dass die mathematischen Methoden der exakten Wissenschaften zur Erfassung der Naturphänomene nicht mehr ausreichen.

Es ist also kein Wunder, dass die naturwissenschaftlichen Denkweisen Goethes vielen Menschen als Alternative erscheinen. Obwohl Goethe technische Geräte mochte, erkannte er bereits die Gefahren der damals modernen Naturwissenschaft. Nach seiner Auffassung „verwirren die Mikroskope und Fernrohre eigentlich den reinen Menschenverstand." Das heißt, dass die bis zur Endlosigkeit steigerbare Wahrnehmungsfähigkeit den ursprünglich harmonischen Organismus des Menschen aus dem Gleichgewicht bringt. Eine weitere große Gefahr bedeutet dazu, dass die technische Leistungsfähigkeit diejenige der ethischen Kontrollinstanzen übertreffen kann.

Das Mineral Goethit (xantosiderite), benannt nach Goethe (Museum für Naturkunde, Budapest)

Den ersten Schritt zu einer positiven Wertung der *Farbenlehre* machte der Nobelpreisträger **WERNER HEISENBERG** (1901–1976), der damals Direktor des Berliner Kaiser-Wilhelm-Instituts war. In seinem 1941 in Budapest gehaltenen Vortrag unter dem Titel *Die Goethesche und die Newtonsche Farbenlehre* im Lichte der modernen Physik kam er zu folgendem Ergebnis: „Die stetige Wandlung der modernen Naturwissenschaft in Richtung auf eine abstrakte, der lebendigen Anschauung entzogenen Naturbeherrschung ruft von selbst die Erinnerung an den großen Dichter wach, der vor über hundert Jahren den Kampf für eine lebendige Naturwissenschaft in der Farbenlehre gewagt hat…. Aber der Sieg, der Einfluss auf die Forschung des folgenden Jahrhunderts, ist der Newtonschen Farbenlehre geblieben. Durch die außerordentliche Entwicklung, die die Newtonsche Physik seit jener Zeit durchgemacht hat, sind auch – gerade in den letzten Jahrzehnten – die Konsequenzen dieser Forschungsrichtung deutlicher hervorgetreten als je. Die befremdende Abstraktheit der Vorstellungen, die uns etwa in der modernen Atomphysik gestatten, die Natur zu beherrschen, wirft deutlicher als bisher ein Licht auf den Hintergrund jenes berühmten Streites um die Farbenlehre." Heisenberg sieht keinen Sinn in der Gegenüberstellung der Newtonschen und Goetheschen Denkansätze, weil diese völlig unterschiedliche Ausgangspunkte besitzen. Wie Heisenberg in seinem Vortrag zum Ausdruck bringt, will Goethe in seiner Farbenlehre die FARBE als natürliches Phänomen in ihrer vollkommenen Ganzheit sehen lassen, wie sie sich uns allen zeigt. Er stellt nicht die Frage: „Goethe ODER Newton", sondern stellt fest: „Goethe UND Newton", die zwei verschiedene Ebenen der Wirklichkeit suchen: die subjektive bzw. die objektive.

Die Lehren von Goethe genießen im Kreise der sich mit Physik, Licht und Farbenlehre beschäftigenden Wissenschaftler und Forscher auch heute noch nicht ungeteilte Anerkennung. Dazu sollen einige Worte des bedeutenden Philosophen **ALFRED SCHMIDT** (1931) aus dem Jahre 1984 zitiert werden:

„Das letzte Wort ist noch nicht gesprochen. Die Zukunft wird lehren, ob es sich bei Goethes Naturanschauung um das Nachhutgefecht eines unwiederbringlich verlorenen Alten oder um den Sendboten eines Neuen handelt."

Obwohl dieses letzte Wort noch nicht erklungen ist, bekennt der Schreiber dieser Zeilen und mit ihm viele andere seiner Zeitgenossen, dass der Genius Goethe in der Wahrnehmung und Betrachtungsweise der farbigen Umwelt uns das ganze Leben lang begleitet. Die Richtigkeit der meisten von ihm erkannten und festgehaltenen Gesetzmäßigkeiten bleibt unanfechtbar. In Kenntnis eines bedeutenden Teils der Fachliteratur lässt sich sagen, dass es auf dem Gebiet der Farbenlehre auch noch niemandem gelungen ist, die Grundlagen seiner Thesen zu widerlegen. Viele von ihnen wirken so modern, als wenn sie nicht 200 Jahre zuvor zu Papier gebracht worden wären. – Der Autor wird daher unbeirrt den Spuren Goethes weiter folgen.

Ein ungarischer Buchdrucker im Dienste des allgemeinen Geschmacks: Die Harmonielehre des Imre Kner

Zur Wende des 19. zum 20. Jahrhundert war die Buchdruckerei Kner in Gyoma (Ungarn) die wegbereitende Werkstatt der ungarischen Buchkunst. Der Sohn des Gründers und Eigentümers Izidor Kner, IMRE KNER (1890–1944), der in Leipzig das Druckereihandwerk erlernt hatte, stieg bald zum bedeutendsten Vertreter der modernen ungarischen Buchkunst auf. Seine mit dem Architekten, Kunstgewerbler und Grafiker LAJOS KOZMA (1884–1948) gemeinsam entworfenen Bücher haben in dem nach dem 1. Weltkrieg wirtschaftlich zusammengebrochenen Land die ungarische Version des internationalen Art Deko ins Leben gerufen. Wie der Kunsthistoriker LAJOS FÜLEP (1885–1970) feststellte, war die vollkommenste Schöpfung Kners seine Typografie. An einem 160seitigen Gedichtband von Lőrinc Szabó arbeitete er ein halbes Jahr: „Er setzte jeden Buchstaben, jede Zeile und jeden Titel an einen sorgfältig gewählten Platz." Aber eben deswegen hatte das Resultat nur die Aufmerksamkeit der Kenner auf sich gezogen, weil „es nichts Besonderes darin gab". Aus heutiger Sicht wurde eben gerade dadurch Imre Kner die größte ungarische Gestalt der heimischen Buchkunst in der 1. Hälfte des 20. Jahrhunderts, sowohl in der Praxis als auch auf theoretischer Ebene.

1909 gab Kner unter dem Titel *Farbharmonie* [A színharmónia]* eine Studie für Buchdrucker heraus. Die in seiner eigenen Druckerei verlegte Ausgabe hatte er mit zahlreichen farbigen Kunstbeilagen ergänzt. Die einführenden Worte des Autors spiegeln ein Bild der wirtschaftlichen Verhältnisse der damaligen Zeit wider: Der moderne Kaufmann konnte nicht mehr mit zusammengefalteten Händen im Schoß auf seine Kundschaft warten, er musste ihr entgegenkommen und die Aufmerksamkeit auf sich lenken. Als damals beste zum Ziel führende Methode – die auch für die Druckerei wirtschaftlich sei – empfahl er die Ausgabe von Reklamebroschüren. Damit hatte sich eine Möglichkeit eröffnet, neue Formen und Farben in den Verkehr zu bringen. Kner schrieb: „Die Zukunftsentwicklung der Druckerei wird durch solche sich auf jeder Ebene durchsetzenden Bestrebungen gelenkt, die neben der Popularisierung der Künste die Veredelung des allgemeinen Geschmacks beabsichtigen. Bei der Verfolgung dieses großartigen Ziels wurde der Druckerei in der Tat eine missionarische Rolle zugeteilt". Die Farbempfindung – ähnlich dem musikalischen Hören – ist nach Kner eine dem Menschen angeborene Fähigkeit, die bei den unterschiedlichen Individuen auf unterschiedlichem Niveau vorhanden ist. Diese Empfindung lässt sich auch erwecken und entwickeln: Im Laufe der aktiven Beschäftigung mit den Farben wird das Auge zunehmend empfänglicher und der Geschmack wird feiner geschliffen. Im Besitz dieser Erkenntnisse kann die Druckerei in Hinsicht auf die Gesetzmäßigkeiten zwischen den Farben und deren bewusster Anwendung eine große Rolle in der ästhetischen Erziehung und in der Entwicklung der Farbenkultur seiner Leser spielen. Imre Kner nimmt auch zu Newtons und Goethes Theorien Stellung. Seiner Meinung nach hatte Newton als Naturwissenschaftler im ganzen Phänomen die Teile gesucht. Er hielt das weiße Licht für ein heterogenes Licht und die Farben von Objekten für die Reflexion der

Titelblatt des von Imre Kner 1909 veröffentlichten Werkes „Die Farbharmonie"

* Studie über die Farbharmonie. Geschrieben und verlegt von Imre Kner, Gyoma, 1909. Ausgabe des Verfassers

A 12-SZÍNÜ KOMPLEMENTÆR-SZÍNKÖR

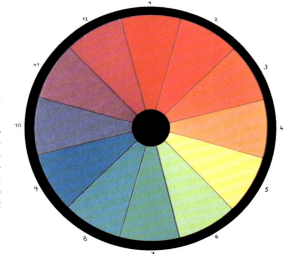

Ebből a színkörből az alábbi kettős és hármas színösszetételek állíthatók össze, amelyek egymást fehérré egészítik ki. Az alábbi kis köröknek gyorsan forgatva éppen úgy fehéret kell adni, mint a teljes ~12 színű~ színkörnek. A komplementær-teória szerint csak ezek a kiegészítő-komplementær-színösszetételek tehetnek harmonikus benyomást a szemlélőre. A 12 színből csak 6 kettős és 4 hármas állítható tehát össze.

Négyes színakkord két komplementær-színpárból állítható össze. Ezek is fehérré egészítik ugyan ki egymást, de a szomszédos színek közt már nagyon szűk intervallumok vannak. Ezért a komplementærteória, négyes akkordok helyett szívesebben használ neutrális színekkel ~ fehérrel, szürkével, feketével ~ kibővített hármas akkordokat.

A 12-SZÍNÜ SZÍNKÖR KOMPLEMENTÆR SZÍNPÁRJAI

A 12-SZÍNÜ SZÍNKÖR KOMPLEMENTÆR HÁRMASAI (TRIÁDOK)

ELSŐRENDÜ SZÍNEK   MÁSODRENDÜ SZÍNEK

Der 12teilige Farbenkreis von Imre Kner mit den entsprechenden Komplementärfarben

Lichtstrahlen in Farben. Der Künstler Goethe baute das Ganze aus Teilen zusammen. Er behauptete, dass das weiße Licht homogen ist und dass die Farben Modulationen sind, die durch die Reflexion des weißen Lichts durch die Mischung von Helligkeit und Dunkelheit entstehen. Obwohl Kner der Meinung war, dass Newton im physikalischen Sinn Recht hat, näherte er sich auf dem einzig möglichen Weg der Problematik: Sowohl die Theorie von Newton als auch die von Goethe sollten in ihrer ihr eigenen Funktion bewertet werden. In erster Linie interessierte Imre Kner die Anordnung der Farben für das Druckereigewerbe, wofür die Wissenschaft schon Farbenkreise ausgearbeitet hatte. (Nach dem 6-teiligen Farbenkreis von Goethe, dem 12teiligen von Brücke, dem 24teiligen nach Ostwald und Adams, den 72teiligen von Chevreul.) Für die Farbenindustrie dienten diese Farbenkreise als Ausgangspunkt, aber das Verhältnis der richtigen Mischung der Farben musste die Praxis liefern.

1892 hatte Hermann Hoffmann in der Buchdruckerkunst die ersten Versuche unternommen, die Idealfarben zu definieren. Er reihte in Form einer Skala die 30 wichtigsten Farben aneinander, die in der berühmten Leipziger Farbenfabrik von Berger und Wirth auf

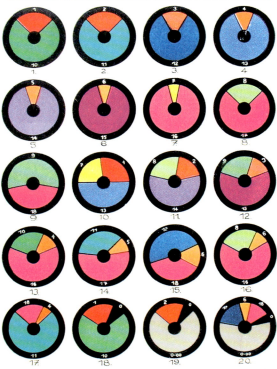

Individuums ist in der Lage, harmonisierte Farbkombinationen zustande zu bringen, dagegen war es aufgrund seiner Farbenpalette sehr naheliegend und einfach, weil: „Die erste und allgemeinste Regel und Existenzbedingung der Harmonie der Farben ist, dass zwischen den zusammen angewandten Farben ein gewisser Gegensatz existiert, mit internationalem Ausdruck ein Kontrast bestehen muss." Mithilfe der zusammengestellten Abbildungen der Farbmischungen seines 18teiligen Farbenkreises stellte er allgemeine Gesetzmäßigkeiten der Farbverbindungen auf. Das Mischungsverhältnis der Komplementärfarben wird dabei von der Farbintensität bestimmt (von Gelb und Orange benötigt man wegen deren Intensität weniger). Diese Verhältnisse sind auf der Abbildung unter Nr. 1–9 enthalten (s. die beiliegende Tafel). Glücklich ist die Bildung von dreifachen Kombinationen (Triaden) auf dem Farbenkreis aus Farben, die sich untereinander um 120° gegenüberstehen: deren Verhältnisse werden von Nr. 10–15 gezeigt. Schließlich kann auch eine dreifache Kombination aus der Mischung von zwei Komplementärfarben und einer neutralen Farbe (Weiß, Schwarz und Grau) entstehen. Diese lösen das Verhältnis der Hauptfarben nicht auf (Schwarz enthält keine Farbe und das Weiß und Grau beinhaltet in gleichem Verhältnisse die drei Hauptfarben). Dadurch kommen sehr angenehme Farbkombinationen zustande. Dreiklänge kann man noch aus verwandten Farben oder aus 2 Schattierungen einer Farbe bilden, wenn man dazu eine Komplementärfarbe aussucht (Nr. 16–17). Natürlich muss man dabei auf das entsprechende Verhältnis achten.

In der Natur trifft man die reinen Farben des Farbenkreises nicht an. Die Farben reflektieren nie homogene Strahlen durch ihre Mischung miteinander oder mit neutralen Farben. Auf diese Weise spielt der Schattenkontrast in der

Lager gehalten wurden. Wegen der damaligen niedrigen Ansprüche und der Kosten der Lagerhaltung konnte dieses System von Hoffmann nicht lebensfähig werden.

Wesentlich zweckmäßiger hielt sich das Farbsystem von Mäser mit seinen 18 Farben und solchen Rezepturen, bei denen die Komplementärfarben, in einem gewissen Anteil gemischt, die Farbe Grau ergeben. Auch Kner wählte sich dieses System als Grundlage seiner Experimente aus: die führenden Teile seiner Anordnung sind die 6 Farben des Goetheschen Farbenkreises, neben die er jeweils noch zwei Bunttöne einbaute. So entstanden die Gruppen Rot [Magenta], Orange, Gelb, Grün, Blau [Cyan] und Violett. Seiner Meinung nach trug so auch die theoretische Wissenschaft ihre praktischen Früchte: nicht einmal das gesunde und in Farbempfindungen geübte Auge eines

Diese Tafel zeigt die 18teilige Farbenskala der Malfarben mit ihren Mischungsverhältnissen (deren Zusammenmischung Grau ergibt)

Der 18teilige Farbenkreis mit den entsprechenden Komplementärfarben und darunter mit den Farben des Spektrums

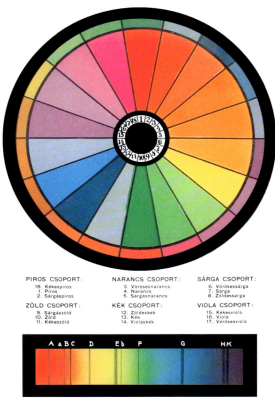

drucktechnischen Darstellung der Farbharmonie die gleiche Rolle wie der Farbenkontrast. Bei irgendeinem farbigen Thema muss man deshalb die Leitfarbe der Komposition aussuchen und mithilfe des Schattenkontrasts die anderen ihnen innewohnenden Farben bewusst unterordnen. Das kann mit der Betonung einer hervorzuhebenden Leitfarbe durch Schwarz oder durch Abschwächung der anderen Farben geschehen.

Kner sagt Rembrandt nach, dass er – bevor er ein Bild anfing – die Leitfarbe des Bildes festlegte und diese die Stimmung des Bildes determinierte. Bei jeder anderen Farbe mischte er ein wenig von dieser Farbe dazu und außerdem räumte er der Leitfarbe einen bedeutenden Farbfleck in der Komposition des Bildes ein.

Kner bietet zur Vermeidung disharmonischer Farben folgendes an: die rohe und unsympathische Verbindung von Grün und Blauviolett [Blau], von Gelborange [Dotter] und Rotviolett [Lila] lässt sich durch Schattenkontraste (mit der Beimischung von Schwarz und Weiß) erträglicher, ja sogar angenehm machen.

Weiter beschäftigt er sich sehr detailliert und fachkundig in seiner Studie damit, wie die einzelnen Farben aufeinander wirken, welche Rolle sie in den verschiedenartigen Kulturkreisen eingenommen haben und auch, wie sie gefühlsmäßig wirken. Dabei kommt er zu der Feststellung, dass es für das Geheimnis, die richtige Farbwahl zu treffen, kein Rezept gibt: man kann es nicht lernen, es wird vom Geschmack diktiert. Farbengeschmack lässt sich nicht lehren, weil er die Kultur des Auges ist. „Wir begegnen tagtäglich unzähligen solcher Farbkombinationen, deren angenehme Wirkung wir uns nicht erklären können, und wir begegnen unzähligen guten Farbakkorden, deren angenehme Wirkung eine Tönungsabweichung verderben würde. Farbharmonien haben viele winzige Geheimnisse, die wir nur dann bemerken, wenn wir unser Auge schon so weit geschult haben, um es in die Lage zu bringen, auch die feinsten Tönungen zu unterscheiden und dazu braucht man große Liebe und immense Übung. Lasst uns also die in der Natur unentwegt sich anbietenden märchenhaften Farbwirkungen beobachten, und wenn wir die Farben kennen und lieben gelernt haben, werden wir auch lernen, sie zu genießen."

Imre Kner hat sich auch eingehend mit der Verbindung von Farbe und Musik befasst. Gemeinsam mit dem ungarischen Komponisten ZOLTÁN KODÁLY (1882–1967) fertigte er um 1914 farbige Tabellen über den Klang von Dur- und Mollakkorden der Farben an. Dieser Themenkreis wird in dem Kapitel, das sich mit den Kontrasten beschäftigt, ausgeführt und dargelegt.

43

Josef Albers, der Magier der Farben

Der deutsch-amerikanische Maler Josef Albers war erst Schüler und später auch Dozent am Bauhaus. Er begann 1920 in Weimar sein Studium und arbeitete ab 1923 als Lehrer, wechselte mit dem Bauhaus nach Dessau und dann noch für kurze Zeit nach Berlin, bis die Institution 1933 geschlossen wurde. Unmittelbar danach wurde Albers an das Black Mountain College in North Carolina berufen und er lehrte ab 1950 bis 1960 an der Yale University in New Haven. Seine künstlerischen Arbeiten und Studien hatten große Auswirkungen auf die amerikanische abstrakte Malerei.

In den Mittelpunkt seiner Forschungen hatte Albers die Prüfung des Unterschieds zwischen dem objektiven Phänomen der Farbe und dem subjektiven Seherlebnis durch unser Sinnesorgan gestellt. Sein Prinzip war, mit einfachen Konstruktionsformen seiner Bilder, die er in Reihen variierte, ein hohes Maß seiner Vorstellungen zu verwirklichen. Im Laufe seiner Tätigkeit reduzierte er in unterschiedlichen Schaffensperioden die Konstruktion seiner Bilder immer mehr, bis er auf die einfachste formative Gestaltung, auf „Quadrate im Quadrat" kam. Die Dynamik seiner Bilder, ihre Raumwirkung und Energie entspringen einzig aus dem Verhältnis ihrer Farben, die im Betrachter seine ihm eigene Farbwahrnehmung und -empfindung auslösen soll, um diese für ihn zu einer inneren Einheit werden zu lassen. Wie er in einer seiner Schriften formuliert: „Bei mir geht es vor allem um den physischen Effekt, um die ästhetische Erfahrung, die durch die Wechselwirkung der Farben ausgelöst wird." Er meinte, dass bei vielen Malern die Farbe neben der Form oder sonstigen bildlichen Elementen nur eine untergeordnete Rolle spielt. An der Yale Universität hielt der Künstler über Jahre für seine Studenten „Farbenkurse" ab. Seine künstlerischen und pädagogischen Erfahrungen hat er in seinem 1963 erschienenen Werk *Interaction of color* niedergelegt. Das fast 10 kg schwere Buch bestand aus didaktischen Auslegungen für die Schritt für Schritt entwickelte Herstellung und Wahrnehmung von Farbbeziehungen, begleitet von 119 Serigraphien und 33 Offset-Reproduktionen, die er mit seinen Studenten erarbeitet hatte. Er sagte dazu: „Der Zweck der Mehrzahl unserer Farbenübungen besteht darin zu beweisen, dass die Farbe das relativste künstlerische Mittel ist, und dass wir beinahe niemals Farbe als das wahrnehmen, was sie physikalisch ist. Die gegenseitige Beeinflussung von Farben nennen wir Wechselwirkung, »Interaction«." (Albers 1997, S. 96) Von einem anderen Gesichts-

Das Josef-Albers-Museum in Bottrop – auch Quadrat-Museum genannt – das dem Lebenswerk des Künstlers gewidmet ist

punkt aus betrachtet ist das: wechselseitige Abhängigkeit."

Albers untersuchte die Wechselwirkung der Farben unter seinem ihm eigenen Aspekt als in ihrer Wahrnehmung sich offenbarende Realität. Nach ihm verändert sich „in unseren Augen" jede Farbe entsprechend derjenigen, die ihr benachbart ist. Er verdeutlicht dies hauptsächlich im Simultankontrast. Wir sehen z. B. im Nebeneinander von Hell und Dunkel das Helle noch heller und das Dunkle noch dunkler, weil unser Auge die Wirkung der stärkeren Farbe noch verstärkt. Genauso verschieben sich im Komplementärkontrast die effektiven Werte der Farbenpaare: Magenta im Kontrast zu Grün wirkt noch stärker rot, ebenso wechselseitig reagiert das Orange und Cyan bzw. das Gelb und Violett. Albers behandelt die Veränderung einer Farbe nicht als eine Veränderung der faktischen Farbe in unserem Auge, sondern er hält die veränderte Farbe, also das im Auge

Josef Albers: Study for Homage to the Square. Allegro, 1963. Öl, 45,7 × 45,7 cm (Vass-Sammlung, Veszprém)

erscheinende flüchtige Bild für das „Eigentliche – Tatsächliche". Er weist uns in den Umgang mit der gesehenen Farbe als schöpferisches Mittel ein, indem er die Farbtäuschungen auf die Höhe der existenten Wirklichkeit erhebt. „Wer behauptet, Farben unabhängig von ihren trügerischen Veränderungen zu sehen, führt einzig sich selbst hinters Licht und niemanden anders." (Albers 1997, S. 42) Von der Betonung der „gesehenen" Farbe ausgehend lehnt Albers die Theorien der klassischen Farbharmonie, die von den tatsächlichen Farben bestimmt werden, ab. Er richtet sich weitergehend sogar gegen Zielsetzungen, die auf die Definition von „Harmonie" verweisen. Für ihn ist die Dissonanz keineswegs weniger wünschenswert als die Konsonanz. Die Entwicklung unserer Sinnesempfindung muss gerade darauf hinzielen, dass wir uns nicht auf die Definition der angewandten Farben einlassen, sondern nach den durch sie erreichten Wirkungen streben sollen. Albers stellt also – bezogen auf die materielle Welt – die visuelle Wirklichkeit als Sinnestäuschung vor und weist gleichzeitig auf die Unterschiede der Täuschungen hin.

Detail der Ausstellung

Er ist mit seinen Schülern den spannenden Weg der Trial-and-Error-Experimente bis zu Ende gegangen. „Der Zweck der Mehrzahl unserer Farbübungen besteht darin, zu beweisen, dass die Farbe das relativste künstlerische Mittel ist und dass wir fast nie Farbe als das wahrnehmen, was sie physikalisch ist." (Albers 1997, S. 95)

Albers hat der Schulung der Aufmerksamkeit und der individuellen Auffassung und Bewertung der Farben große Bedeutung zugemessen. Er wies auch darauf hin, dass selbst das am besten geschulte Auge keine Gewähr gegen die Farbentäuschung besitzt, weil jede in unseren Augen erscheinende Empfindung eine Sinnestäuschung ist, die durch zahlreiche Faktoren – wie Umgebung, Quantität und Qualität der Farbe (ihr Helligkeitscharakter und ihr Farbton) und die Art der Beleuchtung – hervorgerufen und beeinflusst wird. Nur dadurch lässt sich erklären, dass beispielsweise eine bestimmte Farbe abhängig von ihrer Umgebung unterschiedlich wirkt, zwei Farben als gleich erscheinen können etc. Er macht einen einschneidenden Unterschied zwischen den konkreten Tatsachen – den „factual facts" – und den in unserem Bewusstsein entstandenen Bildern – den „actual facts". Er schrieb: „Wenn man sich mit der Relativität der Farbe (…) beschäftigt, ist es sinnvoll, zwischen objektiven Tatsachen und wirklichen (Bewusstseins-) Tatsachen – den »factual« facts und »actual« facts zu unterscheiden. Die Messdaten von Wellenlängen – das Ergebnis optischer Analyse des Lichtspektrums – akzeptieren wir als objektive Gegebenheit – als »factual fact«. Das heißt: etwas Konstantes, das bleibt, was es ist; etwas, das wahrscheinlich keinem Wechsel unterliegt. Wenn wir aber undurchsichtige Farbe als durchsichtig betrachten, dann hat das physikalische, optische Netzhautbild sich in unserem Bewusstsein in etwas anderes verwandelt. Dasselbe gilt, wenn wir drei Farben als vier oder als zwei ansehen bzw. vier Farben als drei; oder wenn wir flache und nebeneinander liegende, ebene Farben als sich überschneidend und mit räumlichen Kannelüreneffekt wahrnehmen; weiterhin, wenn wir klare Grenzlinien entweder verdoppelt oder flimmernd oder gar verschwinden sehen. Diese Effekte nennen wir wirkliche Tatsachen (Bewusstseinstatsachen) – »actual facts«." (s. Albers 1977, S. 96 f.) In „action" steckt das Verb to act oder das Substantiv actor (Schauspieler). Die Aktion bedeutet in der visuellen Darstellung das Gleiche wie Veränderung, ein Vorgang, in dem ein Mensch seine Identität aufgibt oder verliert. Wenn wir eine Rolle spielen, verändern wir unsere Erscheinung und unser Benehmen, wir bringen einen anderen Menschen zum Vorschein. Ähnliches geschieht mit den Farben, die aufeinander wirken und sich durch ständige Bewegung gegenseitig verändern und damit in ständiger Wechselwirkung zu unserem Empfinden stehen. Josef Albers Werk *Interaction of color* ist zu einem wichtigen Grundstein der modernen Farbenlehre und zu einem unverzichtbaren Hilfsmittel für Studierende geworden. Zum Schluss noch ein Zitat: „Systeme entstehen erst hinterher – wie Theorie nach Erfahrung kommt –, und die schöpferische Arbeit wird von ihnen nicht befruchtet. Meine Lehre ist kein System, sie ist keine Theorie, sondern eine Anregung … zum Sehen, zur Sensibilisierung, zur Schärfung des Sehens." (Albers, 1977)

Ein bedeutender Teil der Werke von Albers sind in seiner Geburtsstadt Bottrop in einem ihm gewidmeten Josef-Albers-Museum zu besichtigen. Das liebevoll „Quadrat-Museum" genannte Gebäude ermöglicht durch seine Raumanordnungen eine intime Begegnung mit den einzelnen Schaffensperioden und trägt der Vorstellung von Albers Rechnung, die bewusst gewählte Farbflächengröße der Bildformate, wie er sie für notwendig hielt, voll aufnehmen zu können.

Hommage à Josef Albers: Studie zur Raumwirkung der Farben (s. S. 140) ▷

GRUNDKENNTNISSE DER FARBENLEHRE

DAS LICHT, URSPRUNG DER FARBE

Unsere Erde erreichen unterschiedliche *Strahlungen*, die in Form von Partikeln oder elektromagnetischen Wellen uns ihre Energie vermitteln. Letztere werden nach ihren Wellenlängen – ihren gleichphasigen Punkten, d. h. bildlich „der Abstand zwischen zwei Wellenbergen" – in Gruppen mit sehr abweichenden Eigenschaften zusammengefasst: Die durch hochfrequenten Wechselstrom erzeugten Wellen besitzen Wellenlängen von mehreren Kilometern. Die Abmessungen der durch Zerfall von radioaktiven Elementen entstandenen Gammastrahlen oder die hochfrequenten Röntgenstrahlen mit ähnlichen Wellenlängen erreichen dagegen nur Abmessungen von millionsten Bruchteilen eines Millimeters. Das Fernsehen arbeitet mit Wellen von Meterlängen, der Rundfunk sogar bis Kilometerlängen, während bei Mobiltelefonen einige Dutzend Zentimeter lange Wellen benutzt werden. Zwischen diesen vielfältigen Maßen befindet sich ein schmaler Wellenbereich des für unsere Augen wahrnehmbaren Lichts, der zwischen 380 nm und 750 nm liegt (1 Nanometer [nm] = eintausendstel Mikrometer [μm] 1 μm = eintausendstel Millimeter = 10^{-6} Meter). Diese elektromagnetischen Wellen als Lichtstrahlen rufen – je nach ihren Wellenlängen – in unserem Gehirn die roten, blauen, grünen, gelben etc. Farbempfindungen hervor. Der sichtbare Teil der Sonnenstrahlen erscheint in unserem Sehzentrum als farbloses weißes Licht. Als Licht bezeichnen wir auch noch die benachbarten Bereiche des elektromagnetischen Spektrums, das durch das menschliche Auge schon nicht mehr wahrnehmbar ist: die Ultraviolett- und Infrarotstrahlen. (Nach durchgeführten Experimenten

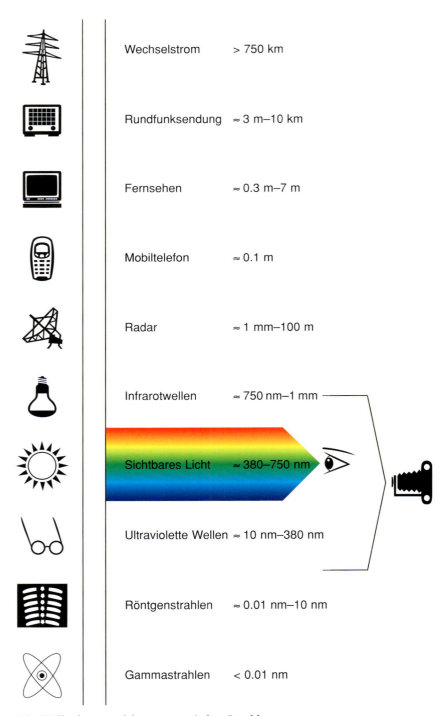

Die Wellenlängen elektromagnetischer Strahlungen GEZEICHNET VON DÓRA KERESZTES

sehen die Bienen beispielsweise auch die Ultraviolettstrahlen.) Filme für Fotoapparate oder die Sensoren heutiger Kameras können auch für den Infrarotbereich empfindlich sein. Nutznießer ist dabei unter anderem die Kriminalistik, um nächtlich durchgeführte Straftaten aufdecken zu können.

Was ist Farbe?

In physikalischem und technischem Sinne ist die Farbe die Charakteristik des sich zwischen 380 nm und 750 nm Wellenlänge erstreckenden Lichts. Die einzelnen Buntfarben entstehen durch Unterschiede in den Wellenlängen des Lichts.

Das von verschiedenen Lichtquellen und Oberflächen ankommende Licht von unterschiedlicher Wellenlänge erreicht unser Auge in verschiedener Intensität.

Nach *physiologischem* Gesichtspunkt ist die Farbe ein in unserem Sehorgan von Lichtquellen verursachter *Farbreiz*. Die Physiologie untersucht die Wirkungen des Lichts auf unser Auge und Gehirn. Die Größe des Farbreizes ist physikalisch messbar.

Der Farbreiz gelangt durch die Ingangsetzung von komplizierten physiologischen Prozessen mithilfe der Sehnerven in das Gehirnzentrum, in dem ein Farberlebnis, ein Farbeindruck – *die Farbempfindung* – entsteht.

Die Farbempfindung ist also das Resultat eines physiologischen Prozesses, das nicht nur die Kodierung des aufgefangenen Farbreizes bedeutet, sondern auch die Möglichkeit des Erkennens des zwischen Farbreizen bestehenden Verhältnisses beinhaltet.

Die im Gehirn entstandene Farbempfindung ist Ausgangspunkt verschiedener *psychologischer Prozesse*. Die Farbempfindung kann sogar

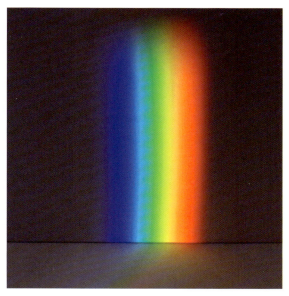

Spektralfarben in der Wellenlänge von 380 nm bis 750 nm

durch physische Einwirkungen – wie durch einen Schlag auf das Auge – aber auch ohne physiologische Ursachen – wie bei Träumen oder Imaginationen zustande kommen. (Goethe verweist auf diese Tatsache bereits in der Einleitung seiner *Farbenlehre*.)

Die Wirkung der farbigen Strahlen auf unsere Psyche und unseren Charakter bezeichnet die Wissenschaft als expressive psychische Farbwirkung. (Goethe hat dies die sinnlich-sittliche Wirkung der Farben genannt). Die durch das Sehen entstandenen Gefühle gehören also schon in die Welt der Psychologie.

Entsprechend der Zielsetzung dieses Buches werden darin lediglich die psychische Wirkung der Farben und die Farbempfindungen behandelt.

Der Vorgang des Farbensehens

Das Farbempfindungsorgan des Menschen setzt sich aus drei Teilen zusammen: den Augen, den Sehnervenbahnen und dem im zentralen Nervensystem liegenden Sehzentrum.

Die aus der Außenwelt ankommenden Lichter unterschiedlicher Wellenlänge werden von den auf der Netzhaut – Retina – sitzenden Rezeptoren, den Stäbchen und Zapfen aufgenommen. Die Anzahl der Stäbchen beträgt ca. 130 Millionen, die der Zapfen ca. 7 Millionen. Die Stäbchen verfügen über einen farbempfindlichen Stoff, dem sog. Seh- oder Retinapurpur. Dieser Farbstoff wird bei Lichteinwirkung blass und fahl und gewinnt dann im Dunkeln wieder seine alte Farbe zurück. Damit lässt sich erklären, dass wir – wenn wir aus dem Licht in ein dunkles Zimmer treten, für eine kurze Zeit nichts sehen, und zwar so lange, bis sich die Pupille aufweitet und wieder neuer Purpur gebildet wird und dadurch die Empfindlichkeit der Stäbchen anwächst. Der lichtempfindliche Stoff der Zapfen ist bisher noch nicht bekannt.

Bei niedriger Beleuchtung arbeiten nur die Stäbchen *(skotopisches Sehen)*, dies bedeutet, dass man die Brechung der Lichtstrahlen ohne Farben (achromatisch) sieht. Die Zapfen spielen erst bei einem höheren Beleuchtungsgrad eine Rolle *(fotopisches Sehen)*. Dabei sieht man die Brechung des Lichts in seine einzelnen Farben *(chromatisches Sehen)*. Die sogenannte Farbenschwelle ist der Zustand des Farbempfindens, bei dem die Zapfen zu arbeiten beginnen und das Spektrum chromatisch erscheint, das ist selbstverständlich bei jeder Farbe anders.

Bei Tageslicht werden die Farben nur durch die Zapfen wahrgenommen. Aufgrund ihrer spektralen Empfindlichkeit – durch die in ihnen vorhandenen Farbstoffe – teilen sie sich in drei Sorten auf: 1. in den „Protos" genannten Teil, der auf den langwelligen Bereich des Spektrums (Dotter–Orange–Magenta) empfindlich ist, 2. in den „Deuteros" genannten, der im mittellangen Wellenbereich des Spektrums (Grün) arbeitet und 3. in den „Tritos", der im kurzwelligen Bereich (Violett–Blau–

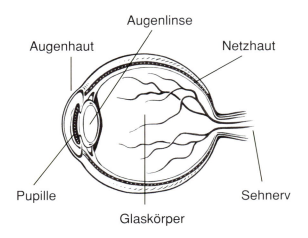

Schematische Darstellung des Auges und der Retina
GEZEICHNET VON DÓRA KERESZTES

Cyan) empfindlich auf das Licht ist. Diese Empfindlichkeitsbereiche überschneiden sich in großem Maße und können sich auch bei den einzelnen Individuen ändern.

Wenn irgendeine Zapfensorte fehlt oder sich ihre Empfindlichkeit zueinander verschiebt, kann das Auge schon nicht mehr die entsprechenden Unterschiede zwischen den Farben erkennen. Das ist die Farbverwechslung, die am häufigsten zwischen den Bereichen von roten und grünen Farben vorkommt.

Wenn alle drei Zapfensorten fehlen, nimmt das Auge nur die Lichtstärke wahr und sieht statt Farben nur graue, schwarze und weiße Schattierungen. Dies ist Farbenblindheit.

Zu dieser Erkenntnis kam in der zweiten Hälfte des 19. Jahrhunderts die Young–Helmholtzsche Theorie.

Den Charakter des Farbeindrucks bestimmt dasjenige Nervenende, das unter der größten Reizwirkung steht. Wenn alle drei lichtempfindlichen Nervenenden Reize von gleicher Intensität empfangen, dann sehen wir weißes

Anlage zur Farbenlehre, Tafel I. Darstellung des Sehens der an Blaublindheit (Akyanopsie) leidenden Menschen

Rauminterieur bei unterschiedlicher Beleuchtung

Licht. Die Farbenwahrnehmung entsteht im Verhältnis der Reizwerte, die die Netzhaut erreichen, was praktisch eine endlose Reihe an möglichen Farbnuancen bedeutet.

Die Zapfen absorbieren das Licht, das sie erreicht, und die absorbierte Energie baut das lichtempfindliche Pigment der Zapfen ab. Das Abbauprodukt reizt die sich den Zapfen anschließenden Nervenenden und dieser Reiz wird ins Gehirn weitergeleitet.

Einer der wichtigsten Axiome der Farbenlehre ist, dass in physikalischem Sinne keine Farben existieren. Die physikalische Welt besteht aus farbloser Materie und farbloser Energie. Die Farben entstehen nur in unserem Licht empfindenden Sehorgan, das auf bestimmte elektromagnetische Schwingungen reagiert und diese Lichtempfindungen in Farbreize verwandeln kann.

Die Anpassung des Auges an das Licht

Die Rezeptoren des Auges verfügen über eine unglaubliche Adaptionsfähigkeit: bedenkt man nur, dass sich unser Auge auch bei nächtlicher Beleuchtung ausgezeichnet orientiert und sich bei Veränderung von Dunkelheit und Helligkeit in kurzer Zeit „umstellen" kann. Die Stäbchen passen sich dem nächtlichen, die Zapfen dem Tageslicht an. Beim Gewöhnungsmechanismus spielen die Verengung und Erweiterung der Pupillen und der fortlaufende Abbau und die Neubildung des Pigmentstoffs der Rezeptoren eine Rolle. So weit wie möglich versucht das Auge also die Veränderung der spektralen Zusammensetzung des Lichts und der Beleuchtungsintensität auszugleichen. Diese Anpassungsfähigkeit des Auges nennt man *Adaptation*. Diese vollzieht sich im Allgemeinen vom Hellen zum Dunklen langsamer als umgekehrt.

Farbkonstanz

Die Zapfen des Auges – vom Typ Protos, Deuteros und Tritos – passen sich an die Beleuchtung von unterschiedlicher Lichtdichte und Farbtemperatur (Tageslicht, künstliches Licht, Leuchtröhren etc.) und an die Farben der Umgebung an.

Die Lichtempfindlichkeit des Fotoapparats fixiert diejenigen Farben von Gegenständen, welche die unterschiedlichen Strahlen von spektraler Zusammensetzung ergeben. Unser Gedächtnis hingegen registriert von Gegenständen und Lebewesen der Umgebung deren charakteristische Farben, und so rufen diese auch bei Änderung der Lichtverhältnisse das gleiche Farberlebnis hervor. Mit anderen Worten: Durch eine stabilisierende Steuerung unseres Gehirns wird bei wechselnden Lichtverhältnissen eine gleich bleibende Sinnesempfindung aufrechterhalten. Dies wird in der Literatur Konstanz der Farbe oder Farbkonstanz genannt. Die Untersuchungen dieser Phänomene berühren schon das Gebiet der Farbenpsychologie.

Experimente beweisen, dass Personen, die einen bestimmten Gegenstand nicht kennen, bei unterschiedlichen Beleuchtungen ihm jeweils andere Farben zuschrieben, während „Eingeweihte" sich nicht beirren ließen, weil sie nicht die tatsächlich aufgefangene Farbe, sondern die ihnen schon bekannte sog. Gedächtnisfarbe sahen.

Der französische Mathematiker **Gaspard Monge** (1748–1818) publizierte dieses Phänomen Ende des 18. Jahrhunderts.

Die Relativität des Farbensehens

Unabhängig von der weit reichenden Adaptationsfähigkeit des Auges weisen einige Phänomene auf die Empfindlichkeit und die Relativität unseres Farbensehens hin.

Beobachtung des Purkinje-Phänomens in einem Blumengarten: Die Farben der Blumen im Morgen-, Mittags- und Abendlicht. Nach Sonnenuntergang werden die Farben langer Wellenlänge dunkel, und das kurzwellige Grün und Blau erscheint kräftiger

Nach Sonnenuntergang bemerkt man oft, dass sich die roten Farben langsam verdunkeln und die ganze Umgebung eine blaue Farbe aufnimmt. Man nennt dieses Phänomen „blaue Stunde" oder „Stunde der Maler": die Natur nimmt auf diese Weise Abschied vom Licht.

Der tschechische Physiologe JAN EVANGELISTA RITTER VON PURKINJE (1787–1869) erkannte und publizierte 1825, dass sich im menschlichen Auge zwei Sorten von Rezeptoren befänden. Während der Dämmerung würden sich wegen des gleichzeitigen Wirkens von Zapfen und Stäbchen die roten und blauen Farben des Spektrums im menschlichen Sehorgan verändern. Zwischen dem auf Helligkeit ausgerichteten Bereich des fotopischen Sehens und dem auf Dunkelheit abgestimmten skotopischen Sehbereich gibt es nämlich einen Bereich, den er *mezopisches* Sehen nannte.

Maler haben schon früher festgestellt, dass die Farben sich in wechselnden Lichtverhältnissen ändern können. Der englische Maler WILLIAM TURNER (1775–1851) äußerte sich in einem Vortrag darüber, dass das Rot die flüchtigste Farbe sei.

Die Fähre am Balaton in der Abenddämmerung: die Farben langer Wellenlänge verschwinden bereits, das kurzwellige Grün wird stärker

So entstehen die Farben der uns umgebenden Gegenstände: Das Weiß reflektiert alle Strahlen, während das Schwarz alles schluckt; der rote wie der grüne Apfel reflektiert jeweils seine ihm eigene charakteristische Farbe
GEZEICHNET VON
DÓRA KERESZTES

Farbauflösung von Licht und künstlichem Licht mit dem Prisma nach Amici: Das künstliche Licht enthält kaum kurzwelliges blaues Licht

In dieser Phase sind die Farben zwar noch unterscheidbar, aber sie verlieren bereits an Intensität. Die zum Bereich der langen Wellenlängen gehörenden warmen Farben – wie das Rot – verschwinden zuerst, während die Farben des blauen Bereichs heller werden, bis sich schließlich das skoptische Sehen eingestellt hat.

In der Literatur spricht man seitdem vom „Purkinje-Phänomen".

Goethe weist in seiner *Farbenlehre* auf die Erfahrungen mehrerer Naturforscher hin, nach welchen „gewisse Blumen im Sommer abends gleichsam blitzen, phosphoreszieren oder ein augenblickliches Licht ausströmen" (1. Abt./54). Als er zu später Abendzeit in einem Garten spazierte, beobachtete er an den Blumen des orientalischen Mohns „etwas Flammenähnliches", das eigentlich nach Meinung Goethes das Scheinbild der Blume in der geforderten blaugrünen Farbe war. In Wirklichkeit gibt die Entdeckung Purkinjes eine Erklärung für dieses Phänomen. Wenn in der Dämmerung die Rezeptoren des skotopischen Sehens in Funktion treten, erscheinen die Objekte schon in schwarzer Farbe. Trotzdem lässt das fotopische Sehen die Dinge für Augenblicke noch in Farbe aufblitzen.

Dem steht das Bezold–Abney-Phänomen entgegen, das bei einer starken Beleuchtung auftritt. Bei grellem Licht fließen die roten und grünen Farben zu Gelb zusammen und zum Schluss sieht man nur noch Weiß, Dunkelgrau und Schwarz.

Das Phänomen der Farbadaptation ist ein Beweis dafür, dass bei der Entstehung der Farbempfindung die eigenen Gesetze des Auges zur Geltung kommen. Es ist gleichzeitig der schlagende Beweis für die Unbeständigkeit der Farbwahrnehmungen!

DIE KÖRPERFARBEN

In physikalischem Sinne sind die Farben keine Eigenschaften der Körper oder Materialien, sondern im Allgemeinen die Funktionen des Lichts. Wo es kein Licht gibt, dort sieht man keine Farben. Im Dunkeln ist jeder Körper (wenn er nicht von sich aus leuchtet) farblos. Das ungarische Sprichwort stellt weise fest: „In der Dunkelheit ist jede Kuh schwarz" (Deutsch: „In der Nacht sind alle Katzen grau"). Wie entsteht die Farbe der Körper? Abhängig von ihrer Oberflächenstruktur absorbieren diese einen Teil des auf sie fallenden Lichts, während der andere Teil reflektiert wird. Das reflektierte Licht nimmt man als die Farbe des Körpers wahr. Eigentlich ist das paradox, aber in Wirklichkeit ist es so, dass die Farbe des Körpers nicht die absorbierte Farbe

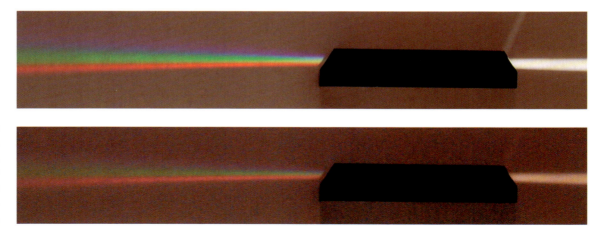

ist (die in ihm bleibt), sondern die, welche er reflektiert.

Die spektrale Zusammensetzung der künstlichen selbst leuchtenden Körper (Glühbirnen, Neonlicht etc.) weicht von der Farbentemperatur der Sonnenstrahlen ab. (Natürliche selbst leuchtende Körper sind z. B. die Sterne.) Ihre Farbqualität beeinflusst in großem Maße die Farbe des beleuchteten Gegenstandes: Diejenige Farbe, die es im Leuchtkörper nicht gibt, kann auch nicht reflektiert werden. (Z. B. die Glühbirne strahlt weniger blaue Farbe aus als das Tageslicht. Bei einem Gegenstand in greller blauer Farbe wird bei elektrischem Licht das Blau gebrochen und man sieht ihn beinahe schwarz.)

Sieht man richtige Farben?

Physikalisch gesehen besteht unsere Welt aus farblosen Stoffen von Materialien molekularer Zusammensetzung und aus farblosen Energiestrahlen unterschiedlicher Wellenlängen. In der toten Materie (z. B. Stein, Sand am Meer) verwandeln sich die absorbierten Strahlen in Wärme, während die lebendige Materie sie durch physiologische Vorgänge selbst verarbeitet.

Aus den elektromagnetischen Strahlen, die in unsere Augen gelangen, bringt unser Gehirn die Informationen zusammen, mit denen wir uns in unserer Welt orientieren. Diese Reize sind aber von zahlreichen physikalischen Faktoren abhängig.

Die spektrale Verteilung der sichtbaren elektromagnetischen Wellen des „weißen Lichts" ist nicht immer gleich. Bei sommerlichem Sonnenschein herrschen die Strahlen mit kurzer Wellenlänge vor, und die in dieser Zeit angefertigten Farbfotos haben bläuliche Schattierungen und sind von kalter Wirkung. Bei untergehender Sonne oder in den Morgenstunden dagegen kommen die Strahlen mit längeren Wellenlängen zur Geltung, die orange-, gelb- oder grünfarbig sind und ihrer Umgebung eine warme Stimmung verleihen. Die Erklärung dieses Phänomens wird im Kapitel „Physische Farben" beantwortet.

Wie schon erwähnt, beeinflusst die Farbtemperatur der Glühbirnen und der Leuchtröhren in großem Maße den Farbreiz. Weiter spielen auch die Oberflächenformen und -eigenschaften, die Richtung der Beleuchtung und die Einwirkung der Farben aufeinander eine Rolle.

Hinsichtlich der ästhetischen Wirkung der Farben untersuchte Goethe auch die Farben von Gegenständen. Nach ihm verhalten sich die Grundfarben auf Körpern und Flächen ausgesprochen spezifisch und verändern sich entsprechend der Eigenheiten ihrer Träger. Bei Textilien spielen die Beschaffenheit des Stoffs, die Webqualität und die Fadenstärke eine Rolle.

Sich auf eine Studie Diderots über die Malerei berufend stellte er fest, dass alle Körper eine eigene Farbe haben, denn der gleiche Farbstoff wirkt ganz anders auf Leinen, Seide oder Samt. Bei der künstlerischen Darstellung

Zusammentreffen der Lichter verschiedener Farbtemperaturen

Schneeweiß gekalkte ungarische Bauernhäuser mittags und nachmittags im Sonnenlicht: Durch die Dominanz der kurzen Wellenlängen am Mittag nimmt die weiße Giebelwand eine blaue Schattierung von kalter Farbstimmung an, während die Nachmittagsstrahlen längerer Wellenlängen dem Laubengang des Hauses eine gelblichwarme Stimmung verleihen

Die Wirkung der Farben auf glänzender und matter Oberfläche

Das „Steinmeer" des Kál-Beckens in Westungarn nach einem Regen: Auf der Oberfläche des auf den Steinen angesammelten Wassers spiegelt sich das Blau des Himmels wider

müßten diese Besonderheiten berücksichtigt werden, denn nur so – falls der Maler das beabsichtigt – könne das Bild das Wesentliche des dargestellten Themas wiedergeben.

Bei den „Produkten" der Natur wie Steine, Pflanzen, Federn der Vögel hielt Goethe die Farben in noch größerem Maße als ein individuelles Charakteristikum ihrer Träger. Nach ihm geht ein Maler dann richtig vor, wenn er bei seinen Darstellungen die allgemein herkömmlichen Züge vermeidet, um durch die eingesetzten Farben das Innere des Themas erscheinen lassen (s. 6. Abt./873–877).

Außerdem ist die Intensität des Lichts für die Bildung der Farbe wichtig. Durch das Licht werden die Körper nicht nur farbig, sondern auch von der Masse her plastischer. Die lokale Farbe eines Körpers kommt am besten im Halbschatten – nach Goethe „clair-obscur" – zur Geltung. Auf der beleuchteten Oberfläche erhellt sich die Farbe des Körpers, während sie sich im Schatten verdunkelt. Hier sei an die genialen Feststellungen Leonardos erinnert! Auch die Reflexstrahlen können in großem Maße die lokalen Farben eines Körpers verändern. Auf einer matten Fläche kommen die Reflexlichter weniger, auf einer glatten kräftiger zum Vorschein, wie die Fotos zeigen. Der blaue Himmel spiegelt sich auf allen Oberflächen und Gegenständen wider.

Nach Meinung von Itten kamen die impressionistischen Maler durch das Studium ihrer Umgebung, die den Sonnenstrahlen und einer ständigen Änderung der Reflexfarben ausgesetzt war, zu der Erkenntnis, dass „die lokalen Farben sich in der universalen Farbigkeit der Atmosphäre auflösen."

Wie bekannt, liegen die meisten Malerateliers nach Norden und im obersten Stockwerk, um störenden Reflexen, die durch Pflanzen, Bäume und Hauswände etc. verursacht werden, aus dem Weg zu gehen.

Neben den physikalischen Faktoren spielen die der Psychologie mindestens eine gleichbedeutende Rolle – beispielsweise auf den psychischen Zustand der die Farben aufnehmenden Person bezogen: deren Farben-Sehfähigkeit, Abrufbarkeit von Erinnerungsbildern, Grad an Intelligenz und Assoziationsfähigkeit können ausschlaggebend sein. Wie schon bei der Farbadaptation erwähnt wurde, unterscheiden die so entstandenen Farbempfindungen in unserem Bewusstsein zwischen reifem und unreifem Obst, frischem und verdorbenem Fleisch oder gesunder oder ungesunder Hautfarbe etc. Es ist also festzustellen, dass die sich ständig ändernden Reize, die durch Lichtstrahlen entstanden sind, sich in unserem Gehirn „transformieren", nachdem sie unseren Erinnerungsbildern und Assoziationen begegnet sind. Diese sind jene Sinnestäuschungen, nach denen wir in physikalischem Sinne nicht richtig sehen – im Gegenzug erhalten wir dagegen eine viel aufregendere und interessantere Welt!

Unser Gedächtnis bewahrt die Farbe der schon ein Mal verzehrten Lebensmittel auf und im Laufe einer späteren Begegnung wird – durch die Farben – auch ihr Geschmack wieder wachgerufen

die schwarze und weiße Farbe und dann das Rot benannt wurden, darauf das Grün oder Gelb, das Blau und Braun. Darauf folgten die mit dem alltäglichen Leben zusammenhängenden Farben, wie das Orange, Violett, Rosa, Purpur etc. Es steht fest, dass Frauen mehr Nuancierungen wahrnehmen können.

Die Reichhaltigkeit an Farbschattierungen schlug sich in großem Stil auch auf Kultur und Wirtschaft nieder. Nachforschungen ergaben, dass schon in der Antike für das Fell von Pferden vielfältige Farbbezeichnungen existierten, die bei den auf Pferdehaltung eingestellten mittelasiatischen Gebieten sogar ein halbes Hundert überschreiten (Gage 2009, S. 79).

ÜBER DIE BENENNUNG DER FARBEN

Der Physiker, Drucker oder der Durchschnittsmensch benennen die gegebene Farbe mit unterschiedlichen Namen. Die Physiker, Lichtmechaniker, Farbchemiker oder Fotografen nähern sich den Farben von der Seite der messbaren physikalischen Gegebenheiten an.

Ungeachtet der Tatsache, dass das menschliche Auge Unmengen von Farbschattierungen unterscheiden kann, sind die in der Alltagssprache genutzten Bezeichnungen sehr gering. Bei internationalen Untersuchungen wurde festgestellt, dass in diversen Sprachen als Erstes

EINIGE GRUNDBEGRIFFE

Die Farben mit kürzeren Wellenlängen des Spektrums (Violett, Grün) werden kalte, die mit längeren Wellen (Gelb, Orange) warme Farben genannt. Hier gelangt man schon zu der psychischen Wirkung der Farben.

Aufgrund der Farbempfindungen kann man die Farben in folgende Gruppen aufteilen:

Neutrale Farben: die Farbempfindungen, die kein Kolorit haben (Weiß, Schwarz, Grau). Weiß ist z. B. eine Fläche oder Materie, von der das darauf fallende Licht ohne Farbänderung vollkommen reflektiert wird. Die bekannteste weiße Materie ist das Magnesiumoxid (das das einfallende Licht zu 97% reflektiert), nach anderen ist es das Bariumsulfat.

Die schwarze Farbe verschluckt sozusagen das einfallende Licht völlig, als die schwärzesten Farben werden in der Praxis sowohl der schwarze Samt als auch Ruß angesehen. Im physikalischen Sinn existiert eine absolut schwarze Fläche nur in der Theorie. Auf künstlichem Wege ist es allerdings schon gelungen, „schwärzere" Flächen zu entwickeln, deren Absorptionsfähigkeit gegenwärtig bereits 99,9% erreicht.

Buntfarben sind die Farbempfindungen, die einen Farbton haben. Von den neutralen Farben unterscheiden sie sich durch ihren Farbcharakter (Rot, Gelb, Blau etc.).

Die Lichtquellen (Sonne, Glühbirne, Kerze etc.) bezeichnet man als **direkte Farben.** **Indirekte Farben** besitzen die nicht selbst leuchtenden Körper, Materialien, Oberflächen, farbige Flüssigkeiten, die von sich aus kein Licht emittieren und nur durch die Wirkung der aus Lichtquellen stammenden Beleuchtung sichtbar werden. Wie schon dargestellt, schlucken sie einen Teil der sie treffenden Lichtstrahlen und der übrige Teil des Lichts wird reflektiert und ergibt die Farbe des Körpers. Die indirekten Farben werden deswegen auch relative Farben genannt, weil ihre Farbwerte von der spektralen Zusammensetzung des einfallenden Lichts und auch von ihrer Umgebung abhängen.

Urfarben: solche Farbempfindungen, die schon seit je her von menschlichen Kulturen ihre Namen erhielten: Dies sind Gelb, Rot, Blau und Grün.

Grundfarben:
Die moderne Farbenlehre kennt 8 Grundfarben. Diese sind:
Violett (Wellenlänge 380–420 nm, Bezeichnung: B)
Cyan (Wellenlänge 420–490 nm, Bezeichnung: C)
Grün (Wellenlänge 490–575 nm, Bezeichnung: G)
Gelb (Wellenlänge 575–585 nm, Bezeichnung: Y)
Orange (Wellenlänge 585–650 nm, Bezeichnung: R)
Magenta (Bezeichnung: M)
Schwarz (Bezeichnung: K)
Weiß (ohne Bezeichnung)

Die **Komplementärfarben** stehen sich im Farbenkreis im Abstand von 180° gegenüber. In der Malerei heißen sie Kontrastfarben, Gegenfarben.

Der Farbenkreis

Im Farbenkreis werden die reinen Buntfarben in einem in sich zurückkehrenden Rundlauf dargestellt. Das menschliche Auge kann ca. 300 Buntfarben unterscheiden. Deren Darstellung versuchten seit Jahrhunderten Forscher in unterschiedlichen Farbenkreisen zu fixieren. Im Bezold-Farbenkreis sind die Farben in einem solchen Raumverhältnis aufgeteilt, wie sie das Spektrum zeigt. (Die Purpurfarbe – wie schon gesagt – kommt im Regenbogen nicht vor.) Der heute am häufigsten verwendete

Die Urfarben in idyllischer ländlicher Umgebung: Der blaue Himmel, das grüne Gras, die gelben und roten Blüten bilden eine harmonische Einheit mit den weißen Wänden des Hauses

Modeartikel, die bei Tageslicht in gleicher Farbe erscheinen, haben bei abendlicher Beleuchtung wegen ihrer unterschiedlichen spektralen Zusammensetzung ein anderes Aussehen

Farbenkreis ist zwölfteilig und in ihm sind die 12 Buntfarben in einem Abstand von 30° nebeneinander angeordnet und in ihm ist die Farbe Purpur selbstverständlich enthalten.

Die isomeren und metameren Farben

Die Physik ist in der Lage, die spektrale Zusammensetzung von Licht und Körperfarben in Form von Emissions- und Reflexionskurven darzustellen. Die isomeren Farben sind die Farben gleicher spektraler Zusammenfassung. Dennoch kommt es im alltäglichen Leben vor, dass bei gegebenen Lichtverhältnissen Farben von unterschiedlichen spektralen Zusammensetzungen die gleichen Farbreize auslösen. Dieses Phänomen stellte W. Ostwald als Erster fest und nannte diese Farben „metamere Farben".

Weil die Zusammensetzung des Tageslichts sich fortwährend ändert, kann die Farbe eines Modeartikels, die Gesamtwirkung eines Farbdrucks oder die Farbenwelt eines Farbfotos in hohem Maße davon abhängen, unter welchen Lichtverhältnissen oder unter welchem künstlichen Licht sie angefertigt wurden. In Werkstätten, die Farbstoffe oder Drucke herstellen, verwendet man deswegen sogenannte Abmusterungslampen, die ein ausgeglichenes spektrales Licht ausstrahlen. Bei der Zusammenstellung unserer Garderobe ist es ratsam, die einzelnen Teile unter gleicher Beleuchtung auszusuchen. Beispielsweise im Restauratoren-Handwerk oder bei Autowerkstätten ist es besser, wenn die Reflexionskurven der zur Reparatur genommenen Farben dem Parameter der Originalfarbe entsprechen. Da eine „Bedingt- Gleichheit" bei der Herstellung von Nachfärbungen nicht vermieden werden kann, kennzeichnet man die Farbstoffe durch einen „Metameriegrad", um Abweichungen zu verhindern.

Vor kurzem konnte der Autor in einem Theater diesbezüglich folgende Erfahrung sammeln: die schwarzen Kostüme von auftretenden Tänzerinnen changierten im Bühnenlicht von Dunkellila bis Dunkelgrün. Sie mussten also aus unterschiedlich gefärbten Stoffen hergestellt worden sein.

Die Mischung der Farben

Die diversen Farbreize lassen sich aus je drei Grundfarben auf zweierlei Arten mischen:

Die Mischung von farbigen Substanzen, Pigmenten, Flüssigkeiten, durchsichtigen farbigen Materialien kommt durch die *subtraktive Farbmischung* zustande. Bei diesem Verfahren entzieht eine vorhandene Farbe die zu einer anderen Farbe gehörenden Lichtstrahlen. Es findet also eine spektrale Veränderung am ursprünglichen Farbreiz statt.

Bei der Mischung farbiger Lichter findet eine *additive Farbmischung* statt, wenn verschiedenartige Strahlen gemeinsam auf das Auge wirken.

Die Farben der Malerei und die subtraktive Mischung der Farben

Die Nutzung organischer, mineralischer und nichtorganischer Stoffe als Farbe ist so alt wie die Menschheit selbst. In prähistorischer Zeit sind z. B. in Nordspanien und Südfrankreich in Höhlen Zeichnungen entstanden, die mit Erdfarben (vorwiegend Ocker, Kreide und Ruß) angefertigt worden sind. Nach heutiger Forschung lässt sich ihr Alter, wie schon erwähnt, auf bis zu 30.000 Jahre festlegen. In der ägyptischen Kultur stellte man vor 6–7000 Jahren neben den Erdfarben schon künstliche Farbstoffe für die Wandgemälde, Portraits auf Holztafeln und Papyrusrollen her. Die Ägypter kannten nur einige Grundfarben, aber diese trotzen schon seit Jahrtausenden der Zeit.

Im homerischen Zeitalter haben die Griechen der Antike ihre Schiffe mit Wachsfarben konserviert (das Nebenprodukt der Honigherstellung stand ihnen reichlich zur Verfügung), aber es existieren auch schriftliche Beweise dafür, dass ihre Tafelbilder und Wandmalereien auch aus solchen Farbstoffen entstanden sind.

Die mittelalterlichen Malerzünfte haben dem Gebrauch von echten und guten Materialien, die von ihnen akzeptiert worden waren, eine große Bedeutung beigemessen. Wer dem zuwiderhandelte, dem drohte als gewissenlos Arbeitenden eine ernsthafte Strafe. Die Malerzunft von St. Lukas in Lyon hatte 1496 sogar niedergelegt, dass von alten Holztafeln die vorhandene Grundierung herunterzunehmen und durch eine neue zu ersetzen sei. In Archiven befindliche Verträge beweisen, dass Auftraggeber mancher Bilder die Qualität und Quantität der zur Verwendung gelangenden Farben mit den Malern schriftlich festlegten.

Die bildenden Künstler arbeiteten Jahrhunderte lang mit von ihnen selbst gewählten Materialien aus der Vielfalt der unterschiedlichsten Herstellungsarten.

Viele Künstler waren sogar gewillt mehrere hundert Kilometer zurückzulegen, um sich aus einer berühmten Grube den gewünschten Farbengrundstoff zu besorgen.

Für den ersten Farbstoff der Menschheit wird der Ocker d. h. das Eisenoxid gehalten. Die Urbewohner Amerikas, die „rothäutigen" Indianer, rieben mit diesem Material ihre Körper ein um Böses abzuwehren. Der rötlichgelbe Ocker lässt sich – von alters her – in vielen ihrer farbigen Kunstwerke finden.

Es ist bekannt, dass das Pendeln der erdmagnetischen Pole als Datierungsnachweis für unterschiedliche geschichtliche Epochen dienen kann, weil die in Farben enthaltenen Eisenpartikel auf nassem Untergrund immer in die magnetische Nordrichtung einschlugen. So lässt sich beispielsweise die Entstehungszeit von ockerfarbigen Werken (Fresken, Skulpturen) mit ziemlicher Genauigkeit durch die Positionierung der Eisenpartikel feststellen,

Pallette eines Malers

Die Mischung der Malerfarben:
Magenta + Cyan = Violett
Gelb + Cyan = Grün
Gelb + Magenta = Orange
GEZEICHNET VON VERONIKA ZONGOR

vorausgesetzt, dass sich der Gegenstand seit seiner Entstehung noch auf seinem ursprünglichen Platz befindet.

Zahlreiche natürliche Mineralstoffe, Metalloxide, Säuren und deren Salze dienten als Grundstoff oder Farbstoff: wie der Grafit, die mit unterschiedlichen Metallen vermischte Tonerde, der gebrannte Kalk oder das natürliche Ultramarinblau, Lapislazuli (harter Halbedelstein, dessen Preis dem Goldwert glich), dann das im Toten Meer gefundene Pech, das Bitumen, das unter dem Namen Syrischer Asphalt in den Handel kam. Dieser warmbraune Farbstoff wurde zur Untermalung oder als Lasur benutzt. Natürliche Farbstoffe aus der Pflanzen- und Tierwelt waren u. a. das aus dem Urin von Kühen, die mit Mangoblätter gefüttert wurden, gewonnene Indischgelb, das aus Gummiharz hergestellte Gummigutt, das schwarzblaue Indigo pflanzlichen Ursprungs und die vom Tintenfisch stammende braunfarbene Sepia. Aus Phönizien (= Land des Purpurs) kam der aus den Drüsen von Wasserschnecken gewonnene Purpur, der kaum bezahlbar war, während aus den weiblichen Cochenille-Läusen *(Coccus cacti)*, die in Mexiko und Algerien von Kakteen *(Opuntia coccinellifera)* abgesammelt wurden, durch Auskochen eine karminrote Farbe entstand. Angeblich verwendet die raffinierte Kosmetikindustrie letztere noch heute mit Vorliebe für Lippen- und Gesichtsschminke, und in der Lebensmittelindustrie enthalten Produkte, wie z. B. das beliebte Cherry Coke-Getränk diesen Farbstoff, der mit E120 bezeichnet wird. (Dies ist Geschmacksache – ein guter traditioneller Rotwein würde vielleicht bekömmlicher sein!)

Das Schwarz aus Elefantenbein hat man durch luftdichte Verkohlung der Knochen gewonnen. Zu den „Mumie" genannten braunen Farbstoffen benutzte man teilweise tatsächlich Überreste von ägyptischen Mumien.

Anhand von Quellenmaterial und Bindemittelanalysen konnte festgestellt werden, dass die Entwicklung der Ölmalerei in einem unendlich langen Prozess unterschiedlicher Aufbereitungs- und Anwendungsmethoden verlief und die Anfänge möglicherweise vor dem 12. Jh. liegen. Bei den benutzten Ölen handelt es sich um sogenannte „trocknende Öle", wie Mohnöl, Leinöl und Walnussöl.

Die Anwendung von wasserverdünnbaren Farbstoffen lassen sich schon bei Naturvölkern feststellen. Eine Kontinuität setzte sich von den auf ägyptischem Papyrus gefundenen Darstellungen bis hin zu den auf Ziegen- oder Schafshaut geschriebenen mittelalterlichen Kodizes sowie in Messbüchern mit ausgemalten Initialen fort.

Mit der strahlend grünen Farbe aus Kupferarsenid verbindet sich Ende des 19. Jahrhunderts eine historische Legende. In einer Haarlocke des auf der Insel St. Helena 1821 mit 51 Jahren verstorbenen Napoleon fanden Forscher Arsen und schlossen auf eine Vergiftung des Kaisers. Ende des 20. Jahrhunderts hat sich ein Neugieriger bis an die Tapete seines kaiserlichen Gemachs herangeschlichen und in deren grünen Fasern Spuren von Arsenid gefunden. Im feuchten Klima der Insel hätte die Luft eine Ausdünstung des Arsens hervorrufen und die Gesundheit Napoleons untergraben können. Dies ist eine von mehreren vagen Vermutungen über seine Todesursache.

Durch eine zufällige Entdeckung erfuhr die Farbenherstellung eine revolutionäre Veränderung: Der 18jährige **WILLIAM HENRY PERKIN** (1838–1907) fand 1856 heraus, dass sich aus Steinkohlenteer lebhafte Farbmaterialien gewinnen lassen, die jedweder Einwirkung – sei es durch Waschen oder Sonnenlicht – widerstehen können. Die erste so hergestellte Farbe war das Mauve, dem folgte eine breite Skala an synthetischen Farben, die wegen ihrer günstigen

Mit synthetischer Farbe gefärbte Kleidung aus der zweiten Hälfte des 19. Jahrhunderts

Preise im Eilschritt die europäische Damenwelt und die bürgerlichen Salons eroberten.

Der Künstler von heute ist auf die Prozeduren der Grundstoffherstellung seiner Vorgänger, die zeitraubend und oft auch gesundheitsschädigend waren, nicht mehr angewiesen: unabhängig von seiner Maltechnik kann er die unterschiedlichsten vorgefertigten Farbstoffe bekommen.

Beim Anrühren der Malfarben sind – wie schon angedeutet – die Regeln der sog. subtraktiven Farbmischung gültig. Die Fachliteratur nennt sie deshalb „subtraktive Mischung", weil aus einer betreffenden Farbe durch eine andere Farbe eine spektrale Veränderung des ursprünglichen Farbreizes verursacht wird, d. h. aus ihr Licht bestimmter Wellenlängen herausgezogen wird. Die Bezeichnung der zum Malen verwendeten Körperfarben weichen von den gewohnten Namen der Farbenlehre ab.

Die drei Grundfarben der Malkunst sind das Gelb, Rot und Blau (im Farbenkreis das Gelb, Magenta und Cyan). Die akzeptierte englische Kürzung lautet CMY (cyan–magenta–yellow). Sie können nicht aus anderen Farben angerührt werden. Im Farbenkreis liegen sie im Abstand von 120° zueinander. Die Addition dieser drei Farben ergibt Schwarz. Durch das Anrühren von jeweils zwei Farben kommen die Farben zweiter Ordnung zustande: Gelb + Magenta = Orange; Gelb + Cyan = Grün; Magenta + Cyan = Violett. Die hier gewonnenen neuen Farben sind identisch mit den Primärfarben der additiven Farbmischung, die für die Mischung der Strahlen gültig ist.

Die analoge Farbfotografie und der Farbdruck basieren auf den subtraktiven Farbmischungen.

Die Farbfotografie wurde einerseits erst durch die Erkenntnis der Farbmischung und Farbauflösung von Maxwell, andererseits durch die Entdeckung von **Hermann Wilhelm Vogel** (1834–1898) bezüglich der Farbempfindlichkeit der Filmschichten, möglich.

*Farbauszüge mit den 4 einzelnen Druckfarben und ihr Gesamtdruck.
(Gusseiserne Säulen der alten Bibliothek der Ungarischen Akademie der Wissenschaften im Hauptgebäude der Akademie)*

Vergrößerte Rasterpunkte

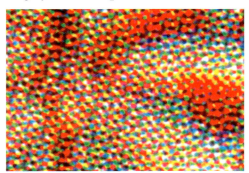

Der klassische Farbfilm besteht aus drei lichtempfindlichen Schichten: die unterste ist von blaugrüner Farbe und auf Rot empfindlich, die mittlere ist Purpurfarben und auf Grün empfindlich, die oberste ist Gelbfarben und auf Blau empfindlich. Die Grundfarben des Vierfarbendrucks sind die subtraktiven Primärfarben Gelb, Magenta und Cyan. Zur Tiefenwirkung wird ihnen Schwarz zugegeben. Diese vier Farben erscheinen in Rasterpunkten auf dem Druck und sie verschmelzen in unserem Auge zu einheitlichen Farbtönungen zusammen. Wenn pro Quadratzentimeter 60 oder mehr Punkte platziert sind, kann man die einzelnen Punkte nicht mehr erkennen. Hier tritt nicht nur das Phänomen der subtraktiven Mischung, sondern auch der optischen Mischung auf. Bei der subtraktiven Farbmischung werden die Mischfarben dunkler als bei den additiven Farben.

In der modernen Druckereitechnik werden die Farbmischungen mithilfe von Computern ausgeführt. Hier wird ein mögliches Beispiel gezeigt, wie der zwölfteilige Farbenkreis nach Computerprogramm hergestellt werden kann:

	Gelb	Magenta	Cyan	Schwarz
Gelb	100%	0%	0%	0%
Dotter	100%	50%	0%	0%
Orange	100%	80%	0%	0%
Rot	100%	100%	0%	0%
Magenta	0%	100%	0%	0%
Lila	0%	100%	50%	0%
Violett	0%	100%	100%	0%
Blau	0%	50%	100%	0%
Cyan	0%	0%	100%	0%
Türkis	50%	0%	100%	0%
Grün	100%	0%	100%	0%
Lind	100%	0%	50%	0%

Quelle: Liedl, Pracht der Farben

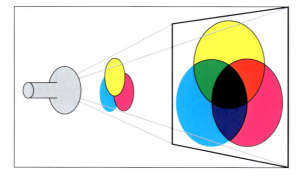

Die subtraktive Farbmischung

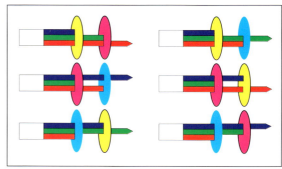

*Die Mischung der farbigen Strahlen:
die additive Mischung*

Durch die Mischung farbiger Strahlen entstehen neue Farben, die von den Ausgangsfarben abweichen. J. C. Maxwell erkannte, dass aus drei richtig ausgesuchten Grundfarben (aus dem Orange, Grün und Violett – in der Fachliteratur akzeptierte Kürzung: RGB [red–green–blue]) – fast alle Farben, die in der Natur vorkommen, hergestellt werden können. Die Aufeinander-Projektion der im Farbenkreis in 120° Abstand platzierten drei Farben, dem Orange, Grün und Violett, lässt weißes Licht entstehen, während beim Zusammentreffen von Violett und Grün das Cyan, bei Grün und Orange das Gelb und bei Violett und Orange das Magenta zustande kommt. Diese Farbmischungsmethode ist die additive Farbmischung. Die drei entstandenen neuen Farben (Cyan, Gelb und Magenta) sind die anderen drei Primärfarben des Farbenkreises, die Hauptfarben der subtraktiven Farbmischung. Bei der additiven Farbmischung sind die Mischfarben heller als die additiven Grundfarben, aus denen sie zusammengesetzt sind. Auf dieser Farbmischungsmethode (farbige Strahlenmischung) basiert die Funktion des Farbfernsehens, indem sich jeder elementare Punkt jeweils aus einem orangen, violetten und grünen Punkt zusammensetzt. Wenn man nämlich die Farben, die zusammengemischt werden sollen, sehr dicht in kleinen Punkten nebeneinander setzt, kann das Auge diese schon nicht mehr auflösen. Bei der additiven Farbmischung sprechen die drei Grundfarben direkt die lichtempfindlichen Nervenden des Auges an.

Die drei Grundfarben der additiven Mischung treten im glasbedeckten Korridor des „Hotel zum schwarzen Adler" in Nagyvárad (heute Oradea, Rumänien), in Erscheinung

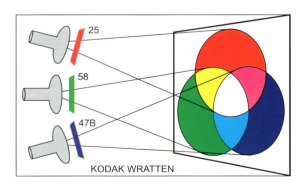

Additive Farbmischung mit Kodak-Wratten-Filtern

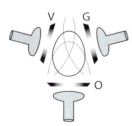

Beim Übereinanderprojektieren der additiven Farben entstehen die Farben der subtraktiven Farbmischung

Die Qualifizierung der Farben

Wir nehmen die Farbe als dreidimensionale Größe – hinsichtlich ihrer Buntart, ihrer Sättigung und Helligkeit – auf.

Buntart (auch *Farbton, Buntheitsgrad* bei DIN, *hue* bei Munsell) bedeutet die Eigenschaft, durch die sich die einzelnen Farben voneinander unterscheiden lassen. Helmholtz hat die Buntart mit der entsprechenden Wellenlänge des spektralen reinen Lichts gekennzeichnet, die mit der gegebenen Farbe gleich zu sein scheint. Bei der Wahrnehmung der Buntart spielt die zeitliche Dauer des Lichtreizes eine Rolle: ein Reiz von kurzer Dauer löst in unserem Auge nur eine Helligkeitsempfindung aus. Die Buntarten sind im Farbenkreis der Reihe nach angeordnet. Nach der klassischen Farbenlehre haben die chromatischen Farbempfindungen Buntarten und die achromatischen keine (dies sind Weiß, Schwarz und Grau). Küppers ist anderer Auffassung. Nach ihm gehören Schwarz und Weiß ebenso in den Bereich der Farben. (Er reihte sie auch unter die 6 Grundfarben ein.)

Die **Sättigung** der Farben (*Strahlkraft*, neuerdings auch *Farbenfülle, Sättigungsstufe* bei DIN, *chroma* bei Munsell) ist das Maß ihrer Reinheit. Eine vollkommen gesättigte Farbe ist frei von jeder anderen Farbe. Die gesättigte Farbe hat eine solche Farbempfindung, bei welcher der Farbgehalt des sie auslösenden Lichtreizes sehr hoch ist, d. h. ihr Farbcharakter sich nicht mehr steigern lässt.

Die gesättigten Farben sind in ihrer größten Intensität im Farbenkreis präsent. Unter ihnen sind die gleichmäßig gesättigten Farben dennoch nicht gleichmäßig intensiv. Die das meiste Licht reflektierende Farbe ist das Gelb und die am wenigsten reflektierende das Violett. Ein bedeutender Anteil von Weiß, Schwarz bzw. Grau verursacht in einer Farbe Ungesättigtheit.

Nach Goethe zeigen sich die beiden Pole des Farbenkreises, das Gelb und Blau [Cyan] in einer Form von Gegensätzlichkeit, die er Polarität nannte und mit dem mathematischen Pluszeichen (+) als aktive Seite und mit einem Minuszeichen (–) als passive Seite bezeichnete. Er versah das Gelb mit den Attributen: Wirkung, Licht, Helle, Kraft, Wärme, Nähe, Abstoßen und das Violett mit: Beraubung, Schatten, Dunkel, Schwäche, Kälte, Ferne, Anziehen. Die Feststellungen führen schon zu der „sinnlich-sittlichen" Wirkung der Farben.

Kandinsky befasste sich ebenfalls mit diesem Thema: Nach seiner Vorstellung bewegt sich die gelbe Farbe horizontal und nähert sich dem Betrachter. Ihre Bewegung ist exzentrisch, ausstrahlend und inspiriert zur Tätigkeit. Demgegenüber bewegt sich die blaue Farbe in sich, entfernt sich von uns und symbolisiert Ruhe und eine überirdische Vertiefung.

Bei einer Mischung dieser beiden spezifischen Pole entsteht bei den Malfarben – wenn ein Gleichgewicht zustande kommt – die grüne Farbe, bei der die Eigenschaften der beiden Seiten verloren gehen.

Bei Goethe sind auf der Plusseite das Gelb, Rotgelb und das Gelbrot – der Gelb–Orange-Bereich im Farbenkreis – angesiedelt. „Sie stimmen regsam, lebhaft, strebend." (6. Abt./764) Auf der Minusseite stehen das Blau, Rotblau und Blaurot – der Cyan–Violett-Bereich. „Sie stimmen zu einer unruhigen, weichen und sehnenden Empfindung." (6. Abt./777)

Hier ein kurzer Themenwechsel: Von der menschlichen Größe Goethes und seiner Achtung vor den Erkenntnissen Anderer zeugt, dass er in sein Buch über die Farbenlehre einen 1806 geschriebenen Brief des Malers Runge, mit dem er Kontakt pflegte, aufnahm. Er hatte sich von dessen empirischen Ausführungen dazu ermutigt gefühlt, „in eine Bearbeitung der *Farbenlehre* sich einzulassen". Weiter gibt

Mischung der 12 Farben des Farbkreise mit Weiß und Schwarz. Die reinen Grundfarben befinden sich in der mittleren Reihe

er zu, dass Runge „in mehreren Stellen mit lebhafter Überzeugung und wahren Gefühlen mir selbst auf meinem Gange vorgeschritten ist…" (6. Abt. „Zugabe")

Wenn man – nach Goethe – die Farben der aktiven Seite mit Schwarz vermischt, nehmen sie an Energie zu, bei der passiven Seite dagegen ab. Runge fügte dem bei, dass durch das Schwarz sich die Reinheit und Helligkeit einer Farbe abschwächen

Zum Verhalten der durch den Farbenkreis aufgeteilten „aktiven" und „passiven" Pole – dem Gelb und Blau [Cyan] stellte Goethe fest, dass die aktive Seite (Gelb) gemeinsam mit Schwarz an Kraft gewinnt, während die passive Seite (Blau [Cyan]) an Kraft verliert. Die aktive Seite verliert mit Weiß gemischt an Kraft, während die passive Seite mit Weiß lebhafter wird. Goethe schreibt: „Die active Seite mit dem Schwarzen zusammengestellt, gewinnt an Energie; die passive verliert. Die active mit dem Weißen und Hellen zusammengebracht, verliert an Kraft; die passive gewinnt an Heiterkeit. Purpur [Magenta] und Grün mit Schwarz sieht dunkel und düster, mit Weiß hingegen erfreulich aus." (6. Abt./831)

Man kann allgemein sagen, dass die hellen Farben mit längerer Wellenlänge bei Weißbeimischung kraftloser und kälter werden, während dunkle Farben mit kürzerer Wellenlänge Kraft bekommen und zu leuchten beginnen. Schwarz macht Violett und Cyan düsterer, Gelb verliert dagegen seinen strahlenden Charakter und wirkt verblichen und „angekränkelt".

Die Zunahme des Schwarzgehaltes ergibt bei verschiedenen Farben jeweils eine unterschiedliche Wirkung. Der Charakter der Lichtfarben Orange, Violett und Grün bleibt, wenn sie mit Schwarz vermischt werden, sie werden nur stufenweise dunkler.

Die gelbe Farbe dagegen wird bei Zunahme des Schwarzgehaltes allmählich grün und nimmt schließlich eine olivgrüne Tönung an. Sie verliert ihren heiteren und reinen Charakter und wandelt sich in einen schmutzigen, unangenehm abweisend stimmenden Ton um. In gleicher Situation neigt sich Magenta dem Hellbraun zu und ändert sich schließlich ins Dunkelbraune. Mehrere mit Weiß stark gemischte Farben können süßlich-kitschig wirken. Dies kommt leicht bei dem Nebeneinander von rosa und hellblauen Farben vor.

Goethe meint, dass die aktive Seite – mit Weiß gepaart – kraftloser wird, die passive Seite

Bei Mischung des Purpurs mit Schwarz entsteht die braune Farbe. Das charakteristische griechische Gericht bzw. das jüdische Gebäck sind in ihrer Farbe verlockend

Die gelbe Farbe verliert sehr schnell ihren ursprünglichen Charakter: mit Schwarz vermischt nimmt sie eine grünliche Schattierung an. Die Aufnahme entstand in einem stimmungsvollen Hof des Grinzinger Vergnügungsviertels in Wien

Die Steigerung des Weißgehalts in gelber und blauer Farbe verändert nicht ihren Charakter, die Farben werden nur heller

dagegen heiterer. Nach Runge wird jede Farbe bei Untermischung von Weiß fader (verblichener) und erhellt sich zwar, verliert aber an ihrer Reinheit und ihrem Feuer.

Dazu sei bemerkt, dass neben alldem durch das Anwachsen des Weißgehaltes sich der Farbcharakter nicht verändert. Wenn man die Sättigung der bunten Farben durch Grau mindert, dann halten die Farben ihren Charakter bei, aber sie werden allmählich immer stumpfer. Die Sättigung des unbunten Weiß und Schwarz ist nur in einer Richtung veränderbar. Die weiße Farbe lässt sich mit Schwarz verdunkeln, die schwarze Farbe mit Weiß erhellen, Das Grau wird entweder heller oder dunkler.

Farben können sich auch auf das Gewichtsempfinden auswirken. Dunklere Objekte erscheinen schwerer als hellere gleicher Größe. Weiter kann die zielbewusste Anwendung der gesättigten und ungesättigten Farben beispielsweise den Gesamteindruck eines Straßenbildes bedeutend beeinflussen.

Die **Helligkeit** (auch *Dunkelstufe*, *Tonwert* bei DIN, *value* bei Munsell) der Farben ist die Funktion der relativen Intensität des farbigen Lichts. Sie hängt davon ab, welche Lichtmenge eine Fläche ausstrahlt, durchlässt oder reflektiert. Der Helligkeitsunterschied wird einerseits durch den Weißgehalt der Farben andererseits durch ihre spezifische Helligkeit verursacht. Die gesättigten Farben haben unterschiedliche Helligkeitswerte. Das gesättigte Gelb ist heller als das gesättigte Violett. Das blonde oder schwarze Haar, eine sonnige oder schattige Landschaft verfügen über ein abweichendes Helligkeitsvolumen und eine abweichende Energie.

Die Helligkeit der hellen Farbe ist hoch, die der dunklen Farbe niedriger. Die weiße Farbe hat die höchste, die schwarze die geringste Helligkeit.

Ein Schwarz–Weiß-Foto des Farbenkreises macht deutlich, welchen Helligkeitsgrad die einzelnen Farben besitzen. Wenn man von Gelb bis Violett schreitet, treten abnehmende Helligkeitsstufen auf.

In der modernen Gartenbaukultur spielen die Farben bzw. ihre Helligkeitsgrade bei

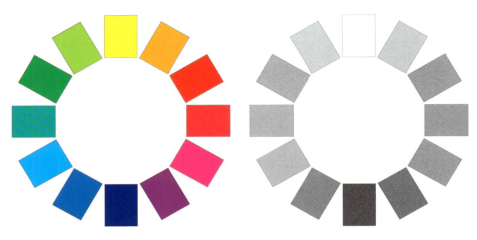

Bei Darstellung der Farben des Farbenkreises in schwarzweiß kann man den Helligkeitsgrad der einzelnen Farben gut unterscheiden

Bei Suzdal (Russland) ist diese Kirche zu finden (16. Jh.). Die mit Schwarz gemischten Farben des Dachstuhls und des vor einem Gewitter stehenden Himmels hüllen die kleine Kirche in eine ahnungsvolle mystische Stimmung ein

Der ungarische Jugendstil hat mit Vorliebe durch Weiß geschwächte Farbvarianten angewandt: Ausschnitt aus einer Giebelwand des „Cifra-Palais" in Kecskemét, Ungarn

Die mit Hilfe eines Fotos vom zerstörten Fresko „wiederhergestellten" Farben und ein anderes Fresko des Künslers im Gebäude des Ungarischen Staatsarchivs

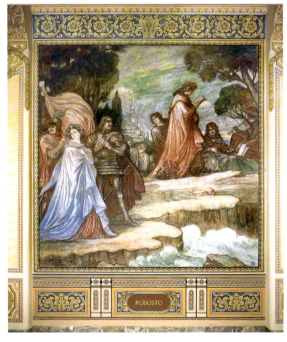

Pflanzungen eine wichtige Rolle. Die Farben Purpur und Grün besitzen z. B. gleiche Helligkeit, während andere je nach ihrer Stellung im Farbenkreis mit höheren oder niedrigeren Werten davon abweichen. Es ist ästhetisch nicht gleichgültig, welche Intensität die einzelnen Blumenbeete in den unterschiedlich beleuchteten Arealen des Gartens, auch in den späteren Nachmittagsstunden, ausstrahlen.

Die Rolle der unterschiedlichen Helligkeitsgrade kann z. B. bei Restaurierungen beschädigter historischer Gebäude oder Fresken etc. ausgewertet werden. Aufgrund einer Schwarz–Weiß-Aufnahme lassen sich unter Berücksichtigung anderer Arbeiten des betreffenden Künstlers oder der Stilrichtung der entsprechenden Epoche die benutzten Farbzusammenstellungen ablesen.

Zu einem im Ungarischen Landesarchiv im zweiten Weltkrieg vernichteten Fresko hat die Maler-Restauratorin Éva Král nach einem alten erhalten gebliebenen Schwarz–Weiß-Foto die anzunehmenden Farben hervorgeholt.

Zusammenfassend kann man feststellen, dass die Farbsättigung und Farbhelligkeit sich zwischen bestimmten Grenzen ändern können, während die Veränderung der Buntarten in einem in sich zurückkehrenden Farbenkreis verläuft.

Auf den Spuren Goethes: Eine Wanderung ins Reich der Farben

Nach dem Aufzeigen der Grundlagen der Farbenlehre kann nun eine Reise durch die Welt der Farben begonnen werden und dabei wieder Goethe Wegbereiter und Ratgeber sein. Er ließ sich über lange Jahre bei seinen vielen Auslandsaufenthalten von den Impressionen der Farben verzaubern und versäumte keine Gelegenheit, Experimente durchzuführen und Erfahrungen zu sammeln.

An erster Stelle waren es seine italienischen Reisen, die in ihm seine Naturbetrachtungen auslösten: Das Kolorit der unter dem südlichen Himmel gedeihenden Pflanzen und die prachtvollen Farben der italienischen Landschaft übten auf ihn einen elementaren Eindruck aus und inspirierten ihn vorrangig zur Analyse der ihm begegneten Erscheinungen.

Über seine Beobachtungen und über die Ergebnisse seiner Experimente informierte er regelmäßig interessierte Zeitgenossen und schickte ihnen laufend Berichte, um ihre Meinungen einzuholen.

Die Synthese seiner Arbeit legte er im Buch *Zur Farbenlehre* nieder. Es besteht aus drei Hauptteilen: im Polemischen Teil lehnte er die Theorien von Newton ab. Im Geschichtlichen Teil fasste er die philosophischen und wissenschaftlichen Theorien bis in seine Gegenwart zusammen, während er im Didaktischen Teil die Ergebnisse seiner Experimente zusammenstellte.

Mit einer Mehrzahl der Phänomene haben sich schon vor Goethe zahlreiche Forscher beschäftigt (der Größte unter ihnen war Leonardo da Vinci, wie bereits geschildert). Goethes unübertrefflicher Verdienst ist, dass er aus schon vorliegendem Material und seinen vielfältigen Beobachtungen die Gesetzmäßigkeiten zusammenfasste und daraus allgemeingültige Folgerungen ableitete. Der didaktische Teil seiner Farbenlehre soll daher als Richtschnur für die Vorstellung der wichtigsten Theorien der *Farbenlehre* und ihrer bis heute gültigen Gesetzmäßigkeiten dienen.

Die Welt der „physiologischen" Farben

Diese Farben setzte Goethe als die Wichtigsten an die erste Stelle, weil sie in unserem menschlichen Sehorgan entstehen:

„Wir haben sie physiologische genannt, weil sie dem gesunden Auge angehören, weil wir sie als die nothwendigen Bedingungen des Sehens betrachten, auf dessen lebendiges Wechselwirken in sich selbst und nach außen sie hindeuten." (1. Abt./3)

Nach Steiner sieht Goethe in ihnen das Fundament der ganzen Farbenlehre. „Dies beruht auf seiner unumstößlichen Voraussetzung, dass wir nur dann ein Objekt in der uns umgebenden Welt wahrnehmen können, wenn diese Wahrnehmung in unseren Organen vorgebildet ist. Nur weil das Auge vermöge seiner Natur aus sich selbst die Farbe erzeugen kann, erscheint uns die Welt als eine farbige" – stellt Steiner fest.

„Das Auge hat sein Daseyn dem Licht zu danken. Aus gleichgültigen thierischen Hilfsorganen ruft sich das Licht ein Organ hervor, das seinesgleichen werde; und so bildet sich das Auge am Lichte fürs Licht, damit das innere Licht dem äußeren entgegentrete." (*Zur Farbenlehre, Einleitung*) Unser Sehorgan verarbeitet die objektive Welt auf diese Weise in eine subjektive.

Die Sinnestäuschungen des Auges: das Phänomen der Irradiation

Goethe ist im Laufe seiner Experimente auf die Unterschiede der Größenempfindungen aufmerksam geworden, die zwischen den schwarz–grau–weißen, bzw. zwischen den hellen und dunklen Farben bestehen und in der Literatur als Irradiation (virtuelle Ausbreitung) behandelt werden.

Was geschieht tatsächlich bei der Betrachtung von sehr hellen und grellfarbigen Gegenständen in unserem Auge? Von helleren Oberflächen erreicht ein stärkerer Lichtreiz unsere Sehzellen und dieser stärkere Reiz breitet sich auch auf die benachbarten Sehzellen, die bisher nur minimal Licht bekamen, aus. Mit anderen Worten: Die hellen Objekte oder Flächen „überstrahlen" ihre dunklere Umgebung. Damit lässt sich erklären, dass die hellen und grellfarbigen Gegenstände größer erscheinen als die dunkelfarbigen, und dadurch uns bekanntlich hellere Kleidung molliger, und dunklere Kleidung schlanker erscheinen lässt.

Die Irradiation ist also die Ausbreitung der Körper, Flächen oder Farbflecken über die Grenzen ihres tatsächlichen Umfangs hinaus.

Goethe ging beim Studium dieses Themas sogar so weit festzustellen, dass ein schwarzes Objekt auf weißem Hintergrund um 20% vergrößert werden muss, um mit der Größenempfindung eines weißen Gegenstands auf schwarzem Grund übereinzustimmen. Goethe wiederholte das obige Experiment ebenfalls mit dem zwischen Weiß und Schwarz liegenden Grau. Aus der Abbildung kann man wieder feststellen, dass Grau auf schwarzem Hintergrund größer als auf einem weißen erscheint. Auch die beiden grauen Eier verändern sich optisch konträr zu ihrem Hintergrund. Ihren grauen Fleck auf schwarzem Hintergrund sieht man heller, intensiver, weil er aus der Konträrfarbe seines Hintergrundes, dem Weiß, etwas übernimmt. Dagegen erscheint der graue

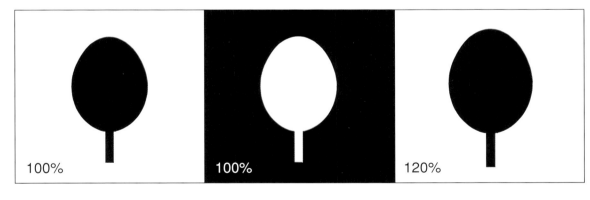

Auf den nebeneinander gestellten schwarz–weißen Eiern lässt sich das interessante Phänomen der Irradiation gut erkennen

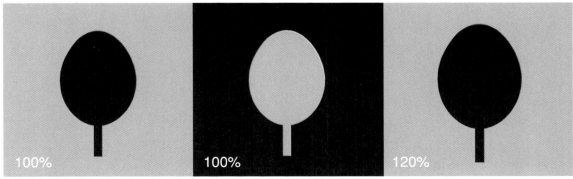

In Verbindung mit Grau und Schwarz lässt sich das Gleiche feststellen

Fleck auf weißem Hintergrund durch dessen schwarze Konträrfarbe optisch dunkler.

Bei den bunten Farben kann man dieses Phänomen zwischen hellen und dunklen Farben – z. B. Gelb und Violett – ebenfalls beobachten.

Goethe nennt diese Erscheinung, die sich durch die „große Lebendigkeit" der Netzhaut und durch die jedem Lebewesen eigene Dualität ergibt, „die ewige Formel des Lebens". „… Wie dem Auge das Dunkle geboten wird, so fordert es das Helle; es fordert Dunkel, wenn man ihm Hell entgegenbringt und zeigt eben dadurch seine Lebendigkeit, sein Recht, das Object zu fassen, indem es etwas, das dem Object entgegengesetzt ist, aus sich selbst hervorbringt." (1. Abt./38)

Farben, die nur innerhalb des menschlichen Sehorgans erscheinen: Nachbilder und farbige Schatten

Die Erscheinung der Nachbilder hängt eng mit der Verarbeitung der Farbreize in unseren Sehzellen zusammen. **Die positiven Silhouetten** entstehen bei dem Zusammentreffen der Dunkelheit und des scharfen Lichts. Als Beispiel: wenn man nachts eine Lampe einschaltet, bleibt nach dem Ausschalten ein dunkler Gegenstand im Zimmer als weißes Nachbild in den Augen. Das Licht einer im Dunkeln bewegten Taschenlampe bildet im menschlichen Auge einen zusammenhängenden Lichtstreifen, und so kommt die Erscheinung eines positiven Nachbildes zustande. Die Erklärung dafür ist, dass in den einzelnen Sehzellen die durch das Licht ausgelösten Reize noch andauern, während die Nachbarzellen schon neue Reize empfangen. Das Gegenteil zu dieser Erscheinung tritt auf, wenn die Sehzellen bei der Betrachtung eines gewissen Farbreizes ermüden und sie für die auslösende Farbe vorübergehend unempfindlich werden. Dann kommt **das negative Nachbild** zustande. Man begegnet täglich den negativen Nachbildern und dem Phänomen des sukzessiven Kontrasts. Das negative Nachbild entsteht dann, wenn wir beispielsweise nach längerer Betrachtung eines roten Gegenstands auf eine weiße Fläche blicken und im Auge der Gegenstand in grüner Farbe erscheint. Goethe beschreibt dies in seiner *Farbenlehre* in künstlerischer Weise: „Als ich gegen Abend in ein Wirtshaus eintrat und ein wohl gewachsenes Mädchen mit blendend weißem Gesicht, schwarzen Haaren und einem scharlachrothen Mieder zu mir ins Zimmer trat, blickte ich sie, die in einiger Entfernung vor mir stand, in der Halbdämmerung scharf an. Indem sie sich nun darauf hinwegbewegte, sah ich auf der mir entgegenstehenden weißen Wand ein schwarzes Gesicht, mit einem hellen Schein umgeben, und die übrige Bekleidung der völlig deut-

Empfindet man, dass die im Zentrum abgebildeten Eier von gleicher Größe sind?

Auf der neben stehenden Abbildung lässt sich die Erscheinung des Simultankontrasts ausprobieren: wenn man stark auf den roten Punkt starrt und danach auf das benachbarte Feld den Blick wechselt, sollte im Auge eine grüne Farbe erscheinen

Goethe könnte dies im Gasthof gesehen haben (das rote Mieder des Mädchens erscheint nachher in Grün)
GEZEICHNET VON
DÓRA KERESZTES

lichen Figur erschien von einem schönen Meergrün." (1. Abt./52) **Der sukzessive Kontrast** ist dem Wesen nach das Phänomen eines negativen Nachbildes auf weißem Untergrund. Auch der simultane Kontrast funktioniert ebenfalls so: Das negative Nachbild erscheint neben dem Vorbild. Nach Goethe macht der simultane Kontrast die Farbe zu ihrer ästhetischen Verwendbarkeit brauchbar, indem der Grundsatz der Totalität verwirklicht wird: „… dadurch wird die Wirkung jener farbigen Bilder bewiesen, welche gleichzeitig ihr eigenes Gegenteil hervorrufen, und ein für alle Mal wird die Harmonie und Totalität der Farberscheinung evident: Sie sind die Eckpfeiler, um die sich die ganze Farbenlehre dreht." *(Anzeige und Übersicht)* In diesem Fall ist jedoch nicht die Rede von konkreten Kontrasten. Unser Sehorgan fordert beim Anblick einer gegebenen Farbe deren Komplementärfarbe, und wenn diese fehlt, bringt es sie selbst zustande.

„Wie die geforderten Farben da, wo sie nicht sind, neben und nach der fordernden leicht erscheinen, so werden sie erhöht da, wo sie sind…" (1. Abt./59) Goethe hatte beobachtet, dass dieses Phänomen bei den Landschaftsmalern häufiger vorkommt, besonders bei denjenigen, die mit Aquarellfarben arbeiteten.

(Diese Methode wurde zum Grundprinzip der Malerei des Impressionismus.)

Die Wirkung tritt auch dann auf, wenn zwei nicht komplementäre Farben aufeinander treffen: dann versuchen beide Farben, sich gegenseitig zur Komplementärfarbe zu machen.

M. E. Chevreul bekam in den 1920er Jahren den Auftrag, die Leuchtkraft der in der königlichen Gobelinmanufaktur verwendeten Farbstoffe zu verbessern. Im Laufe seiner Untersuchungen stellte er fest, dass die nebeneinander eingearbeiteten komplementären Farbfäden durch den Simultankontrast im Auge zu Grau wurden. Der gewünschte Farbeffekt konnte darauf durch Einarbeitung anderer Grundfarben erzielt werden Chevreuls Bücher und Vorträge über die Kontrastwirkungen und deren Vermeidung wurden die unterschiedlichsten Sachbereiche von der Malerei über die Textilindustrie bis zum Gartenbau genutzt.

Besonders diejenigen Personen, die aktiv mit Farben arbeiten (Modeschöpfer, Baumeister, Innenarchitekten) müssen die Gesetzmäßigkeit des Zustandekommens des Simultan- und Sukzessivkontrasts und die Möglichkeiten ihrer eventuellen Vermeidung kennen.

Johannes Itten berichtet die „traurige" Geschichte eines Herstellers von Krawatten-Grundstoffen, der mehrere hundert Meter

Stoff weben ließ, in dem auf rotem Grund schwarze Streifen liefen. Neben der roten Farbe schienen die schwarzen Streifen infolge des Simultankontrasts grün zu sein. Der Besteller verweigerte zu Recht die Übernahme des in rot-grüner Farbe vibrierenden Stoffs. Man kann das Auftreten des Simultankontrasts vermeiden, indem man Farben unterschiedlichen Helligkeitsgrads nebeneinander platziert.

Die simultane Wirkung kommt auch dann zustande, wenn man statt der Komplementärfarbe eine im Farbenkreis links oder rechts platzierte Farbe wählt. Diese Farben verschieben sich wegen der komplementären Wirkung in unseren Augen in die Richtung der (eigentlichen) Komplementärfarbe. Auch bei den Farben im Inneren eines Gebäudes können sukzessive Kontraste wirksam werden. Selbst nach Verlassen des Raums sind sie imstande in uns weiterzuleben und den Farbeneindruck des folgenden Raums oder Platzes zu beeinflussen.

Goethe legte fest, dass das Helle und das Dunkel und ebenso auch aufgrund ihres Gegensatzes die Farben „nach einander verlangen", und weil die begehrte Farbe gleichzeitig auch die ergänzende Farbe ist, ihre Verbindung den ganzen Farbenkreis umfasst.

Der Simultankontrast ist – weil das Auge immer automatisch einen Versuch unternimmt, das Gleichgewicht der Farbwirkungen zu erzielen, – der Ausgangspunkt von zahlreichen Harmonietheorien geworden. Eine der ersten Farbharmonietheorien hat der Physiker BENJAMIN THOMPSON, GRAF VON RUMFORD (1753–1814) im Jahre 1797 formuliert: Die Harmonie ist das Gleichgewicht der psycho-physikalischen Kräfte. Goethe hat die Harmonie in seiner Totalitätstheorie von der Lehre Thompsons abgeleitet, indem er bestätigte, dass nur ein solcher Farbenkomplex harmonisch ist, der in irgendeiner Weise den ganzen Farbenkreis enthält. „Das Auge verlangt dabei ganz eigentlich Totalität und schließt in sich selbst den Farbenkreis ab." (1. Abt./60)

Die farbigen Schatten

Goethe bezeichnete den in unserem Sehorgan entstandenen Kontrast der fordernden und

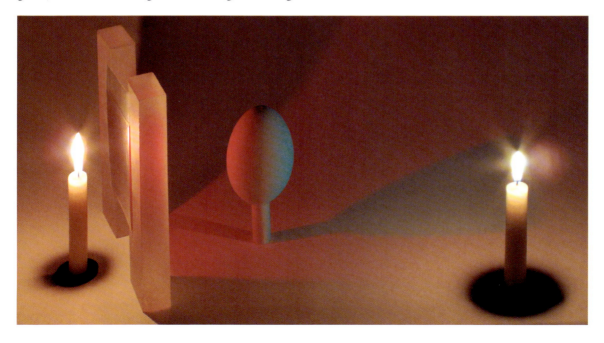

Wiederholung Goethes Experiment mit Kerzen

geforderten Farbe als das Phänomen des farbigen Schattens. Zur Darstellung dieses physiologischen Phänomens erfand er das folgende Experiment: Er stellte auf die beiden Enden eines weiß gedeckten Tisches jeweils eine Kerze und platzierte in die Mitte des Tisches einen Stab, dessen Schatten sowohl auf die linke als auch rechte Seite fiel. Als er vor eine der Kerzen eine rote Glasscheibe stellte, warf der von dieser Kerze beleuchtete Stab einen grünen Schatten, während der von der anderen Kerze erzeugte Schatten (als herausfordernde Farbe) rot war.

Dieses Phänomen ist nur im gegebenen Milieu wahrnehmbar, sowie man den Schatten gesondert betrachtet, erscheint er vor uns in grauer Farbe (siehe Abbildung eines Eies umseitig).

Aufgrund dieses beobachteten Phänomens kam Goethe zu der Erkenntnis, dass die Farben

Die winterliche Stille neben der Christi-Verklärungs-Kirche bei Moskau: die nachmittäglichen Sonnenstrahlen „werfen" blaue Schatten auf den weißen Schnee

in unserem Auge entstehen. Die Kunstmaler verwenden oft farbige Schatten zur Darstellung des Komplementär-Kontrasts oder anderer Winkelverbindungen.

Viele Autoren führen das Auftreten farbiger Schatten auf das Phänomen des Simultankontrastes zurück. Es wird angenommen, dass sich im dunklen Schatten das negative Nachbild einer hellen Fläche zeigt. (Liedl 1994, S. 73)

Zwischen den rotfarbigen Felsen der Negevwüste in Israel sind vom Licht der untergehenden Sonne grünliche Schatten zu sehen

Der von der Komposition getrennt wahrgenommene Schatten ist farblos

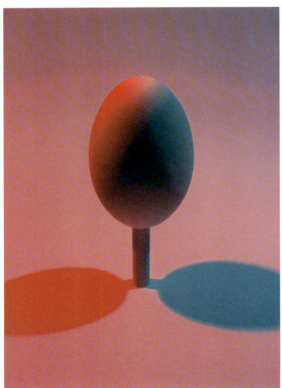

Farbige Schatten

78

DIE SOGENANNTEN „PHYSISCHEN" FARBEN

Goethe definierte: „Physische Farben nennen wir diejenigen, zu deren Hervorbringung gewisse materielle Mittel nöthig sind, welche aber selbst keine Farbe haben, und theils durchsichtig, theils trüb und durchscheinend, theils völlig undurchsichtig seyn können." (2. Abt./136). Diese Farben haben kaum mehr Realität als die physiologischen, aber in ihrem Fall kann man einen Modus finden, ein subjektives Phänomen mit einem objektiven zu paaren, um durch diese Verknüpfung in die „Natur des Phänomens" eindringen zu können.

Innerhalb der Familie der physischen Farben nennt Goethe solche **dioptrische Farben**, zu deren Entstehen ein farbloses, durchsichtiges oder durchschimmerndes Mittel benötigt wird. Diese Farben können Dispersionen, Kolloidlösungen und im Allgemeinen solche Stoffe sein, die das Licht nur zum Teil durchlassen.

Wie entstehen nun die dioptrischen Farben? Es ist bekannt, dass die unsere Erde umgebende Atmosphäre mit Staub, Dunst und anderen Partikeln völlig verschmutzt ist. Die weißen Strahlen der Sonne durchdringen diese Medien und beleuchten dann die Gegenstände. Goethe benennt diese in der Atmosphäre existierende „Undurchsichtigkeit" ein „trübes Mittel". Nach ihm ist das Durchdringen des Lichts durch die Dunkelheit die Urverbindung zwischen Licht und Dunkelheit und die gelblichen und rötlichen Farben sind deren Kinder.

Er bestätigte seine Theorie durch seine Beobachtungen und Experimente in der Natur.

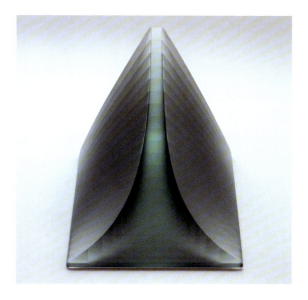

Glasplastik von Zoltán Bohus: Innere Welt II., 1989. Glas, 25 × 42 × 15.5 cm Laut Goethes Theorie verändert sich die Farbe des Kunstwerks in Abhängigkeit von der Anzahl der Glaselemente (s. S. 80)

Das Phänomen des „trüben Mittels" im Gellért-Heilbad in Budapest

In seiner Dunkelkammer befestigte er vor die Fensteröffnung ein Blatt Pergamentpapier, welches weiß aussah. Mit zwei Papierschichten entstand schon ein gelblicher Farbton und bei mehreren Blattschichten wurde das durchdringende Licht bereits rötlich (s. 2. Abt./170).

Die Theorie lässt sich auf einem Foto des sprudelnden Bades im Hotel Gellért in Budapest beweisen: Das durch das mehrschichtige Glasdach der Halle und durch den aufsteigenden Dunst des warmen Wassers – als Trübungsmittel – auf die Wasserfläche einfallende Sonnenlicht ruft eine gelbliche Farbe hervor und lässt so den Raum für das Auge in einer freundlich warmen Stimmung erscheinen. Da dieses Phänomen bei größeren Innenräumen (Schlössern, Kirchen) ebenfalls oft vorkommt, aber das Auge wegen seiner Adaptionsfähigkeit darauf nicht achtet, können manche Fotografen überraschend feststellen, dass die Einrichtungsgegenstände und Wandfresken etc. auf ihren Aufnahmen nicht in ihren originalen Farben erglänzen. Deshalb sollte man empfindliche Innenräume bei bedecktem Himmel, gestreutem Licht oder nach der Dämmerung aufnehmen.

Ein ähnliches Phänomen spielt sich beim Sonnenuntergang ab, wenn die Sonne in einem Orangegelb und Rot erglüht: das Licht muss durch eine immer dichter werdende atmosphärische Schicht dringen, die – wie schon erwähnt – von den Verschmutzungen gesättigt ist. Je größer die Dunkelheit, also das trübe Mittel wird, umso rötlicher wird die Farbe der untergehenden Sonne. Die so entstandene Farbe stellt daher – nach Goethe – „verdunkeltes Licht" dar. „...Wir sehen auf der einen Seite das Licht, das Helle, auf der andern die Finsterniß, das Dunkle, wir bringen die Trübe zwischen beide, und aus diesen Gegensätzen, mit Hülfe gedachter Vermittlung, entwickeln sich, gleichfalls in einem Gegensatz, die Farben, deuten aber alsobald, durch einen Wechselbezug, unmittelbar auf ein Gemeinsames wieder zurück." (2. Abt./175) Goethe hat dieses Urphänomen als die mit dem letzten gesunden Sinn erfassbare Erscheinung angesehen, weil das Auge nicht mehr fähig ist, noch tiefer und weiter hineinzudringen.

Neben der „dichterischen" Formulierung des Phänomens existiert natürlich eine physika-

Die Farben einer bayerischen Landschaft bei Tageslicht und bei Sonnenuntergang demonstrieren ebenfalls das oben Beschriebene

Eine griechische Kykladeninsel bei Sonnenuntergang

lische Erklärung: die zur Mittagszeit strahlende Sonne durchdringt die Atmosphäre verhältnismäßig kurz, nahezu senkrecht. Die in der Luft vorhandenen Rauch- und Staubpartikel sowie der Wasserdunst zerstreuen einen Großteil der kurzwelligen blauen, weniger der grünen und noch weniger der roten Strahlen. Deswegen sieht der Himmel blau aus.

Das Licht der untergehenden Sonne legt in der Atmosphäre einen immer länger werdenden Weg zurück und begegnet somit immer mehr von deren Molekülen. Deshalb verschwinden laufend die kurzwelligen blauen und grünen Farben und die untergehende Sonne erscheint dann in rötlich-oranger Farbe.

Das Blau des Himmels ist nach Goethe das Urbeispiel des anderen Farbenpols. Hier dringt nicht das Licht durch die Dunkelheit, sondern umgekehrt die Dunkelheit sucht sich den Weg durch das Licht. Zwischen dem Betrachter und der die Erde umgebenden Finsternis (Weltall) befindet sich die trübe Atmosphäre, in der das gestreute Sonnenlicht im Auge die Illusion von Blautönen hervorruft. Diese Farbe ist – im Gegensatz zum Vorhergehenden – das erhellte Dunkel.

Von den Gipfeln der hohen Berge sieht man den Himmel in leuchtendem Blau, während die in der weiten Ferne verschwindenden Berge und der Himmel in unseren Augen zu einer graublauen Farbe verwischen (s. 2. Abt./155–156).

Bei Sonnenauf- und untergang muß das Licht einen längeren Weg durch die Atmosphäre zurücklegen, als wenn die Sonne hoch am Himmel steht
GEZEICHNET VON DÓRA KERESZTES

Stellt man eine brennende Kerze vor einen dunklen Hintergrund, erscheint eine blaue Farbe in der Flamme. Nach Goethe kann dieses Phänomen als ein feiner Dunst betrachtet werden (s. 2. Abt./159).

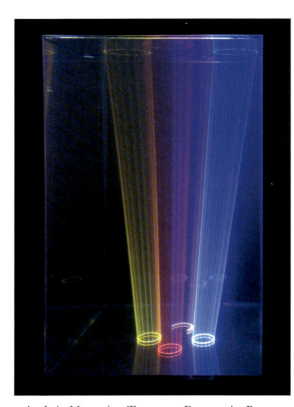

András Mengyán: Tanz von Formen in Raum, 2010. Laser-Animation, 162 × 40 × 40 cm

Die zu den Nymphalidae gehörende Gattung Morpho, auch Schillerfalter genannt, lebt in den neotropischen Regenwäldern. Viele dieser Schmetterlinge haben einen auffälligen metallischen Blauschiller der durch Interferenz entsteht. Auf den Längsrippen der Flügelschuppen erheben sich in verschiedenen Winkeln aufgesetzte durchsichtige Blättchen an denen die Lichtbrechung erfolgt
SAMMLUNG VON FRIEDRICH WEISERT, WIEN

Ähnlichen Phänomenen begegnet man im täglichen Leben. Über Leute, die Karten spielen oder sich unterhalten, sieht man oft genug den aufsteigenden blaufarbigen Zigarettenrauch. Dieser Rauch schwebt vor einem weißen Hintergrund in gelbrötlicher Farbe!

Goethe beobachtete, dass bei dunstigem Wetter sogar die Schatten nahe stehender Gegenstände in bläulicher Farbe verschwimmen. Seiner Meinung nach entsteht die Farbe immer, wenn Licht und Dunkelheit im trüben Mittel aufeinandertreffen.

Goethe hatte sich auch mit den Phänomenen beschäftigt, die heute physikalisch Diffraktion und Interferenz genannt werden. (Die Diffraktion bedeutet die Abweichung des Lichts von seiner Ausbreitung bei einer mit seiner Wellenlänge vergleichbaren optischen Lücke.) Die Lichtinterferenz beruht auch auf der Natur der Wellen: Wenn sich beispielsweise Lichtstrahlen, die aus einer gleichen Lichtquelle stammen – aber auf unterschiedlichen Wegen laufen – aufeinandertreffen, können sie sich durch Überlagerung gegenseitig verstärken oder abschwächen.

Der Physiker A. Fresnel hat mit der Entdeckung der Gesetzmäßigkeiten der Interferenz die Wellentheorie des Lichts bestätigt.

Goethe beobachtete, dass Lichter auf unterschiedlichen Kanten, Spalten und beim Brechen auf farblosen Flächen ebenfalls Farben erzeugen. Dies bezeichnete er mit dem Begriff:

Katoptrische Farben. Ihnen begegnet man, wenn das Licht von einer Fläche zurückgespiegelt wird. (Newton nannte dieses Phänomen „reflektion".) Eine katoptrische Farbe entsteht beispielsweise an einem in eine blendende Metalloberfläche eingeritzten Riss. Bewegt man das Objekt, erscheinen unter veränderten Einfallswinkeln alle Farben des Farbenkreises (s. 2. Abt./366).

Katoptrische Farbveränderungen an einer CD

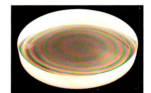

Zwischen zwei Linsen entstandene Interferenz- (epoptische) Farben (Newtonsche Ringe)
FOTO VON ISTVÁN G. SZABÓ

In den Seifenblasen erscheinen die Interferenzfarben

Paroptische Farben beobachtet man, wenn das Licht vom Rand eines Gegenstands reflektiert wird (nach Newton „inflexion"). Wenn man beispielsweise vor einer brennenden Kerze vor seine Augen ein Stück Draht hält, erscheinen auf beiden Seiten der Flamme farbige Bilder (s. S. 81). Die gleiche Wahrnehmung erfolgt, wenn man einen kleinen schwarzen Gegenstand in 3-4 Meter Entfernung vor eine mit mattem Licht leuchtende Glühbirne legt (2. Abt./391).

Epoptische Farben können auf farblosen Flächen entstehen: Sie sind aus physikalischer Sicht Interferenz-Phänomene. Sie erscheinen auf der Oberfläche einer Seifenblase oder bei unterschiedlichen Flüssigkeiten, wie auf Bier- oder Weinschaum oder bei einem dünnen Ölfilm, der auf der Wasseroberfläche schwimmt.

Goethe stellte diese Erscheinung auch fest, als er aus der Flasche eines guten französischen Weins den Weinstein entnahm. Ebenfalls tritt dieses Phänomen dann auf, wenn man zwei Glasflächen oder -linsen aufeinander presst. Das so hervorgerufene Farbenbild ist die sogenannten Newtonschen Ringe, die in der sehr dünnen Luftschicht zwischen den sich berührenden Glasflächen durch Interferenz der gespiegelten Lichtstrahlen entstehen. Dieses Phänomen konnte zum nicht geringen Ärger der Fotolaboranten auch bei der Vergrößerung von Negativen zwischen Glasplatten, die den Negativfilm zusammen halten, auftreten (s. 2. Abt./429–470).

Im Nachlass Goethes sind allein für die Darstellung der epoptischen Farben 49 Versuchsgegenstände gefunden worden, wie zerbrochene Glasstücke, angelaufener Stahl, rhombenförmiger Kalkspat, Fraueneis etc.

Die **entoptischen Farben** (Interferenz-Farben) entstehen durch Polarisation. Goethe veröffentlichte dieses Phänomen 1820 in seinen *Ergänzungen zur Farbenlehre*. Ursprünglich wollte er dieses Kapitel dem § 485 der *Farbenlehre* anschließen.

Epoptische Farben auf einem Ölfleck
FOTO VON ISTVÁN G. SZABÓ

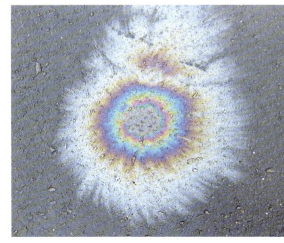

Durch die Wirkung des polarisierten Lichts entstandenen Farben auf der Plastikhülle einer CD
FOTO VON ISTVÁN G. SZABÓ

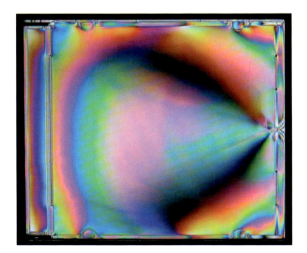

Farbenspiele durch Goethes Prisma

Goethes Polemik gegen Newton erreichte durch seine Prismaversuche ihren Höhepunkt. Als er erstmalig ein Prisma vor sein eigenes Auge hielt, kam er zu einem völlig anderen Ergebnis als von Newton beschrieben. Für ihn erschienen bestimmte Farben nach einer anderen Gesetzmäßigkeit. Auf Seite 17 ist ein Fenster in seinem Normalzustand und durch ein Prisma gesehen dargestellt. In weiterem Verlauf wurden die Versuche von Goethe – zum besseren Verständnis – mithilfe der modernen Technik wiederholt.

Der Erste Teil von Goethes Prismaversuchen wurde 1791 unter dem Titel *Beiträge zur Optik – Erstes Stück –* veröffentlicht und 27 Spielkarten nach eigenem Entwurf beigelegt. Ein Teil der Karten in schwarz-weiß diente dem Leser zur Durchführung eigener Versuche, einige kolorierte Stücke stellten schon die durch das Prisma zustande gekommenen Phänomene dar. *Das zweite Stück der Beiträge zur Optik* erschien 1792. Hier sind bereits Versuche mit grauen und farbigen Flächen zu finden und zur Nachahmung empfohlen. Statt Spielkarten wurde der Ausgabe eine großformatige, doppelseitige Tafel beigelegt. Anstelle der herkömmlichen Prismen mangelhafter Qualität schlug Goethe die Benutzung eines Wasserprismas vor und fügte eine entsprechende Abbildung zur eigenen Herstellung bei.

Sein 1810 erschienenes Hauptwerk *Zur Farbenlehre* stellt eine Synthese aller seiner Experimente und seiner früher entdeckten Farbphänomene und deren Gesetzmäßigkeiten dar. Zu den Textbänden schließt sich ein Supplementband mit 16 zum Teil kolorierten Tafeln mit Erläuterungen an.

Bei der Begegnung von Dunkelheit und Helligkeit entstehen nach Goethe jeweils zwei Farben.

Die Illustrationen von Goethe wurden der Ausgabe „Sechzehn Tafeln in Goethe's Farbenlehre und Siebenundzwanzig Tafeln in Dessen Beiträge zur Optik nebst Erklärung", Stuttgart und Tübingen. J. G. Cotta'scher Verlag, 1842 entnommen.
(Goethe-Sammlung der Ungarischen Akademie der Wissenschaften)

Die Tafel Beilage IIa „Zur Farbenlehre" fasst die Grundmotive mehrerer prismatischer Versuche zusammen

Zwei weiße Dreiecke auf schwarzem Grund durch ein Prisma betrachtet (Karte 27, Foto)

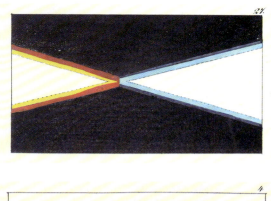
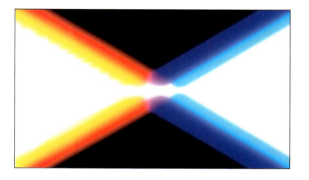

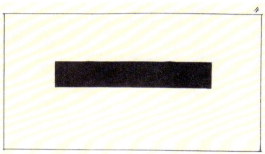

Ein schwarzer Stab auf weißem Grunde (Beiträge zur Optik I., Karte 4)

Ein weißer Stab auf schwarzem Grunde (Beiträge zur Optik I., Karte 3)

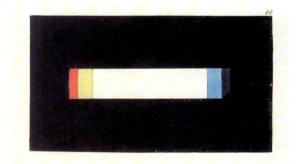

Karte 4 horizontal durch ein Prisma betrachtet (Beiträge zur Optik I., Karte 6)

Karte 3 horizontal durch ein Prisma betrachtet (Beiträge zur Optik I., Karte 5)

Wiederholung der obigen Versuche durch Fofografie

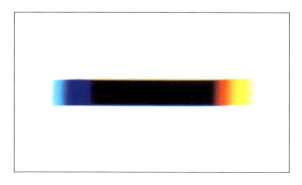

Zwei schwarze und zwei weiße längliche Vierecke übers Kreuz gestellt (Beiträge zur Optik I., Karte 10)

Dieselben Vierecke mit farbigen Rändern (Beiträge zur Optik I., Karte 11)

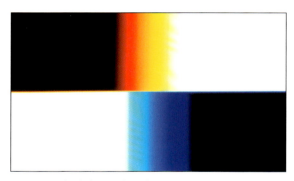

Wiederholung der obigen Versuche durch Fofografie

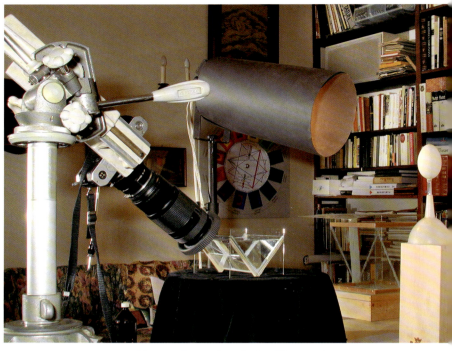

Fotografieren durch ein Wasserprisma

„Bewegen wir eine dunkle Gränze gegen das Helle, so geht der gelbe breitere Saum voran, und der schmälere gelbrothe Rand folgt mit der Gränze. Rücken wir eine helle Gränze gegen das Dunkle, so geht der breitere violette Saum voraus, und der schmälere blaue Rand folgt." (2. Abt./213)

„Ist das Bild groß, so bleibt dessen Mitte ungefärbt;. Sie ist als eine unbegränzte Fläche

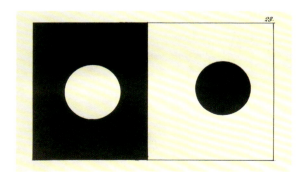

Karte 23 (weißer und schwarzer Kreis vor schwarzem und weißem Hintergrund)

Prismatische Veränderungen der Karte 23 (Beiträge zur Optik I., Karte 17)

Das Erscheinen der Säume und Ränder auf Eiern

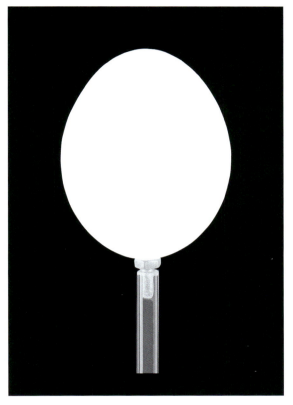

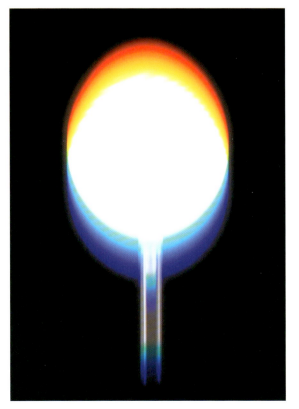
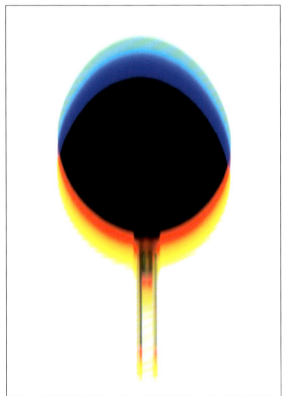

anzusehen, die verrückt, aber nicht verändert wird. Ist es aber so schmal, daß unter obgedachten vier Bedingungen der gelbe Saum den blauen Rand erreichen kann, so wird die Mitte völlig durch Farben zugedeckt. Man mache diesen Versuch mit einem weißen Streifen auf schwarzem Grunde; über einem solchen werden sich die beiden Extreme bald vereinigen, und das Grün erzeugen. Man erblickt alsdann folgende Reihe von Farben." (2. Abt./214):

    Gelbroth [Orange]
    Gelb
    G r ü n
    Blau [Cyan]
    Blauroth [Violett]

Nun näherte er die Farben Gelb und Blau so zueinander, dass diese beiden sich in Grün vereinigten. Es blieben dabei nur die Farben Gelbrot [Orange], Grün und Blaurot [Violett] über. Diese sind die Farben der additiven Farbmischung! (s. 2. Abt./216)

In einem engen Gitterwerk verbinden sich Gelb und Cyan zu Grün

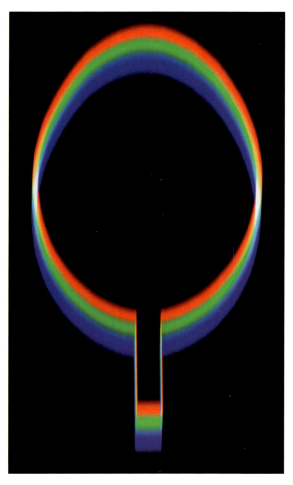

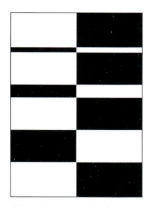

Ein Gitterwerk, das zur Veranschaulichung der Farbveränderungen dient

„Bringt man auf weiß Papier einen schwarzen Streifen, so wird sich der violette Saum darüber hinbreiten, und den gelbrothen Rand erreichen. Hier wird das dazwischen liegende Schwarz, so wie vorher das dazwischen liegend Weiß aufgehoben, und an seiner Stelle ein prächtig reines Roth erscheinen, das wir so oft mit dem Namen Purpur bezeichnet haben. Nunmehr ist die Farbenfolge nachstehende". (2. Abt./215):

      Blau [Cyan]
      Blauroth [Violett]
      P u r p u r (Pfirsichblüt) [Magenta]
      Gelbroth [Orange]
      Gelb

Goethe leitete die oben sichtbaren und analysierten Phänomene aus dem Urphänomen der durch Trübheit übermittelten Helligkeit und Dunkelheit ab.

Wenn man die Farben Blaurot und Gelbrot einander annähert, bleiben schließlich Blau, Purpur und Gelb übrig. Diese sind die Farben der subtraktiven Farbmischung! (s. 2. Abt./216)

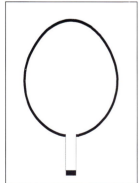

Goethe kannte das Phänomen der additiven und subtraktiven Farbmischungen noch nicht, aber er unterschied trotzdem die Körper- und Pigmentfarben bzw. die Farben, die bei den prismatischen Versuchen entstehen, die er absolute Farben nannte. (Die prismatischen Farben können im Druck nicht so deutlich dargestellt werden wie die Körperfarben.)

Goethe hat aus den sechs Farben des Prismenspektrums seinen sechsteiligen Farbenkreis zusammengestellt, der die Grundlage für alle nachfolgenden Farbenkreise bedeutete. Es ist wichtig, dass in ihm eine richtige Platzierung der Komplementärfarben stattfand, was in den bisherigen Farbsystemen nicht gelungen war.

„Mit diesen drei oder sechs Farben, welche sich bequem in einen Kreis einschließen lassen, hat die elementare Farbenlehre allein zu tun. Alle übrigen ins Unendliche gehenden Abänderungen gehören mehr in das Angewandte, gehören zur Technik des Malers, des Färbers, überhaupt ins Leben." (*Farbenlehre*, Einleitung)

Der sechsteilige Farbenkreis von Goethe aus Tafel I. „Zur Farbenlehre"

Mit der „Entdeckung" des Purpur hat Goethe die Komplementärfarbe zum Grün gefunden.

„Diese vielleicht bedeutendste aller Farben aber entging Newton vollkommen." – stellt Gerhard Ott, der Herausgeber der Farbenlehre-Ausgabe 2003 fest.

Darstellung der Entstehung des Grüns auf Tafel V. „Zur Farbenlehre"

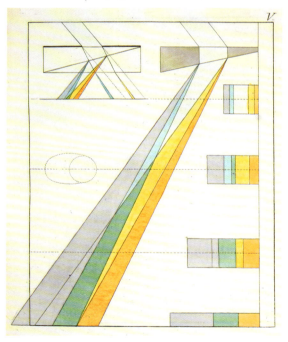

Darstellung der Entstehung des Purpurs auf Tafel VI. „Zur Farbenlehre"

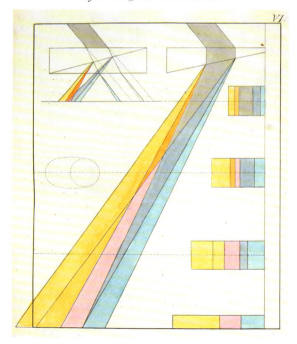

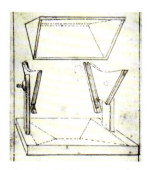

Goethes Zeichnung über das Prisma

Ein Prisma

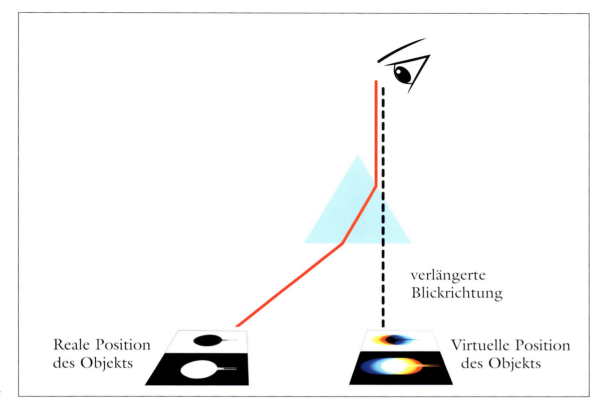

verlängerte Blickrichtung

Reale Position des Objekts

Virtuelle Position des Objekts

Wie man durch ein Prisma sieht

Physikalische Erklärung der Prismaversuche: Das durchsichtige optische Prisma hat zwei lichtbrechende Oberflächen, die in einem bestimmten Winkel zueinander stehen. Bei den Prismaversuchen gelten die üblichen physikalischen Regeln der Lichtbrechung, denen man im alltäglichen Leben oft begegnet wie: wenn man sich an eine neue Brille gewöhnen muss oder einen Gegenstand aus dem Wasser ziehen will. In solchen Fällen gelingt das Licht vom beobachteten Gegenstand gebrochen in unser Auge und man sieht ihn nicht auf seinem eigentlichen Platz, sondern an einer virtuellen Stelle.

Goethe untersuchte seine Umgebung mit dem Prisma an der Grenze von Helligkeit und Dunkelheit. Da Schwarz keine Farben in sich hat, kann nur weißes Licht durch das Prisma gebrochen werden. Es kommt aus der Richtung eines Körpers zum Prisma bzw. zum Auge. Wenn der Hintergrund des Körpers weiß ist, wird das Licht dieses Hintergrundes gebrochen; bei schwarzem Hintergrund dagegen wird das Eigenlicht des Körpers nach den optischen Gesetzen gebrochen.

Die kurzwelligen Farben wie Cyan und Violett, die eine größere Energie besitzen, brechen in größeren Winkeln, die langwelligen Farben wie Gelb und Orange mit weniger Energie in kleineren Winkeln. Diese unterschiedlich gebrochenen Lichter erreichen unser Auge oder das Objektiv des Fotoapparats und lassen das virtuelle Bild des Objekts in verlängerter Blickrichtung sehen.

In beiden Teilen seiner *Beiträge zur Optik* befasste sich Goethe mit den Phänomenen von grauen und bunten Farben.

„Grau auf Schwarz wird uns also durchs Prisma alle die Phänomene zeigen, die wir in dem ersten Stücke dieser Beiträge durch Weiß auf Schwarz hervorgebracht haben. Die Ränder werden nach eben dem Gesetze gefärbt und strah-

Prismatische Veränderungen auf weißen, grauen und schwarzen Eiern vor weißem und schwarzem Hintergrund

len in eben der Breite, nur zeigen sich die Farben schwächer und nicht in der höchsten Reinheit." (*Beiträge zur Optik, Zweites Stück* 96)

Wenn man die prismatischen Versuche mit verschiedenen Abstufungen von Grau durchführt, kommen die Unterschiede der einzelnen Helligkeitsgrade besonders zur Wirkung.

„Eben so wird Grau auf Weiß die Ränder sehen lassen, welche hervorgebracht wurden, wenn wir Schwarz auf Weiß durchs Prisma betrachteten." (*Beiträge zur Optik, Zweites Stück* 97) Die so farblich ausgetretenen Ränder werden nach den schon bekannten Gesetzmäßigkeiten zustande kommen.

Goethe hält die Anordnung für besonders interessant, wenn man ein graues Bild auf der vertikalen Teilungslinie einer schwarz-weißen Fläche platziert.

„An diesem grauen Bilde werden die Farben, nach der bekannten Regel, aber nach dem verschiedenen Verhältnisse des Hellen zum Dunkeln, auf einer Linie entgegengesetzt erscheinen. Denn indem das Graue zum Schwarzen sich als hell zeigt, so hat es oben das Rothe und Gelbe, unten das Blaue und Violette. Indem es sich zum weißen als dunkel verhält, so sieht man oben den blauen und violetten, unten hingegen den rothen und gelben Rand." (*Farbenlehre* 2. Abt./257)

Die Buntfarben verhalten sich abhängig von ihren Helligkeitsgraden auf schwarzem und weißem Hintergrund unterschiedlich.

„Es kommen alle Farben, welcher Art sie auch seyn mögen, darin überein, daß sie dunkler als Weiß und heller als Schwarz erscheinen.

Wenn wir also vorerst kleine farbige Flächen gegen schwarze und weiße Flächen halten und betrachten, so werden wir alles was wir bei

Horizontal gestaffelte graue Flächen auf weißem Grund, durch ein Prisma betrachtet

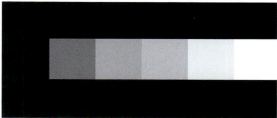

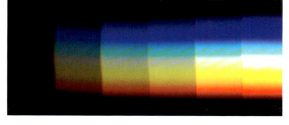

Horizontal gestaffelte graue Flächen auf schwarzem Grund, durch ein Prisma betrachtet

Vertikal gestaffelte Flächen von Weiß über Grau bis Schwarz, durch ein Prisma betrachtet

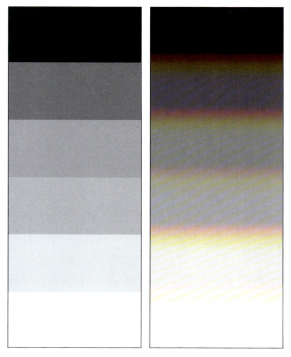

Vertikal gestaffelte Flächen von Schwarz über Grau bis Weiß, durch ein Prisma betrachtet

Goethe schlug diese Tafel zur Kontrolle und Wiederholung der dargestellten Phänomene vor. (Beilage zur Beiträge zur Optik, Zweites Stück und III. Tafel „Zur Farbenlehre")

grauen Flächen bemerkt haben, hier abermals bemerken können; allein wir werden zugleich durch neue und sonderbare Phänomene in Verwunderung gesetzt und angereizt folgende genaue Beobachtungen anzustellen (*Beiträge zur Optik, Zweites Stück* 102).

„Da die Ränder und Strahlungen, welche uns das Prisma zeigt, farbig sind, so kann der Fall kommen, daß die Farbe des Randes und der Strahlung mit der Farbe einer farbigen Fläche homogen ist; es kann aber auch im entgegengesetzten Falle die Fläche mit dem Rande und der Strahlung heterogen seyn. In dem ersten identificirt sich der Rand mit der Fläche und scheint dieselbe zu vergrößern, in dem andern verunreiniget er sie, macht sie undeutlich und scheint sie zu verkleinern. Wir wollen die Fälle durchgehen, wo dieser Effect am sonderbarsten auffällt." (*Beiträge zur Optik, Zweites Stück* 103)

„Man nehme die beiliegende Tafel horizontal vor sich und betrachte das rothe und blaue Viereck auf schwarzem Grunde neben einander auf die gewöhnliche Weise durchs Prisma, so werden, da beide Farben heller sind als der Grund, an beiden sowohl oben als unten gleiche farbige Ränder und Strahlungen entstehen; nur werden sie dem Auge des Beobachters nicht gleich deutlich erscheinen.

Das Rothe ist verhältnißmäßig gegen das Schwarze viel heller als das Blaue, die Farben der Ränder werden also an dem Rothen stärker als an dem Blauen erscheinen, welches wenig von dem Schwarzen unterschieden ist.

Der obere rothe Rand wird sich mit der Farbe des Vierecks identificiren, und so wird das rothe Viereck ein wenig hinaufwärts vergrößert

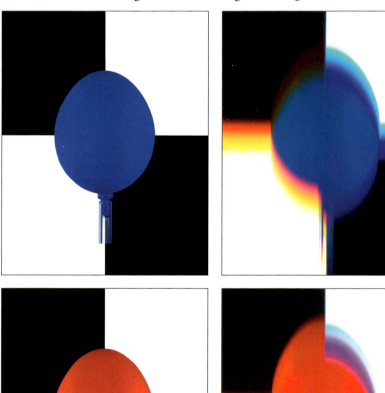

Prismatische Veränderungen auf violetten und orangefarbigen Eiern vor weißem und schwarzem Hintergrund

Prismatische Veränderungen auf gelben und cyanfarbigen Eiern vor weißem und schwarzem Hintergrund

scheinen; die gelbe, herabwärts wirkende Strahlung aber wird von der rothen Fläche beinahe verschlungen und nur bei der genauesten Aufmerksamkeit sichtbar. Dagegen ist der rothe Rand und die gelbe Strahlung mit dem blauen Viereck heterogen. Es wird also an dem Rande eine schmutzig rothe und hereinwärts in das Viereck eine schmutzig grüne Farbe entstehen, und so wird beim ersten Anblicke das blaue Viereck von dieser Seite zu verlieren scheinen." (*Beiträge zur Optik, Zweites Stück* 104–106)

„Noch auffallender erscheinen die Ränder und ihre Verhältnisse zu den farbigen Flächen, wenn man die farbigen Vierecke und das Schwarze auf weißem Grunde betrachtet; denn hier fällt jene Täuschung völlig weg, und die Wirkungen der Ränder sind so sichtbar, als wir sie nur in irgend einem andern Falle gesehen haben. Man sehe zuerst das blaue und rothe Viereck durchs Prisma an. An beiden entsteht der blaue Rand nunmehr oben; dieser, homogen mit dem Blauen, verbindet sich mit demselben und scheint es in die Höhe zu heben, nur daß der hellblaue Rand oberwärts schon zu sichtbar ist. Das Violette ist auch herabwärts ins Blaue deutlich genug. Eben dieser obere blaue Rand ist nun mit dem rothen Viereck heterogen; er ist kaum sichtbar, und die violette Strahlung bringt, verbunden mit dem Gelbroth, eine Pfirsichblüthfarbe zuwege.

Wenn nun auch gleich in diesem Falle die obern Ränder dieser Vierecke nicht horizontal erscheinen, so erscheinen es die untern desto mehr; denn indem beide Farben, gegen das Weiße gerechnet, dunkler sind als sie gegen das Schwarze hell waren, so entsteht unter beiden der rothe Rand mit seiner gelben Strahlung; er erscheint unter dem gelbrothen Viereck in seiner ganzen Schönheit, und unter dem blauen beinahe wie er unter dem schwarzen erscheint, wie man bemerken kann, wenn man die darunter gesetzten Vierecke und ihre Ränder mit den obern vergleicht." (*Beiträge zur Optik, Zweites Stück* 113–115)

Wenn man die oben angeführten Darlegungen verstanden und genossen hat, wundert man sich nicht, dass die Vielfältigkeit und das ästhetische Empfinden dieser Farbenwelt Goethe über so lange Zeit gefesselt hat und ihm Ansporn zu weiteren Forschungen gab. Man kann noch weitere Versuche und Festlegungen in den *Beiträgen zur Optik* und in der Farbenlehre finden (s. *Farbenlehre* 2. Abt./258–284).

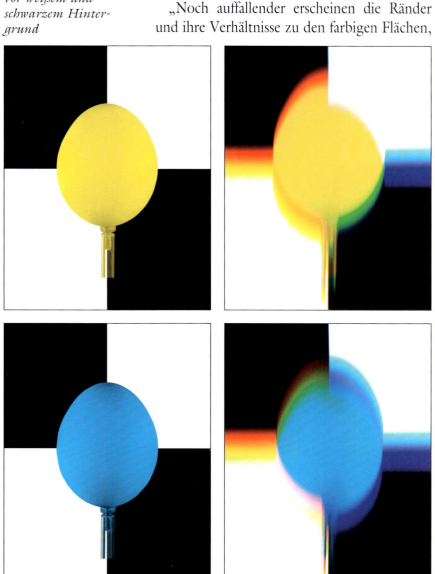

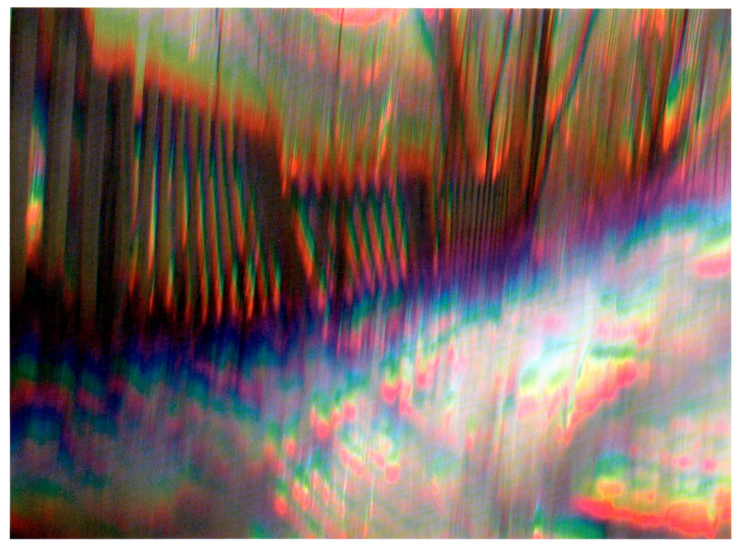

Ein verschneiter Weg – getaucht in eine märchenhafte Farbenwelt

◁ *Prismatische Veränderungen von bunten und unbunten Farben*

„Chemische" Farben

Goethe nennt die auf Körpern und Oberflächen fixierten Farben „chemische Farben", sie haben also nichts mit den auf chemische Weise hergestellten Farben zu tun.

„So nennen wir diejenigen, welche wir an gewissen Körpern erregen, mehr oder weniger fixieren, an ihnen steigern, von ihnen wieder wegnehmen und andern Körpern mittheilen können, denen wir denn auch deßhalb eine gewisse immanente Eigenschaft zuschreiben. Die Dauer ist meist ihr Kennzeichen." (3. Abt./486)

Steigerung

Bei den spezifisch chemischen Farben, in erster Linie bei Flüssigkeiten, kann ein Steigerungszustand erreicht werden, der durch die Sättigung und Verschattung einer Farbe entsteht.

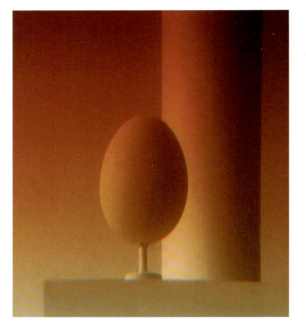

Die im oberen Bereich des Prismas vorhandene größere Flüssigkeitsmenge löst eine zunehmende Schattierung nach oben aus

Eigentlich ist dies eine solche qualitative Veränderung, die durch quantitative Zunahme des die Farbe tragenden Mittels zustande kommt. Nach Goethe wird der höchste Kul-

Wiederholung eines Experiments von Goethe hinsichtlich der chemischen Farben

Phänomen der Steigerung an Blüten und an reifenden Brombeeren

In der Tierwelt wird bei der Pfauenfeder die Steigerung der Farben am besten deutlich

minationspunkt bei dem „höchsten Rubinroth" erreicht (s. 3. Abt./517).

Ein mit gelber Flüssigkeit gefülltes Gefäß erscheint unten in gelber Farbe, während die obere Schicht schon orangefarbig zu sehen ist – ein hervorragendes Beispiel dafür, dass die quantitative Änderung ein qualitatives Änderungsgefühl in unserem Auge entstehen lässt (s. 3. Abt./518).

J. Albers, der sich ebenfalls mit diesem Phänomen befasste, nannte die entstandene Farbe Volumenfarbe: Beispielsweise ist ein Löffel Tee viel heller als der Tee in der Kanne. Dieses Phänomen lässt sich nur bei durchsichtigen Flüssigkeiten feststellen. Undurchsichtiges, wie beispielsweise Milch, verhält sich nicht so. Die Wasserfarben sind Volumenfarben; in je mehreren Schichten sie aufgetragen werden, desto dunkler, gewichtiger und intensiver werden sie. Demgegenüber ändert sich der Charakter der Öl-, Gouache- oder Pastellfarben – sogar in mehreren Schichten – nicht.

J. Albers erwähnt in seinem Buch *Interaction of Color* ein Experiment von Chevreul und zitiert es aus dem berühmten Buch *De la loi du contraste simultané*…: „Auf einem zehn Streifen unterteilten Karton – jeder Streifen etwa 2,5 cm breit – trage man eine gleichmäßige Schicht verdünnter Tusche auf. Sobald sie trocken ist, trage man eine zweite Schicht auf alle Streifen, mit Ausnahme des ersten. Sobald die zweite Schicht trocken ist, trage man eine dritte Schicht auf alle Streifen, mit Ausnahme der ersten zwei. Entsprechend fahre man fort, bis man schließlich zehn gleichmäßig zunehmende Tonwerte erhält."

Albers ist mit dieser Schlussfolgerung nicht einverstanden; er meint, es handelt sich in diesem Fall nicht um eine arithmetische Progression (1, 2, 3, 4, 5 etc. Schichten), sondern um eine geometrische Progression (1, 2, 4, 8, 16 etc. Schichten). Das sog. Weber–Fechnersche Gesetz (1834) hat dieses Phänomen festgehalten. Im Alltagsleben trifft man es in Schwimmbecken an, die z. B. blau gestrichen sind: Folgt man den mit Wasser bedeckten blauen Treppen nach unten, stellt man eine Zunahme von Blau fest. Hier wird anstatt einer arithmetischen Zunahme der Farben eine geometrische Steigerung wahrgenommen. Albers erklärt diese Erscheinung damit, dass es

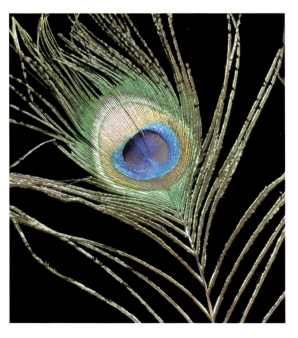

sich dabei nicht nur um eine additive Mischung hinsichtlich der blauen Farbe, sondern um eine subtraktive Mischung hinsichtlich der Helligkeit handelt (Albers 1997, S. 75–81).

Er veranschaulichte dies mit Siebdruckreproduktionen, die er weitgehend von seinen Schülern aus Kompositionen ausgeschnittener Papierstücke zusammenstellen ließ.

Nach Goethe begegnet man auch in der Natur den Beispielen der Steigerung: bei den Farben von Blumen, den abwechslungsreichen Flügeln der Schmetterlinge, den Federn der Vögel etc.

Ein auf dem Gebiet der Malerei zur Geltung kommendes Phänomen ist **die reale Vermischung:** sie entsteht aus der Wechselwirkung der aus staubartigen Stoffen gewonnenen Farben. Goethe vertiefte sich in bewundernswürdiger Weise in die Geheimnisse der Malerei: Er erklärte z. B., auf wie viele Arten man graue Farbe auf die Malerleinwand zaubern kann. Die zusammengemischten Farben übertragen den Grad ihrer Dunkelheit in die Mischung: Die Mischung der dunklen Farben nähern sich dem Schwarz, während die hellen Farben hellgraue Schattierungen hervorrufen (3. Abt./557–559).

Scheinbare Mischung
(optisch-additive Mischung)

Die Theorie der **scheinbaren Mischung** bildet die Basis von Kunstrichtungen wie Pointillismus, Impressionismus, Op-Art und in der Drucktechnik bildet sie die Grundlage für die Herstellung des Punktraster-Verfahrens. Hier kommt die eigentliche optisch-additive Mischung zwischen den im Einzelnen schon nicht mehr sichtbaren Farbflecken zustande, wobei nicht die Form der grafischen Merkmale, sondern die Entfernung des Gegenstands vom Auge und dessen Bewegung wesentlich ist.

Als frühe Beispiele der scheinbaren Mischung lassen sich auch antike Mosaiken heranziehen: sowohl die linear aufgesetzten winzigen Mosaiksteinchen als auch die unregelmäßig platzierten größeren Steine ergeben – aus der Ferne betrachtet – einen plastischen farblichen Gesamteindruck des entsprechenden Motivs. Diese Wirkung konnte durch die Einrahmung des Sujets mit Steinen aus Komplementärfarben noch gesteigert werden.

Die griechische und römische Kunst arbeitete mit kleinen Marmorstückchen, während die byzantinischen Meister gefärbte Glasstücke verwendeten. Die unregelmäßig eingesetzten Glasstücke reflektierten das Licht unterschiedlich. Dadurch erhielt das Mosaik eine noch lebendigere und aufregendere Wirkung.

Goethe sagt: „...Denn die Elemente, woraus die zusammengesetzte Farbe entsprungen ist,

Römisches Mosaik in Cipori (Israel)

Auf der vergrößerten Darstellung des Gobelins ist das Zustandekommen der optischen, additiven Mischung der Farben zu entdecken

Zsuzsa Péreli: Asha, 2007–2008. Gobelin, Wolle, Seide, 122 × 164 cm

sind nur zu klein, um einzeln gesehen zu werden. Gelbes und blaues Pulver zusammengerieben erscheint dem nackten Auge grün, wenn man durch ein Vergrößerungsglas noch Gelb und Blau von einander abgesondert bemerken kann. So machen auch gelbe und blaue Streifen in der Entfernung eine grüne Fläche, welche alles auch von der Vermischung der übrigen specificirten Farben gilt." (3. Abt./560)

Der amerikanische Maler und Farbwissenschaftler **OGDEN ROOD** (1831–1902) untersuchte Ende des 19. Jahrhunderts die Gesetzmäßigkeiten der optischen Mischung, die im menschlichen Auge und auf mechanischen Geräten (Farbendreieck, Farbräder) zustande kommen.

Hier sollte auch der französische Maler **GEORGES SEURAT** (1859–1891) als Begründer des Pointillismus erwähnt werden. Er lernte als Autodidakt u. a. von Chevreul, den Physikern Maxwell, Rood und Helmholtz Theorien und Regeln der Farbenlehre und studierte die Farbentechnik **EUGÈNE DELACROIX'** (1798–1863), den er sehr verehrte. Daraus entwickelte er Gemälde von strenger Gliederung und trug Farben auf, indem er dicht aneinander winzige Punkte von Spektralfarben auftrug, die sich erst im Auge des Betrachters mischen. (Pointillismus ist vom französischen Wort „point" = Punkt abgeleitet.)

Als geschichtliche Besonderheit in der Farbenlehre sollte man erwähnen, dass der Maler und Kupferstecher **JAKOB CHRISTOPH LE BLON** (1667–1741) 1730 zum ersten Mal den Farbenkreis von Newton bei der Kolorierung seiner Kupferstiche benutzte. Er probierte auf der Grundlage der sieben Newtonschen Farben den farbigen Druck aus. In einem seiner Werke stellte Goethe mit Schadenfreude fest, dass Blon keinen Erfolg damit hatte. Blon kam nach mehrjährigen Experimenten darauf, dass das Gelb, das Purpur (in der Druckerei Magenta) und das Cyan ausreichten, um die unterschiedlichsten Farbschattierungen zu erzielen. (Diese drei Farben entsprechen den von Goethe gekennzeichneten drei Grundfarben.) Zur Vertiefung der Farben mischte Blon ihnen Schwarz bei. So kann man ihn als Entdecker des Drei-, bzw. Vierfarbendrucks bezeichnen. (Der Franzose **GAUTIER** (1747–1781) kam beinahe zur gleichen Zeit zum selben Ergebnis.)

Die in Schatten entstehenden Bilder (scheinbare Mitteilung)

„Das Helldunkel, clair-obscur, nennen wir die Erscheinung körperlicher Gegenstände, wenn an denselben nur die Wirkung des Lichtes und Schattens betrachtet wird." stellt Goethe in seiner *Farbenlehre* (6. Abt./849) fest. „Im engern Sinne wird auch manchmal eine Schattenpartie, welche durch Reflexe beleuchtet wird, so genannt; doch wir brauchen hier das Wort in seinem ersten, allgemeinen Sinne." (6. Abt./850). Wie früher erwähnt, betrachtete Leonardo den Gebrauch von Licht und Schatten *(chiaroscuro)* als eines der wichtigsten Ausdrucksmittel der Malerei. Auch Goethe empfiehlt den Künstlern, das Helldunkel zuerst unabhängig von Farben zu betrachten und diese erst dann in das Bild einzubringen. Weiter sagt er: „Das Helldunkel macht den Körper als Körper erscheinen, indem uns Licht und Schatten von der Dichtigkeit belehrt." (6. Abt./852)

Das Phänomen der im Schatten entstehenden Bilder ist ein spannendes Kapitel der *Farbenlehre* und des künstlerischen Schaffens.

Es wurde schon festgestellt, dass jeder mit natürlichem oder künstlichem Licht beleuchteter Körper auf die Farben der Umgebung einwirkt und er auch selbst ebenfalls an ihren Reflexen teilhat. Schon Leonardo legte in seinem Werk über die Malerei fest, dass die schattige Fläche eines Körpers immer von den Farben eines neben ihm befindlichen Gegenstands beeinflusst wird. Dies trifft nur dann nicht zu, wenn dieser Gegenstand von einer ähnlichen Farbe wie der eigenen umgeben wird (s. Bd. 2/Nr. 214).

Goethe nennt das oben Beschriebene „scheinbare Mitteilung". Unter diesem Phänomen der scheinbaren Mitteilung versteht er die Reflexion, die von einer vom Sonnenlicht beleuchteten Fläche auf einem anderen Gegenstand erscheint.

„Wirkt dieser Widerschein auf lichte Flächen, so wird er aufgehoben, und man bemerkt die Farbe wenig, die er mit sich bringt. Wirkt er aber auf Schattenstellen, so zeigt sich gleichsam eine magische Verbindung mit dem Schatten. Der Schatten ist das eigentliche Element der Farbe..." (3. Abt./591)

Goethe bezeichnet die Weintraube als gutes Beispiel für das „malerische Ganze im Helldunkel", denn sie eignet sich durch ihre Form hervorragend zur Darstellung einer Gruppe (s. 6. Abt./856)

Die „magische" Vereinigung der Farben mit dem Schatten. Aus physikalischer Sicht wirkt die Rose als sekundäre Lichtquelle: Das von ihr reflektierte Licht lässt die Schattenseite des Eis rot erscheinen. An der stark beleuchteten anderen Seite kann dieses Phänomen natürlich nicht auftreten

Die Wechselwirkung der Farben
Farbkontraste – Farbklänge

Die menschlichen Sinnesorgane können die unterschiedlichen Einwirkungen der Umwelt (Maße, Temperatur, Klänge) durch Vergleiche unterscheiden. Dies bezieht sich auch auf die Reize, die das Sehorgan erreichen: In dichtem Nebel sieht man nichts und die Motive eines in gleicher Tönung gemalten Bildes sind auch nur schwer voneinander zu unterscheiden.

Wenn zwischen zwei zu vergleichenden Farbwirkungen ein wahrnehmbarer, bemerkenswerter oder bedeutender Unterschied besteht, dann spricht man von einem Farbkontrast. Dies ist eigentlich das umstrittenste Phänomen und gleichzeitig das aufregendste Problem der Farbenlehre einschließlich ihrer Definition.

Bereits Aristoteles hatte andeutungsweise auf die Kontrastwirkung von Farben hingewiesen und seine Anhänger und Nachfolger bekräftigten seine Meinung und unterstrichen, dass besonders bei der Teppichherstellung und dem Textilgewerbe präzise Kenntnisse der Harmonie- und Kontrastwirkung der Farben von Bedeutung waren.

Im Buch über die Malerei erklärte Leonardo da Vinci, dass jeder undurchsichtige Körper an der Farbe eines gegenüberstehenden Objekts teilnimmt und diese Wirkung auch von der Nähe und Größe des Objekts abhängt (s. Bd. 2, Nr. 162). Außerdem mache die Zusammenstellung einer Farbe mit einer zu ihr passenden anderen die Gegenstände freundlicher. Seinen Malerkollegen schlug er vor, sie sollten ihre Figuren in solche Farben kleiden, dass die eine von der anderen „Grazie" bekäme. Leonardo gelangte damit zum Phänomen der Wechselwirkung der Komplementärfarben. Er stellte fest, dass die Farben dort viel edler wirken, wo sie auf ihre Gegensätze treffen.

Goethe hat in seiner *Farbenlehre* die Kontrastphänomene durch Abbildungen und detaillierte Beschreibungen nachdrücklich verfolgt und die aufeinander ausgeübte Wirkung der Farben zum einen nur als Farbzusammenstellung, zum anderen als Kontrast angeführt.

Chevreuls bereits erwähntes Buch inspirierte auch das künstlerische Wirken von EUGÈNE DELACROIX (1798–1863).

Der Maler Adolf Hölzel lehnte die rein mathematischen Methoden von Farben ab. Er vertrat die Priorität der psychologischen Faktoren bei der Farbwahrnehmung, die vom Charakter der einzelnen Personen und deren Umfeld bedeutend beeinflusst werden kann. An Goethe anknüpfend entwickelte er eine Farbenlehre und stellte 7 Farbkontraste in der Malerei fest. Er hat dem von Goethe konzipierten Simultankontrast eine besondere Bedeutung beigemessen.

Die beiden bedeutenden Lehrer des 20. Jahrhunderts, Itten und Albers, stellten die Untersuchung der Farben und deren gegenseitige Wirkung in den Mittelpunkt ihrer pädagogischen Tätigkeit. Itten fasste die von ihm festgestellten Gesetzmäßigkeiten in sieben unterschiedlichen Farbkontrasten zusammen.

Nach Albers ist die Farbempfindung die Quelle der Wechselwirkung der physischen Farben, die über das menschliche Auge und durch zahlreiche Faktoren (wie Lichtverhältnisse, Qualität der Farben etc.) vermittelt wird. Albers erwähnte hinsichtlich seiner Serie *Homage to the Square*, dass für ihn das Quadrat nur eine leere Form sei, in der er „seine Farbnarrheit präsentiert".

Auch PAUL CÉZANNE (1839–1906) wandte in seinen Werken bewusst Farbwirkungen als kompositorische Elemente an. Er benutzte mit Vorbedacht verschiedene Kontraste und sprach dem Hell-Dunkel- und Kalt-Warm-Kontrast eine besondere Bedeutung zu.

W. Kandinsky war einer der ersten abstrakten Maler, der nur mit wohl proportionierten starken Farben, Tönungen, Schattierungen, geometrischen Linien und Figuren großzügige Flächen bedeckte.

Man kann die Kontraste der Farben, nach ihrem im Farbenkreis befindlichen Platz auch als Winkel-Kontraste bewerten, indem man ihre Verbindungspunkte im Kreis – also von 360 Grad – in Gradzahlen ausdrückt.

Ein Buntton-Kontrast kommt dann zustande, wenn zwischen zwei miteinander in Kontakt kommende Farbwahrnehmungen sich in ihrer Buntart unterscheiden, es sich also um zwei Farben mit gleicher Sättigung handelt.

Den Theorien der klassischen Farbenlehre tritt H. Küppers entgegen. Er behauptet, dass wegen der Unmessbarkeit der genauen farblichen Unterschiede es sich nicht lohnt, über Kontraste zu sprechen, weil man die Unterschiede lediglich wahrnehmen und feststellen, aber nicht messen kann. (Er erkennt nur die Daseinsberechtigung des simultanen Kontrastes an.) Aus diesem Grund müsse man sich auf die Gleichheiten und Ähnlichkeiten konzentrieren und sich nicht mit jenen Parametern beschäftigen, die nicht einander entsprechen, also sich unterscheiden. Über die Theorie von Küppers streiten mehrere Experten, denn wie sollte man die Abweichung zwischen Übereinstimmung und Verschiedenheit feststellen, wenn man das Maß des Unterschieds außer Acht lässt? (s. Liedl 1994, S. 104).

Die Wahrnehmung der Wechselwirkung weist R. Liedl der Funktion des Auges zu, und er meint, wie in Regeln der Dichtung, so können sich Gesetzmäßigkeiten auch in Wiedergabe der Farben unabhängig davon entdecken lassen, ob der Künstler diese bewusst oder unbewusst verwendete.

Er hat zweifellos auch darin Recht, dass auf einer höheren Stufe der Farbmetrie sich vielleicht die Möglichkeit öffnet, die menschlichen Farbempfindungen mit den musikalischen Tönen vergleichbar zu messen.

Was ist bis dahin zu tun? Als Richtschnur sollte man entweder die übereinstimmenden oder sich widersprechenden Theorien der gelehrten Wissenschaftler der Farbenlehre hinnehmen und dann selbst entscheiden, welche für zeitgemäß oder schon für veraltet und inakzeptabel zu halten sind. Auf jeden Fall kann man sich als Gewinner dieses Abenteuers fühlen, weil eine auch noch so geringe entdeckte Gesetzmäßigkeit zu einer besseren Erkenntnis des Farbenreichtums der Außenwelt führen wird. Nach Itten lässt das den Menschen an der magischen Welt der Farben und an die Einfühlung in ihre Wunder teilhaben.

Die charakterlosen Farbzusammenstellungen

Dieses Beziehungssystem der Farben entsteht dann, wenn auf dem 12teiligen Farbenkreis zwei Farben in einem Winkel von 60° stehen. Diese Verbindung in kleinen „Chorden" (Winkelmaßen) nennt Goethe charakterlose Kolorit-Zusammenstellungen. Es handelt sich hier um den Kontrast von benachbarten Farben.

„Man kann diese Zusammenstellungen wohl die charakterlosen nennen, indem sie zu nahe an einander liegen, als daß ihr Eindruck bedeutsam werden könnte..." (6. Abt./827)

„So drücken Gelb und Gelbroth [Orange], Gelbroth [Orange] und Purpur [Magenta], Blau [Cyan] und Blauroth [Violett], Blauroth [Violett] und Purpur [Magenta] die nächsten Stufen der Steigerung und Culmination aus, und können in gewissen Verhältnissen der Massen keine üble Wirkung thun." (6. Abt./828)

„Gelb und Grün hat immer etwas Gemeinheiteres, Blau [Cyan] und Grün aber immer etwas Gemeinwiderliches; deßwegen unsere guten Vorfahren jene Zusammenstellung auch Narrenfarbe genannt haben." (6. Abt/829)

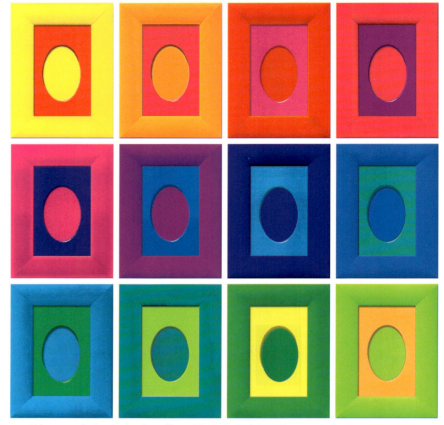

„Blau und Grün steht allen Narren schien." – zitiert Rudolf Steiner ein altes Sprichwort in seiner Goethe-Ausgabe über die Farbenlehre.

Variationen zu 60°-Winkelabständen

Die Volkskunst bevorzugt häufig das Orange und Magenta und ihre Tönungen. Das Interieur der guten Stube eines Palozenhauses in Parád (Ostungarn) ist ein schönes Beispiel für das Phänomen der gesättigten reinen Farben und deren Einklang mit ihren (durch Schwarz) gebrochenen Varianten

Farbharmonie von Dattelpalme und reifendem Obst

Die Farbenwelt dieses bei Moskau stehenden, im 19. Jahrhundert errichteten Holzhauses bewegt sich zwischen den Farben Weiß, Gelb und Orangegelb. Nicht nur die an Pflanzendekor reiche Schnitzerei, sondern auch die natürlichen, dem Holz nahe stehenden Farben drücken die Naturverbundenheit der russischen Seele aus

Eine grüne Wanduhr in Chicago vor dem cyanblauen Himmel

Ein charakteristisches Phänomen der herbstlichen Natur: Zierkürbisse – ländliche Idylle in Grün- und Gelbschattierung

CHARAKTERISTISCHE FARBZUSAMMENSTELLUNGEN

Diese Bezeichnung ist ebenfalls Goethe zu verdanken: er benennt damit diejenigen Kombinationen, die sich im Farbenkreis in einem Winkel von 120° gegenüberstehen. Interessanter Weise zählt er nur 4 Zusammenstellungen auf: Gelb und Blau, Gelb und Purpur, Blau und Purpur, Gelbrot und Blaurot. (Heute Gelb–Cyan, Gelb–Magenta, Magenta–Cyan, Orange–Violett.)

Nach Goethe sind diese Kombinationen solche, „...welche durch Willkür hervorgebracht werden, und die wir dadurch am leichtesten bezeichnen, dass sie in unserem Farbenkreise nicht nach Diametern, sondern nach Chorden aufzufinden sind, und zwar zuerst dergestalt, dass eine Mittelfarbe übersprungen wird." (6. Abt./816) „Wir nennen diese Zusammenstellungen charakteristisch, weil sie sämmtlich etwas Bedeutendes haben, das sich uns mit einem gewissen Ausdruck aufdringt, aber uns nicht befriedigt, indem jenes Charakteristische nur dadurch entsteht, daß es als ein Theil aus einem Ganzen heraustritt, mit welchem es ein Verhältniß hat, ohne sich darin aufzulösen." (6. Abt./817)

Die Zusammenstellung von Gelb und Blau [Cyan] gilt für Goethe als die einfachste Kombination, weil in ihr kein Rot enthalten ist. Deshalb ist sie „arm", mit dem Vorteil, „...daß sie zunächst am Grünen und also an der realen Befriedigung steht." (6. Abt./819)

In Gelb und Purpur/Magenta sieht er Heiterkeit und Pracht, aber auch Einseitigkeit. Sie befinden sich auf der aktiven Seite ohne Beweglichkeit in sich zu besitzen. Die Zusammenstellung von Blau und Purpur begrenzt die passive Seite mit einer Tendenz zur Aktivität durch das stärkere Purpur (s. 6. Abt./820–821).

Variationen zu 120°-Winkelabständen

Dóra Maurer:
Overlappings No. 39,
2007.
Schichtholz, Leinen,
Akryl, 80 × 217 cm
Overlappings No. 38,
2007.
Schichtholz, Leinen,
Akryl, 91 × 240 cm

Diese bäuerliche Szene vertritt die Farben der „aktiven" Hälfte des Farbenkreises vom Gelb bis zum Braun (Magenta mit Schwarz vermischt). Das Bild hat dadurch eine lebendige, heitere Stimmung

Als Mischfarben bedeuten Gelbrot [Orange] und Blaurot [Violett] jeweils eine Steigerung der aktiven und passiven Seiten, für Goethe „etwas Erregendes, Hohes", da sie in der höchsten Stufe im Purpur enden (s. 6. Abt./822).

Diese Zusammenstellungen nennt Goethe also deshalb charakteristisch, weil sie den Charakter der einzelnen Farben, aus denen sie bestehen, widerspiegeln.

Die Wolkenkratzer von Chicago mit der amerikanischen Flagge. Die in unterschiedlichen Blauabstufungen vibrierenden Wolkenkratzer werden durch das klare Rot der Fahne in den Bereich der warmen Farben herübergebracht. Die Komposition, die mehr als ein Drittel des Farbenkreises vertritt, ist ohne Zweifel charakteristisch und erweckt eine sehr ausdrucksvolle Wirkung

Auf einer Hauswand in Nizza ergeben die zarten Farben von Lind und Rot einen angenehmen, charakteristischen Kontrast

Der Komplementär-Kontrast
Die Wechselwirkung der sich ergänzenden Farbenpaare

Zwei Farbempfindungen sind dann am gegensätzlichsten, wenn sie sich im Farbenkreis in einem Winkel von 180° gegenüberstehen – sie bilden dann den jeweiligen Komplementär-Kontrast. Aus der Mischung zweier komplementärer Lichter entsteht weißes Licht. Aus der Mischung zweier komplementärer Malfarben entsteht Grau. Jedes komplementäre Paar ist voller Spannung und löst dennoch ein Gefühl der Ausgeglichenheit aus.

Dies gilt in erster Linie deshalb, weil sich die beiden Farben in voller Farbwirklichkeit zur Geltung kommen lassen, sie „brechen" einander nicht, im Gegenteil, sie stärken gegenseitig ihre Wirkung. Leonardo drückt dies so aus: „Unter gleich vollkommenen Farben wird sich die als die vorzüglichere zeigen, die in Gesellschaft ihres direkten Gegenteils gesehen wird..." (Bd. 2, Nr. 258) „...Es bleibt uns noch eine zweite Regel zu erwähnen, die nicht darauf ausgeht den Farben an sich zu höherer Schönheit zu verhelfen als sie von Natur haben, sondern zu bewirken, dass sie durch ihre Gesellschaft einander Anmut verleihen, wie z. B. Grün dem Rot und Rot dem Grün..." (Bd. 2, Nr. 190a) Trotzdem war Leonardo noch nicht in der Lage den direkten Gegensatz von Farben zu bestimmen. In seinen Notizen erwähnt er auch sich widersprechende Kontrastpaare.

Goethe stellte dagegen eindeutig fest, dass die im Farbenkreis sich gegenüberstehenden Farben die gleichen sind, die von unseren Augen gegenseitig gefordert werden und dies geschehe öfters im alltäglichen Leben als gemeinhin angenommen wird (s. 1. Abt./50, 51).

Nach dem Physiker Benjamin Thomson, Graf von Rumford sind die Komplementär-

Variationen zum Komplementär-Kontrast

Mosaik in den Komplementärfarben Violett und Gelb in der Kuppelhalle zum Haupteingang des 1913 gebauten Széchenyi-Bades. (Zsigmond Vajda)

farben diejenigen, die sich im Farbenkreis gegenüberstehen und sich gegenseitig auslöschen.

Aus physikalischer Sicht sind jene Farben komplementär, „deren Farbreize sich zu einem ‚energiegleichen' Spektrum von gleicher Energie ergänzen" (Küppers 1987, S. 90).

Eine bestimmte Farbe kann also nur die Komplementärfarbe einer einzigen anderen Farbe sein.

Im Farbenkreis stehen sich die Komplementärfarben gegenüber:

Gelb – Violett
Dotter – Blau
Orange – Cyan
Rot – Türkis
Magenta – Grün
Lila – Lind

Wenn von einem komplementären Farbenpaar nur eine Farbe gegenwärtig ist, empfindet man das Fehlen der anderen als unausgewogene Spannung und das Auge ruft das negative Nachbild der komplementären Farbe in uns

In der Aufnahme des Kerzen gießenden griechischen Popen kommt das Kontrastpaar der gelben und violetten Farbe zur Geltung

hervor, wie bereits im Simultan-Kontrast erläutert wurde. Das Phänomen der komplementären Farbempfindung kommt nur in unserem Auge, bzw. Gehirn zustande. Fotografieren lässt sich dies nicht.

Die komplementäre Farbverbindung bildet ein geschlossenes vollkommenes Ganzes, das innerhalb seiner Grenzen neutral ist. Für die Textildesigner und Innenraumgestalter kann dies ein wirklich wichtiger Gesichtspunkt sein: Es ist günstiger, wenn ein gegebenes Objekt erst nach farblicher Abstimmung mit seiner künftigen Umgebung und deren sonstiger Gegenstände gefertigt wird.

Weil die komplementären Farbverbindungen sozusagen den ganzen Farbenkreis für sich beanspruchen, beinhalten sie auch sonstige Kontraste. So treten in einer gelb-violetten Komposition der Hell-Dunkel-Kontrast, in einer Verbindung von Orange und Cyan der Kalt-Warm-Kontrast auf, um prägnanteste Beispiele zu nennen. Weil das Magenta und Grün den gleichen Lichtwert besitzt, kommt in ihrem Fall keine Verbindung in anderer Richtung zustande.

Der Kontrast von Magenta und Grün wurde im Mittelalter bei der Gestaltung von Kirchenfenstern oft gemeinsam mit Schwarz angewandt. Schon Goethe stellte fest, dass der komplementäre Kontrast oft „trivial" wirkt. Zum Auffächern des Kontrasts dient als gute Methode die Anwendung einer Farbe, die von beiden in einem Winkel von 90° liegt, oder des „schiefen Kontrasts", worüber noch gesprochen wird. Die Mischung zweier komplementären Farben wird schon lange in der Malerei verwendet, um Grauschattierungen zustande zu bringen. Auch die Natur produziert oft solche Phänomene. Auf den Blättern verschiedener Blumen kann man den feinen Verschmelzungsablauf der roten und grünen Farbe beobachten.

Man kann beispielsweise in den Werken von E. Delacroix, unter den Impressionisten von **Claude Monet** (1840–1926) und **August Renoir** (1841–1919) Komplementärpaare in leuchtenden Farben entdecken.

In der Malerei dienten **Vincent van Gogh** (1853–1890) die komplementären Farbenpaare dazu, seine künstlerischen Ziele zu verwirklichen. In einem seiner Bilderreihen „Die Jahreszeiten" verwendete er die Kontrastpaare Grün und Rosa für den Frühling, das Blau und

Feine Komplementärpaare auf Vogelgefieder

Der Komplementär-Kontrast zwischen Orange und Cyan auf einer Eisenbahnstrecke in Chicago

Eine liebevolle Szene aus der Natur im Komplementär-Kontrast
FOTO: LEVENTE FŰKÖH

Den Übergang des Grüns in Magenta und dessen Umkehrung erlebt man häufig in der Natur und ebenfalls auch das Resultat ihrer „Vereinigung", die graue Farbe

Orange für den Sommer, das Gelb und Violett für den Herbst und das Weiß und Schwarz für den Winter. In mehreren seiner Werke treten einander beißende Komplementärfarben auf, die zur Darstellung der hohl gewordenen menschlichen Beziehungen in einer schroffen Umgebung dienen.

Nach Kandinsky können die Farben gepaart kalte und warme Kombinationen bilden. Das Gelb als typische Erdfarbe habe eine Verbindung zur Himmelsfarbe Blau [Cyan], das „morbide" Violett zum „kräftigen" Orange, der „determinierte" Purpur zum „selbstgefälligen" Grün. – Hier liegt eine gewisse Vermischung von Goethes und Herings Farbenlehre vor, aber Kandinsky meinte, dass seine Festlegungen nicht auf wissenschaftlichen Theorien, sondern auf empirisch-seelischen Empfindungen beruhten.

In der ungarischen Volkskunst ist die Harmonie von Magenta und Grün sehr beliebt: Rücken einer bestickten Frauenweste aus Lammfell

VARIATIONEN ZUM KOMPLEMENTÄR-KONTRAST

„Schiefer" Kontrast

Diesen Ausdruck kreierte R. Liedl, der auf der Farbskala die „schiefen" Kontraste der Farbfamilien so einzeichnete, dass sie sich in einem Winkel von 150° befinden. Die moderne Malerei bevorzugt besonders diesen Kontrast, der aus dem komplementären Kontrast auch so ableitbar ist, indem auf einer 12teiligen Skala eine der Farbfamilien um einen Platz weiterrückt. Obwohl das geübte Auge meistens die charakteristischen, charakterlosen oder „schiefen" Kontraste erkennt, kann man in der Farbenlehre bei weitem nicht die Genauigkeit erzielen, welche die Harmonielehre in der Musik mit dem Heraushören von Oktaven, Quinten, Terzen etc. bestimmen kann. Nach Liedl hat sich Goethe nicht zufällig nur bei 60° auf die Definition des charakterlosen, bei 120° des charakteristischen und bei 180° des komplementären Kontrasts eingelassen. Es ist festzustellen, dass eine Abweichung von 10–20° im Allgemeinen keine negative Beeinflussung auf die harmonische Wirkung hat.

Variationen zum „schiefen" Kontrast

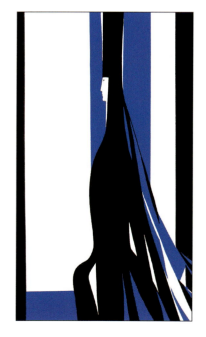

Gemälde des Grafikers János Kass: Die gegensätzlichen Figuren des Blaubarts und seiner Gemahlin Judith aus der Oper „Herzog Blaubarts Burg" von Béla Bartók: Ein Kontrast von Rot und Cyan

Das Puckhaus in New York zeigt mit den Farben in Terrakotta und Cyan einen gespaltenen Komplementär-Kontrast

ßigkeit des Komplementär-Kontrasts auf und die gespaltene Farbe ergibt einen angenehmen Gegenpol zur gegenüberliegenden Farbe ab.

DREIKLÄNGE

In dieser Farbzusammenstellung bilden 3 Farbfamilien im Winkel von 120 Grad eine Farbharmonie. Denken wir an Goethe, es stehen je 2 Farbfamilien in charakteristischem Kontrast zu einander.

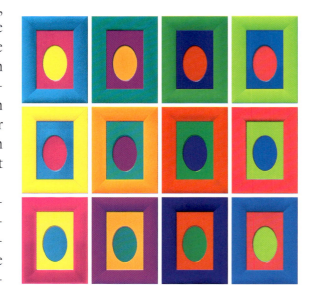

Variationen zum gespaltenen Komplementär-Kontrast

„Gespaltener" Komplementär-Kontrast

In der englischsprachigen Literatur ist es üblich, die Dreiklänge mit Namen zu versehen. Ein solcher Farbzusammenhang ergibt sich aus einer Variante des Komplementär-Kontrasts, indem sich eine der beiden Farben in ihre beiden benachbarten Farben aufteilt und ihre gemeinsame Abbildung einer menschlichen Gestalt mit gespreizten Beinen ähnelt. Die beiden „Beine" umschließen einen Winkel von 60° Der Winkel kann sogar größer sein, aber die Beine sollten in gleicher Entfernung von der aufgelösten Komplementärfarbe platziert werden.

Im amerikanischen Englisch ist die Benennung der Formel „key color" oder „split complementary", was man mit „gespaltenem Komplementär-Kontrast" übersetzen könnte. Diese Farbkombination löst oft die starre Regelmä-

Der Dur- und Moll-Farbklang

Die Forscher, die sich mit der Farbenlehre beschäftigten und nicht zuletzt die Maler haben immer wieder versucht, eine Verbindung zwischen Farben und musikalischen Klängen herzustellen und Farbgruppen mit Musikakkorden zu verbinden.

Newton und danach sein Schüler **Pater Castel** (1688–1757) versuchten Licht- und Farbenorgeln zu bauen.

Goethe beschäftigte sich in seiner *Farbenlehre* ebenfalls mit diesem Thema. Als „charakteristisches Kolorit" bezeichnete er solche Farbkompositionen, in denen er die Eigenheiten von Musikwerken in Dur oder Moll zu entdecken meinte.

„Das Charakteristische kann unter drei Hauptrubriken begriffen werden, die wir einstweilen durch das Mächtige, das Sanfte und das Glänzende bezeichnen wollen." (6. Abt./881)

„Das erste wird durch das Uebergewicht der activen, das zweite durch das Uebergewicht der passiven Seite, das dritte durch Totalität und Darstellung des ganzen Farbenkreises im Gleichgewicht hervorgebracht." (6. Abt./882)

„Der mächtige Effect wird erreicht durch Gelb, Gelbroth [Orange] und Purpur [Magenta], welche letzte Farbe auch noch auf der Plusseite zu halten ist. Wenig Violett und Blau [Cyan], noch weniger Grün ist anzubringen. Der sanfte Effect wird durch Blau [Cyan], Violett und Purpur [Magenta], welcher jedoch auf die Minusseite zu führen ist, hervorgebracht. Wenig Gelb und Gelbroth [Orange], aber viel Grün kann stattfinden." (6. Abt./883)

Nach Goethe entsteht also ein Dur-Kontrast bei überwiegend warmen Farben zwischen Magenta und Gelb, der dann eine „reine, fröhliche, frische, ungebundene und harte" Wirkung hat.

Ein Farbklang in Moll tritt nach ihm auf, wenn die Farben zwischen dem Magenta und Grün (d. h. eigentlich den kalten Farben) überwiegen und diesen nur in geringer Menge ein Hochrot [Orange] und Gelb gegenübersteht. Das entspricht seinem „weichen Effekt". Diese Farbklänge in Moll haben eine „weibliche, romantische, geheimnisvolle, tiefgehende, weiche" Wirkung.

„Man würde nicht mit Unrecht ein Bild von mächtigem Effect mit einem musikalischen Stücke aus dem Durton, ein Gemälde mit sanftem Effect mit einem Stück aus dem Mollton vergleichen, so wie man für die Modification dieser beiden Haupteffecte andere Vergleichungen finden könnte." (6. Abt./890)

Adolf Hölzel nannte Farbverbindungen dieser Art „rationale Farbklänge".

Der russische Komponist **Alexander Nikolaievitsch Skriabin** (1872–1915) ließ 1916 bei der Aufführung seiner Tondichtung „Prometheus" in New York eine von ihm konzipierte „Farbenpartitur" mit Scheinwerfern auf eine Leinwand werfen.

Vom Franzosen **Paul Verlaine** (1844–1896) über den baltischen **Mikalaius K. Ciurlionis** (1875–1911) haben sich zahlreiche Dichter, Maler und Komponisten mit den Zusammenhängen von Sprachvokalen, Musikklängen und Farben beschäftigt.

Wassily Kandinsky, eine epochale Gestalt der expressiven abstrakten Malerei, nannte seine größeren und kleineren Arbeiten „Kompositionen" und „Improvisationen". Er verwies damit auf die Gepflogenheit der Komponisten. Einem kurzen experimentellen Bühnenstück gab er den Titel „Der gelbe Ton".

Im Bauhaus haben sich **Kurt Schwerdtfegel** (1897–1966), **Josef Hartwig** (1880–1956) und **Ludwig Hirschfeld-Mack** (1893–1965) mit projizierten Farbspielen beschäftigt. Unter diesen hatte das von

Darstellung der Melodie des uralten gregorianischen „Kyrie Eleison" mit der Geheimschrift von A. Skriabin in der Apsis der Dreifaltigkeitskirche in Gödöllő (Ungarn). Werk des Architekten Tamás Nagy

L. Hirschfeld-Mack zwischen 1922–25 geschaffene farbige „Lichtspiel" den größten Erfolg: Die Mischung der Farben und Formen und deren Verflechtung lösten ihnen zugeschriebene musikalische Elemente aus.

Es gab auch solche Versuche, die jeweils einer Farbschattierung einen passenden Ton zuordneten und das Musikwerk (eigentlich die Noten) auf einem langen Papierstreifen sichtbar machten. Ein Maler und Komponist in Finnland hatte mit seiner Idee Erfolg, die Stirnwand eines nach Sibelius benannten Konzertsaals in grünen Schattierungen ausmalen zu dürfen. Dies erwies sich zwar als sehr dekorativ, wich aber von der Grundvorstellung ab. Die Synästhesie, die Suche nach der Möglichkeit einer Verknüpfung des simultanen visuellen und auditiven Erlebnisses, hält bis zum heutigen Tag an.

Der bereits erwähnte Leiter der Druckerei in Gyoma, I. Kner, hat 1914 mit dem ungarischen Komponisten Zoltán Kodály Dur- und Moll-Skalen zusammengestellt.

Ich bat meinen Komponistenfreund **László Tolcsvay** (1950) dazu einige Gedanken beizutragen:

„Es versteht sich von selbst, die Farben und Töne in einen verwandtschaftlichen Bezug zu bringen, weil die Wissenschaft von beiden weiß, dass sie von wellenartiger Natur sind und durch die unterschiedlichen Frequenzen jeweils eine andere Tonhöhe bzw. Farbe entsteht.

Bei der Auflösung des weißen Lichts in Farben kommt eine umfassende Farbskala zustande, d. h. zumindest sind wir Menschen in diesem Sehbereich zur Wahrnehmung derselben befähigt. Bezüglich der Töne ist die Situation die gleiche, weil wir auch hier nur einen gewissen Frequenzbereich hören.

Die europäische Musik hat das „A" zum Grundton bestimmt, das heute mit dem „A" der Schwingungszahl 440 Hertz identisch ist. Jedes sinfonische Orchester benutzt es zur Einstimmung der Instrumente. Im Laufe der Jahrhunderte wurde durch die Vervollkommnung der europäischen Toninstrumente das „C" zu einem wichtigen Ausgangspunkt, dem wir insbesondere die „temperierten" Musikinstrumente wie Klavier und Orgel, sowie die Entwicklung der heutigen Notenschrift verdanken. Unabhängig von dieser Modifizierung ist die C-Dur-Tonleiter nur auf den weißen Tasten spielbar.

Diese Skala wählte Imre Kner als Grundlage, um ihr die Farben anzupassen.

Als ich zum ersten Mal auf die von ihm kreierten Farbtabellen schaute, suchte ich sofort die Farbe des Tones „E", weil dieser nach meiner Meinung gelb sein musste.

Ich kann es nicht erklären, warum ich diesen Ton als Gelb empfinde, aber es ist so.

Ich war neugierig, welche Farbe Meister Kodály und Imre Kner mit dem „E" gepaart hatten.

Das Gelb!

Es gibt dafür keine rationale Erklärung, aber es ist auch möglich, dass das Gelbe in der Tat dieser Klangton ist. In Kenntnis des Farbspektrums ist es von da aus leicht, die Tonskala durchzufärben.

Die europäische Musik teilt die Oktave in 12 Halbtöne ein. Wir hören diese Töne als reine Töne. Daraus folgt, dass nach der Tabelle von Imre Kner das „C" rot, das „Cis" heller rot, das „D" orange, das „Dis" ocker, das „E" gelb, das „F" hellgrün, das „Fis" dunkelgrün, das „G" blaugrün, das „Gis" blau, das „A" dunkelblau, das „As" violett und das „H" bordeauxrot ist.

Tatsache ist, dass die eingestrichene Oktave als Ausgangspunkt gilt und dass die Halbtöne der nächsthöheren (zweigestrichenen) Oktave bei Kner in etwas blasseren Tönen gedruckt wurden. Er ging dabei wahrscheinlich von der Überlegung aus, dass seit der Tonmodifizierung keine andere Klangversion mehr existiert.

Imre Kner beabsichtigte mit den nach oben zunehmend blasser werdenden Farben die ätherischen, luftigen Klänge der höheren Oktaven zum Ausdruck zu bringen. Die tiefe-

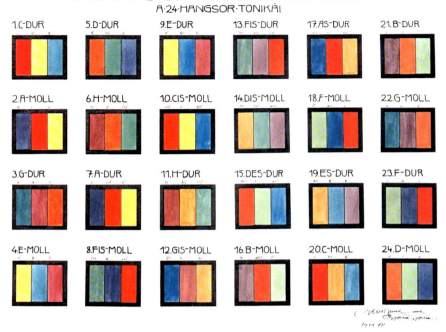

Der Komponist Zoltán Kodály und Imre Kner schufen 1914 eine Aufstellung von Dur- und Moll-Akkorden mit farblichen Entsprechungen

ren Oktaven verdunkelte er mit Grünbeimischung, wodurch die Grundfarben düsterer wurden. Das Gesamtbild der Farben von Dreiklängen ist etwas Besonderes. Zu den einzelnen Akkorden paaren sich individuelle Farbwirkungen, die interessante Trikoloren zustande bringen.

Es wäre möglich, unter Anwendung dieser Farbklang-Analogien mit der heutigen digitalen Technik besondere Konzerte abzuhalten.

Noch bemerkenswerter wäre es, Beethovens „Ode an die Freude" nach dieser Theorie farbig darzustellen. Das wäre nicht einfach, auch nicht mithilfe der heute zur Verfügung stehenden visuellen und klanglichen Mittel von großer Auflösungskapazität.

Das liegt an der Individualität der Instrumente. In Noten niedergeschriebene Töne erklingen bei unterschiedlichen Instrumenten jeweils in anderen Klangfarben. Vergeblich würden sich eine Geige und ein Klavier be-

Die C-Dur Tonleiter, sowie die Variationen ihrer Drei- und Vierklänge in Farben

mühen, eine Melodie unisono zu spielen, weil es offensichtlich ist, dass eine gegebene Tonreihe auf den unterschiedlichen Musikinstrumenten eine andere Stimmung und einen anderen Charakter bekommt. Die Klangfarbe hängt von der durch die akustischen Gegebenheiten entstandene Wellenform und dem Obertonbereich ab. Die Obertöne sind mitschwingende natürliche Töne, die nur viel leiser und in großer Vielzahl beim Anschlag eines Grundtons auftreten. Die Klangfarbe einer einfachen Flöte kann außer dem Grundton dessen Oktave, die darauf folgende Quinte, die nächste Oktave, große Terz, Quinte und Septime beinhalten.

Kann man sich vorstellen, wie viele Obertöne man gleichzeitig hört, wenn ein Glockenschlag erschallt? Also lässt sich eine ungemischte Farbe nicht mit je einem Ton in der Musik vergleichen, sondern es müssen ebenfalls zahllose Schattierungen zum Vorschein kommen. Genau so wie die Farben der Natur bergen die Klangfarben unendliche Abtönungen. Der „Anblick" des sich in jedem Augenblick ändernden Farbuniversums eines Werkes von Beethoven wäre fantastisch.

Ich kann der Versuchung nicht widerstehen, einige persönliche Gedanken zu der ganzen Theorie hinzuzufügen, natürlich nicht ohne diese mit einem Fragezeichen zu versehen: Was wir sehen und was wir hören ist keine reine Physik; und so erreicht uns ein impressionistisches Gemälde oder eines aus der Renaissance oder der Gegenwart oder ein Musikstück zwar durch unsere „Wahrnehmungsorgane", aber es setzt auch unsere Seele in Schwingungen, es weckt unsere Gedanken auf und bringt so unsere unerklärbare, aber wahrhaftige Sensibilität in Gang. Die wahre Farbe, der Klang und Zusammenklang befindet sich in unserer Seele.

Nur unser Herz ist in der Lage zu verstehen."

DER HELL-DUNKEL-KONTRAST

Der Gegensatz zwischen Helligkeit und Dunkelheit, Licht und Schatten ist der wichtigste und interessanteste Kontrast unserer Umwelt, unseres Alltags und der bildenden Kunst.

Es ist nicht verwunderlich, dass Leonardo seinen Malerkollegen riet, beim Gebrauch von Farben gleichen Charakters die Farbe des Körpers und des Hintergrunds nicht aneinander haften zu lassen, es sollte vielmehr der Grad ihrer Helligkeit unterschiedlich sein. Damit weist er auf die Veranschaulichung der zwischen diesen beiden Ebenen liegenden Luftschicht hin. Wegen der unterschiedlichen Helligkeitswerte der Farben – wie dies auch Goethe zum Ausdruck brachte – kann in der einen oder anderen Komposition die größte Polarität zustande kommen. Zwischen dem hellsten Weiß und dem dunkelsten Schwarz sind Grautöne und eine reiche Fundgrube mit vielerlei Buntfarben vorzufinden. Bei dem Hell-Dunkel-Kontrast der Buntfarben kann das Weiß die Rolle der hellen Farben und das Schwarz die der dunklen Farben übernehmen. Unter den Buntfarben ist das Gelb die hellste,

In diesem Bild eines die Thora schreibenden Rabbis übernehmen Licht und Schatten die bestimmende Gestaltung der Komposition

das Violett die dunkelste Farbe. Bei den reinen Farben lässt sich ihre Helligkeit oft schwer feststellen. Wenn man den Farbenkreis betrachtet und bei der hellsten gelben Farbe beginnt, sind die auf beiden Seiten liegenden Farben annähernd von gleicher Helligkeit. Wird von einem erwünschten farbigen Thema eine Schwarz-Weiß-Aufnahme gemacht, kann man in den grauen Farben – im Vergleichsverfahren – die Helligkeit der reinen Farben, zumindest die Relation derselben zueinander, festlegen. Wie vorher schon beschrieben, ändern sich je nach

Luftaufnahme der Wolkenkratzer von Manhattan. Der einheitlich wirkende Komplex der heller und dunkler getönten Gebäude wird – näher betrachtet – durch die unterschiedlichen Helligkeitsgrade der auf dem Bild vorkommenden Farben gebrochen

Auf der fast monochrom wirkenden Aufnahme einer Halle zum Sortieren von Kohle in Bottrop wird die „größte Polarität" der die Komposition schaffenden Farben deutlich

Auf dem Foto der alten Wassermühle bauen die beiden entgegengesetzten Pole von Schwarz und Weiß auch den Helligkeitskontrast der einzelnen Farben des Farbenkreises auf

F. A. Maulbertsch: Mariä Himmelfahrt. Hauptaltar der Abteikirche in Zirc, Westungarn

Intensität der Beleuchtung die Helligkeits- und Dunkelheitswerte der Buntfarben. Die von längerer Wellenlänge (Gelb, Dotter, Orange) wirken bei gedämpftem Licht dunkler, während die Farben von kürzerer Wellenlänge (Cyan, Türkis, Grün) heller scheinen. So kann es vorkommen, dass die Tonwerte der Farben bei Tageslicht richtig, bei Dämmerlicht dagegen schon falsch zur Geltung kommen.

In der Malerei ist die Anwendung des Hell-Dunkel-Kontrasts das wirksamste künstlerische Mittel, weil die Komposition eines Bildes in großem Maße vom Verhältnis der hellen und dunklen Flächen beeinflusst wird. Diese Wirkung tritt auch dann noch auf, wenn der Maler wenige Farben verwendet, weil diese Beziehung selbst zwischen nur zwei Farben zustande kommen kann. Die bewusste Anwendung von hellen und dunklen Farben beeinflusst auch die räumliche Wirkung der einzelnen Kompositionselemente. Die hellen Farben rücken nämlich nach vorne und die dunklen tendieren zum Hintergrund hin und wegen der Irradiation erscheinen die hellen Oberflächen größer als die dunklen. Zu diesem Phänomen nimmt Goethe in der *Farbenlehre* ebenfalls Stellung: „Auch ist es eine wichtige Betrachtung, daß man zwar die Farben unter sich in einem Bilde richtig aufstellen könne, daß aber doch ein Bild bunt werden müsse, wenn man die Farben in Bezug auf Licht und Schatten falsch anwendet." (6. Abt./898) „Bunt" ist hier als unharmonisch zu verstehen.

Das frühe Christentum und die byzantinische Kunst lebten oft vom Hell-Dunkel-Kontrast. „Ich bin das Licht der Welt" werden die Worte Christi im Johannesevangelium zitiert. Auf dazu passenden bildlichen Darstellungen hält Christus in der Hand ein Evangeliar oder eine diese Botschaft tragende Fahne in einer aus dunkler Umwelt hervorbrechenden, den Gedanken versinnbildlichenden Farbenvielfalt.

Auf zahlreichen Fresken und Altarbildern schwebt die Mutter Jesu, Maria, bei ihrer Himmelfahrt aus der Dunkelheit in das Reich des Lichts, das von den bildenden Künstlern mit kraftvollen Farbkontrasten charakterisiert wird.

Der Qualitäts-Kontrast

Der Qualitäts-Kontrast befasst sich damit, wie zwei Farben von unterschiedlicher Sättigung und Reinheit aufeinander wirken. Er stellt den Gegensatz zwischen den reinen, gesättigten und strahlenden Farben und den stumpfen, gebrochenen Farben dar. Der größte Gegensatz besteht zwischen einer reinen bunten und einer unbunten Farbe.

Wie bekannt, sind die aus der Brechung des weißen Lichts entstandenen prismatischen Farben (und die Farben des Farbenkreises) die Farben von größter Sättigung und Leuchtkraft. Zum besseren Verständnis: Der Laie nennt ein gebrochenes Rot, Grün, Gelb „schwach" und empfindet sie als „zurückgenommen, bedeckt, stumpf, schmutzig" oder evt. „fein". Die reinen Buntfarben dagegen betrachtet er als „voll, schreiend, leuchtend" oder „kraftvoll". Die reinen Buntfarben verfügen also über eine gewisse Leuchtkraft, zu deren Beurteilung auch subjektive Faktoren eine Rolle spielen. Wenn man diesen Farben Weiß, Schwarz oder auch Grau beifügt lässt sich feststellen, in welchem Maße sie stumpf werden, ihre Leuchtkraft verlieren bzw. eine neue Kraft entwickeln.

Die Veränderungen sind bei Farben mit langen Wellenlängen schneller spürbar als bei denen von kürzeren Wellenlängen.

Das Grau macht die Farben stumpfer und neutralisiert sie. Ein interessantes Phänomen ist wiederum, dass Grau in Gesellschaft von Buntfarben lebhafter wird. Die hellen Buntfarben verlieren in Anwesenheit der grauen Farbe von gleicher Helligkeit am leichtesten ihre Leuchtkraft, während sich das gleiche Phänomen zwischen dunklen Buntfarben und Dunkelgrau abspielt. Ernst A. Weber schreibt im Buch *Sehen, Gestalten und Fotografieren* zu diesem Phänomen, dass der Qualitäts-Kontrast die Verbindung von unterschiedlichen Abstufun-

Hier ein in den 80er Jahren in Manhattan entstandenes Foto: es lässt sichtbar werden, dass die dunkelrote Farbe – sogar als Fleck – gegen den dunklen Hintergrund wenig zur Geltung kommt, während die grell gelbe Farbe daneben sogar an Kraft gewinnt

gen einer Farbe und deren Wirkung bedeutet. Ein Bild, das aus einer Farbe oder verwandten Farben aufgebaut ist, kann sehr wirkungsvoll sein, es kommt eine dezente und zurückgenommene Farbwirkung zustande. Eine große Vielfalt von Farbharmonien lässt sich mit Schwarz und Weiß gemischten Farben verschiedener Helligkeit herstellen.

Leonardo näherte sich dem Thema vom Gesichtspunkt der gestalterischen Wirkung an. Er ermunterte seine Künstlerkollegen dazu, Farben ähnlicher Farbfamilien in verschiedenen Helligkeitsstufen auf die Malwand aufzutragen. Dadurch könnte man die Entfernung der Sujets voneinander und die Stärke der Luftschicht zwischen ihnen verdeutlichen (Bd. 2, Nr. 154).

Nach Itten lassen sich die reinen Farben auch durch ihre entsprechenden Komplementärfarben brechen. Aus der Mischung der ungefähr gleichwertigen Malfarben Grün und Magenta entsteht ein schmutziges Grauschwarz, während die Mischung von Gelb und Violett bis zum dunklen Violett reichen kann.

Auch in der Natur ist man oft Zeuge der vorher beschriebenen Phänomene. Von der Sonne stark beleuchtete sehr helle Flächen oder die in tiefen Schatten liegenden Stellen zeigen sich oft in unbunten Farben, während man bei mittlerer Beleuchtung Buntfarben begegnet. Ein im Vordergrund der Landschaft stehendes Objekt präsentiert sich meist in seinen natürlichen bunt–unbunten Farben, dahingegen nehmen weiter entfernte Objekte immer mehr an Farbe ab, wie bereits bei Leonardo beschrieben.

Mit Sicherheit erinnern sich viele daran, dass damals in der Schule ein vom Lehrer mit roter Kreide auf die schwarze Tafel geschriebener Text höchstens die in den ersten Bänken sitzenden Schüler entziffern konnten und aus weiterer Entfernung der Text zunehmend unleserlich wurde, weil sich unser Auge dem Rot nur schwer anpassen kann. Bei der Verbindung von bunten und unbunten Farben müssen die Buntfarben über einen gewissen Umfang verfügen, um als Kontrast zur Geltung kommen zu können. Deshalb trifft man in der Werbung und auf dem Fernseh-Bildschirm selten auf rote Buchstaben. Ebenso sollten Künstler, die rote Farbe besonders bevorzugen, kontrollieren, ob ihre Gemälde von weitem gesehen die gewünschte Wirkung erreichen können. Schließlich soll hier noch Liedls wichtige Beobachtung, die er in seinem Buch *Pracht der Farben* beschreibt, erwähnt werden: Der bunte und unbunte Farbkontrast verliert bei schlechter Beleuchtung und in der Dämmerung seine Wirkung, denn bei Dämmerung stellt sich unser Auge auf das Hell-Dunkel-Sehen um. Besonders die nach dem genannten Kontrastverfahren arbeitenden Künstler müssen darauf achten! Ein alltägliches Beispiel: Ein rötlich gegartes, zusammen mit Gemüse serviertes Stück Fleisch verliert seine ästhetische Wirkung, wenn es bei spärlicher Beleuchtung auf den Tisch kommt.

Die rot gestrichenen Brückenpfeiler der Golden Gate Bridge in San Francisco sehen aus der Ferne ätherisch aus; die tatsächliche Struktur der Brücke ist nur aus der Nähe erkennbar

QUANTITÄTS-KONTRAST

Der Quantitäts-Kontrast entsteht durch die Verbindung zweier Farben unterschiedlicher Größe, die sich im Farbenkreis gegenüberliegen (mit anderen Worten: aus dem Größenverhältnis der einzelnen Farbflächen).

Bei den Farben mit unterschiedlicher Leuchtkraft ist das Maßverhältnis wichtig, damit zwischen zwei Farben ein Gleichgewicht entsteht.

Josef Albers schreibt in seinem Buch *Interaction of color* – dass zur großen Verärgerung Goethes – Schopenhauer versuchte, den von ihm entworfenen sechsteiligen, in einheitliche Sektoren geteilten Farbenkreis umzustellen, um die Helligkeit und Größe der Segmente in Einklang zu bringen.

Nach Schopenhauers Theorie ist die Farbe das Resultat der qualitativen Tätigkeit der Retina, wobei das Rot [Magenta] und das Grün im Verhältnis 50–50% diese Arbeit der Retina ausmacht, während sich Orange zu Blau [Cyan]

2/3 zu 1/3, das Gelb zu Violett 3/4 zu 1/4 verhält. Seinen 36teiligen Farbenkreis, in dem die Helligkeitsunterschiede der Farben durch die Größenunterschiede der Flächen ausgeglichen wurden, übernahm auch der Maler A. Hölzel.

Diese sich in der Sammlung des Budapester Ethnographischen Museums befindende serbische Glasikone stellt die Legende vom hl. Georg dar.
Das ähnliche Verhältnis der beiden Komplementärfarben von Magenta und Grün in gleichmäßiger Sättigung und ihrer gleichmäßigen Aufteilung in der Komposition löst im Betrachter das Gefühl der Harmonie aus

1/2–1/2

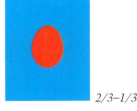

2/3–1/3

3/4–1/4

In der Klatschmohnwiese stehen Magenta und Grün in unausgeglichenem Verhältnis

Die expressive Wirkung des gelben Lampenlichts, das auf die verschwommene, in Violett–Weiß getauchte Fassade einer Grinzinger Weinstube einfällt, kommt wegen der Verschiebung der quantitativen Verhältnisse zustande

Komplementärfarbe von kleiner Fläche wie das Tüpfelchen auf dem i wirken. Bei der Verwendung des goldenen Schnitts oder der Anbringung einer Farbe im Mittelpunkt lassen sich ebenfalls überraschende Wirkungen erreichen. Eine unausgeglichene Größenanordnung ist imstande Spannungen aufzubauen.

Bei der Kontrastwirkung spielt weiter eine Rolle, ob eine gegebene Farbe näher oder entfernter in Relation zu einer Farbe des Farbenkreises steht. Bei dunklerer Tönung braucht man eine wesentlich kleinere gelbe Fläche als in einem helleren Umfeld.

Der Quantitäts-Kontrast kann auch eine sehr starke psychische Wirkung ausüben. Man kann so Überraschungen und „Gag"-Effekte auslösen. Bei den harmonisch abweichenden Mengenverhältnissen kommt die expressive Wirkung der herrschenden Farbe zur Geltung.

Wenn man als Beispiel die Farben des gelben und roten Bereichs dem blauen Farbbereich gegenüberstellt, wird die Verbindung dann harmonisch, wenn die helleren Farben eine kleinere Fläche einnehmen. Dagegen lässt sich in der Verbindung von Magenta und Grün ein ausgewogenes Verhältnis, eine beruhigende Stimmung schaffen. Auch bei der Nebeneinanderstellung einer bunten und einer unbunten Farbe ist es günstiger, wenn die Buntfarbe eine kleinere Fläche einnimmt als die Unbunte. Wenn das Gleichgewicht umkippt und irgendeine Farbe bei einem harmonischen Mengenverhältnis eine kleinere Rolle bekommt, dann tritt eine expressive Wirkung ein und die Farbe kommt – entgegen der Gesetzmäßigkeit – in unserem Auge wirksamer zur Geltung. Auf einem beinahe monochromen Bild kann eine

Die violette Farbe verschwindet fast neben dem massenhaft leuchtenden Gelb

DER FARBE-AN-SICH-KONTRAST

Wie in der Welt der Unbuntfarben das Zusammenstehen von Schwarz und Weiß den größten Kontrast darstellt, so gilt dies bei den Buntfarben in erster Linie für die Grundfarben der subtraktiven Farbmischung, dem Ensemble von Magenta, Gelb und Cyan, dessen elementare Farbwirkung die größte Ausdruckskraft besitzt.

„Er stellt an das Farben-Sehen keine großen Ansprüche, weil zu seiner Darstellung alle Farben ungetrübt und in ihrer stärksten Leuchtkraft verwendet werden können." (Itten 1970, S. 34)

Im Mittelalter besaßen die Farben Rot, Gelb und Blau deshalb eine große Bedeutung, weil sie aus den drei kostbarsten Materialien, dem Zinnober, Gold und Ultramarin gewonnen wurden.

Mit dem genannten Farbentrio stellte die westliche Kirche symbolisch die Dreifaltigkeit dar: mit Blau Gottvater, mit Rot den Sohn und mit Gelb den Heiligen Geist.

Im mittelalterlichen Stundenbuch „Horae Beatae Mariae Virginis" verleiht das harmonische Miteinander der ein wenig durch Weiß abgeschwächten vier Urfarben des Magenta, Gelb, Cyan und Grün eine intime Atmosphäre des biblischen Themas (aus der Sammlung der Bibliothek der Kirchendiözese von Eger, Nordungarn)

Thronender Christus auf der Vorderseite der Heiligen Krone Ungarns; das Grün erscheint nur als Gegengewicht zu den anderen drei Farben (11. Jh.)

Der Maler Ph. Runge begann eine allegorische Serie über die Verbindung von Farben und Tageszeiten; konnte diese jedoch wegen seines frühen Todes nicht fertig stellen.

Die Glasfenster der gotischen St.-Elisabeth-Kirche in Marburg stellen die ungarische Heilige Elisabeth dar. Die gesättigten Farben der in der Mitte des 13. Jh. entstandenen Fenster müssen auf die Menschen des Mittelalters mit elementarer Kraft gewirkt haben

Der Zusammenhang der Jahreszeiten mit Farben Gelb–Cyan–Purpur hat auch Marc Chagall berührt: Detail aus dem Mosaik „Die vier Jahreszeiten" am Gebäude des First National Plaza, Chicago

Der englische Maler J. M. W. Turner schrieb den drei Farben eine universale Bedeutung zu.

Die Verbindung der Farben ist dann am wirksamsten, wenn sie in reinem Zustand nebeneinandergeraten und die von Goethe formulierte Totalität verwirklicht wird. Je mehr sie sich von ihrem ursprünglichen Platz innerhalb des Farbenkreises entfernen, bzw. sich ihr Sättigungsgrad (durch Mischung mit Schwarz oder Weiß) vermindert, desto weniger wirksam sind sie.

Diese in sich große Spannung aufbauende Farbkomposition erweckt eine weite Palette an Gefühlen oder Empfindungen, die zum Beispiel mit den Attributen heiter, bestimmt, kraftvoll oder feierlich belegt werden können. Sie hat daher sowohl in der bodenständigen Volkskunst vieler Nationen ihren Platz, um deren Naturverbundenheit und Freude an der Farbigkeit auszudrücken, aber sie ist auch in der sakralen Mystik zu finden.

In der frühen Miniatur- und Glasmalerei und auch in den sogenannten Stundenbüchern des Mittelalters wurden diese Farben vorzugsweise angewandt. In den Werken zahlreicher großer Meister wie Stefan Lochner, Fra Angelico, Botticelli, Grünewald und bei den Modernen Matisse, Mondrian, Picasso, Léger, Miró sowie bei den Malern der Gruppe „Blauer Reiter" findet man den bewussten Gebrauch des Farbkontrasts.

Der moderne Mensch nutzt die Wirkung der Heiterkeit dieses Farbenkomplexes bei der Gestaltung von Märchenbüchern, Spielzeug und Kinderzimmereinrichtungen.

Zu den Farben Magenta–Gelb–Cyan gesellt sich oft auch das Grün. Das Farbzusammenspiel schafft eine fröhliche und frische Wirkung, weshalb diese Farbkombination gern von der Werbegrafik eingesetzt wird. Ganz allgemein könnte man sagen, dass sich die Farbkombination von den Urfarben herleiten lässt, die der Menschheit von je her zur Verfügung standen und gerne eingesetzt wurden.

Mozart: Cosi fan tutte. Ein Plakat von István Orosz für die Oper von Seattle, 2004. 100 × 70 cm
GRAFIK VON ISTVÁN OROSZ

DER KALT-WARM-KONTRAST

Vielleicht ist es nur wenigen bekannt, dass im Bereich der optischen Wahrnehmung der Farben eine Temperaturempfindung nachvollziehbar ist. Die Erfahrung zeigt, dass die in einem in orange-gelben Ton gehaltenen Saal sitzenden Menschen eine 3-4 Grad höhere Temperatur empfinden, als in einem blaugrün gestrichenen Zimmer. Itten erwähnte ein Experiment, das mit Rennpferden durchgeführt wurde: die nach dem Rennen in einen blauen Raum geführten Pferde beruhigten sich schnell, während diejenigen, die in einen rötlichen Raum kamen, länger erhitzt und unruhig blieben. Diese Phänomene bestätigen auch, dass die Farben die biologischen Vorgänge von Lebewesen über das vegetative Nervensystem beeinflussen.

Der Kalt-Warm-Kontrast gehört im engeren Sinne nicht zu den Harmoniekontrasten, weil die Temperaturempfindung nicht als eine ästhetische Empfindung gilt.

Ein Kalt-Warm-Kontrast entsteht dann, wenn im Falle einer Wechselbeziehung zwischen zwei Farben eine von ihnen eine kältere Wirkung auslöst als die andere. Die wärmste Buntfarbe liegt im Bereich zwischen Orange und Rot, die kälteste Buntfarbe zwischen Cyan und Violett. Diese stehen sich übrigens als Komplementärfarben gegenüber. Nach Goethe ruft der Kontrast wegen seiner psychologischen Wirkung zwischen den beiden Polen das Maximum an Polarität hervor.

Ein Unterschied der Temperaturempfindung tritt nicht nur zwischen den jeweiligen Polen, sondern auch zwischen benachbarten Farben des Farbenkreises auf: Die Farben reagieren entsprechend darauf, ob sie mit kälteren oder wärmeren Farben in Verbindung stehen.

Die Temperatur einer Farbe sollte man nicht mit dem physikalischen Begriff der Farbtempe-

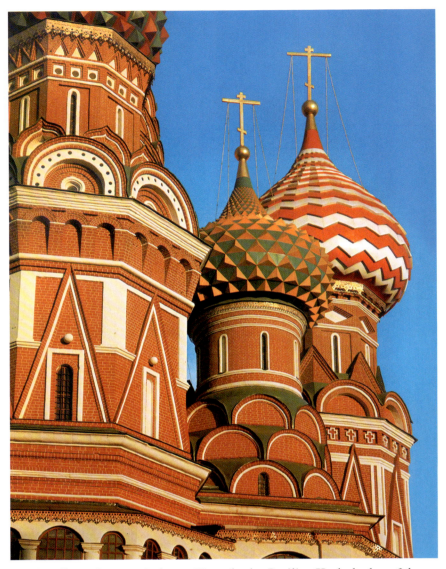

Die gelb- und orangefarbenen Kuppeln der Basilius-Kathedrale auf dem Roten Platz in Moskau grenzen sich nicht nur durch ihre Monumentalität, sondern auch durch ihre Wärme ausstrahlende Farbenfreudigkeit scharf von dem neutralen Blau des Himmels ab

ratur verwechseln. Die physikalische Farbtemperatur einer bestimmten Farbe gibt an, auf welche Temperatur ein schwarzer Körper erhitzt werden muss, um in der gegebenen Farbe zu glühen.

Fern liegende Objekte werden in der Natur – wegen der zwischen dem Betrachter und ihnen liegenden Luftschicht – immer in einer kälteren Farbe gesehen. (In der Malerei ist dieser Kontrast ein wichtiges Mittel, um eine perspektivische Wirkung zu erzielen. Die fernen Berge sind immer bläulich.) Also: Durch den Kalt-Warm-Kontrast entsteht auch Raumwirkung. Die warmen Farben treten nach vorne, während die kalten in den Hintergrund gedrängt werden.

Diejenigen, die mit der modernen Farbenlehre zu tun haben, behandeln die Einordnung der Farben nach Temperaturempfindung mit Skepsis. In den jeweiligen Farbfamilien lässt sich nämlich auch ein warmes Cyan und ein kaltes Magenta finden. Josef Albers akzeptierte die Behauptung nicht, dass die Kalt-Warm-

In der an der griechischen Meeresküste entstandenen Aufnahme herrschen das kalte Blau des Wassers und des Hemdes des im Boot stehenden Fischers und das silbrige Schillern der Fische vor

Wirkung auch mit der Distanzempfindung in Relation der längeren und kürzeren Wellenlängen gebracht werden kann. Nach ihm kann man zwischen den physikalischen und optischen Phänomenen keine Parallele ziehen.

Stimmung an der Küste einer Kykladeninsel. Obwohl die blaue wie auch die grüne Farbe zur Familie der kalten Farben gehören, erweckt das grüne Ufer im Vergleich mit dem rauen Blau des Meeres ein wärmeres Gefühl

DER BEZOLD-EFFEKT

Auch Josef Albers setzte sich mit dem Phänomen auseinander, dass bereits nach dem Meteorologen W. Bezold als „Bezold-Effekt" in die Fachliteratur einging. Bezold, der sich auch mit Farben beschäftigte und u. a. ein Buch *Farbenlehre: in Hinblick auf Kunst und Kunstgewerbe* (1874) veröffentlichte, versuchte Teppichentwürfe durch Veränderung von nur einer Farbe zu modifizieren.

Auf diese Weise kam er darauf, dass die gleichmäßige Verteilung einer einzigen Farbe die Wirkung aller anderen Farben beeinflussen kann.

Die Basis dieses Effekts ist, dass kalte Farben sich zu warmen verändern können, wenn sie durch warmfarbige Streifen oder Punkte unterbrochen werden. Die Postimpressionisten lös-

Demonstration des Bezold-Effekts am Beispiel zweier Ziegelsteinhäuser in Bottrop

Studie darüber, dass sich bei Veränderung einer einzigen Farbe der Charakter des Bildes verändert

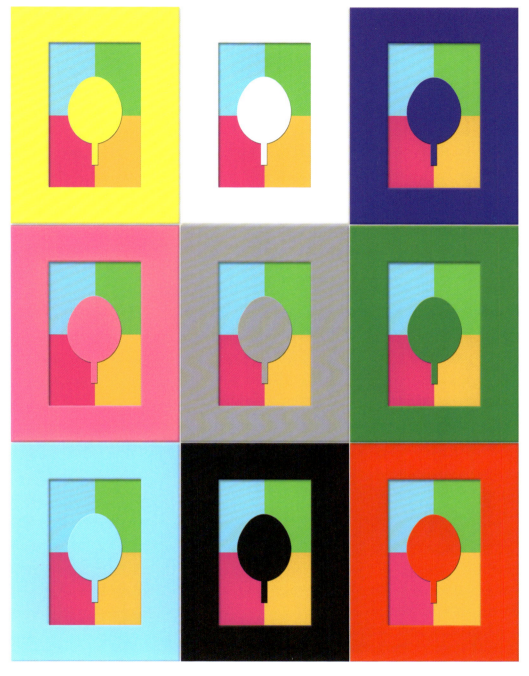

ten eine derartige Farbwirkung dadurch aus, indem sie reine Farben in kurzen, schmalen Pinselstrichen nebeneinander auftrugen. Wenn man zwischen den kalten grünen Farbstreifen gelbe Streifen mischt, zieht das Gelb das Grün auf die warme Seite herüber. Das gleiche Grün mit kalten blauen Streifen wird kalt erscheinen.

Ein Schüler von Albers hat dieses Phänomen bewiesen, indem er eine rote Ziegelwand weiß und schwarz verfugte. Der weiß verfugte Teil der Ziegel scheint viel heller zu sein als in Gesellschaft der schwarzen Farbe. Dieses Phänomen gelang dem Autor ausgerechnet in der Geburtsstadt von Albers, Bottrop im Bilde festzuhalten.

CHARAKTERISTISCHE EIGENHEITEN EINZELNER FARBEN

Nach Goethe zeigt sich die Farbe im Gegensatz zu der Neutralität des Lichts immer „spezifisch, charakteristisch und bedeutend". Sie strebt dabei im Allgemeinen danach, sich einen zu ihr passenden Gegenpart zu suchen. So stellte Goethe dem Gelb das Blau [Cyan] gegenüber und versah diese beiden Pole mit dem mathematischen Plus- und Minuszeichen, die für Aktivität bez. Passivität stehen (s. 4. Abt./695 ff.).

Plusseite	*Minusseite*
Gelb	Blau [Cyan]
Wirkung	Beraubung
Licht	Schatten
Helligkeit	Dunkelheit
Kraft	Schwäche
Wärme	Kälte
Nähe	Ferne
Abstoßen	Anziehung
Verwandtschaft mit Säuren	Verwandtschaft mit Alkalien

Diese Festlegungen gehören bereits dem Bereich der psychisch-gefühlsmäßigen Wirkung der Farben an. In der Nachfolge bediente man sich ihrer als einzig greifbaren Ausgangspunkt für zahlreiche Theorien und Ausarbeitungen in der Farbenlehre, wie zum Beispiel in Bezug auf die Raumwirkung der Farben oder bei Kontrastphänomenen (Kälte-Wärme- oder Helligkeits-Dunkelheitskontrast etc.).

Die Verknüpfung mit Säuren und Basen zeugt von Goethes weitreichenden naturwissenschaftlichen Kenntnissen: Der Lackmus färbt sich in säurehaltiger Lösung gelblich-orange und in basischer Lösung bläulich.

Rudolf Steiner schreibt in seinem Buch *Das Wesen der Farbe:* Nehmen wir das Gelbe. Nehmen wir die ganze innere Wesenheit des Gelben, wenn wir das Gelbe als Fläche auftragen mit Grenzen, das ist eigentlich etwas Widerliches, das kann man im Grunde genommen nicht ertragen, wenn man ein Kunstgefühl hat. Die Seele erträgt nicht eine gelbe Farbe, welche begrenzt ist. Da muss man das Gelbe da, wo Grenzen sind, schwächer gelblich machen, dann noch schwächer gelb, kurz, man muss ein sattes Gelb in der Mitte haben, und das muss gegen schwaches Gelb ausstrahlen.... Das Gelbe muss strahlen, das Gelbe muss durchaus in der Mitte gesättigt sein und strahlen, es muss sich verbreiten und im Verbreiten muss es weniger satt, muss es schwächer werden. Das ist, möchte ich sagen, das Geheimnis des Gelben. Und wenn man das Gelbe begrenzt, so ist das eigentlich so, wie wenn man über die Wesenheit des Gelben lachen wollte. Man sieht immer den Menschen drinnen, der das Gelbe begrenzt hat. Es spricht nicht das Gelbe, wenn es begrenzt ist, denn das Gelbe will nicht begrenzt sein, das Gelbe will nach irgendeiner Seite hin strahlen." (Steiner 2010, S. 24)

Dem gegenüber schiebt sich die blaue Farbe hinauf in höhere Sphären und strömt in sich selbst zurück:

„Man kann sich so eine blaue Fläche gleichmässig aufgetragen denken, aber das hat etwas, was uns aus dem Menschlichen hinausführt. Wenn Fra Angelico blaue Flächen gleichmässig aufträgt, so ruft er gewissermaßen ein Überirdisches in die irdische Sphäre herein. Das Blaue fordert durch seine innere Wesenheit das genaue Gegenteil vom Gelben. Es fordert..., dass es vom Rande nach innen strahlt. Es fordert, am Rande am gesättigsten und im Inneren am wenigsten gesättigt zu sein. Dann ist das Blaue in seinem ureigenen Elemente, wenn wir es am Rande gesättigter und im Inneren gesättigt machen. Dann offenbart es sich in seiner ureigenen Natur..." (Steiner 2010, S. 24–25)

Innerlicher Charakter der gelben Farbe nach Steiner

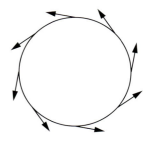

Exzentrische Bewegung der gelben Farbe nach Kandinsky

Innerlicher Charakter des Blaus [Cyan] nach Steiner

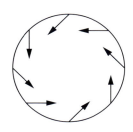

Konzentrische Bewegung der blauen Farbe [Cyan] nach Kandinsky

Schema zum Begriff der Steigerung nach Goethe

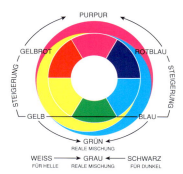

Kandinsky, der durch die Vermittlung Steiners zu den Lehren Goethes gelangte, hat sicherlich diesem Umstand zu verdanken, seine spirituelle Farbentheorie gestalten zu können und in ähnlicher Weise die innere Bewegung der beiden Farben und ihre psychische Wirkung aufzuzeichnen: In seiner Konzeption regt das Gelb mit warmer Stimmung zur exzentrischen Tätigkeit an. Dem gegenüber symbolisiert die kalte blaue Farbe mit einer sich konzentrisch nach innen drehenden Bewegung eine überirdische Versunkenheit.

Er komplettiert seine Feststellung damit, dass – bei horizontaler Betrachtung der beiden Farben – das Gelb sich als Körper in Richtung auf den Betrachter bewegt, während das Blau in entgegengesetzter Richtung eine geistige Distanzierung einnimmt.

Versucht man die beiden Farben zu vereinigen, vernichten sie sich gegenseitig durch ihre konträren Bewegungen und „es entsteht eine völlige Unbeweglichkeit und Ruhe. Es entsteht Grün." (Kandinsky 1912, S. 33)

Goethe schreibt zur Mischung der beiden Farben: „Wenn man diesen specificirten Gegensatz in sich mischt, so heben sich die beiden Eigenschaften nicht auf; sind sie aber auf den Punkt des Gleichgewichts gebracht, daß man keiner der beiden besonders erkennt, so erhält die Mischung wieder etwas Specifisches fürs Auge; sie erscheint als eine Einheit, bei der wir an die Zusammensetzung nicht denken. Diese Einheit nennen wir Grün (4. Abt./697).

Wie die Zusammenführung von Gelb und Blau das Grün hervorbringt, kann man über den Weg von Gelb zum Orange und Rot und auf der Gegenseite über Blau [Cyan] Violett zum höchsten Punkt, dem Purpur [Magenta] gelangen. Dies ist ein Vorgang, den Goethe die Verknüpfung der „gesteigerten Enden" nannte (s. 4. Abt./702), durch den der Farbenkreis in sich abgeschlossen wird.

Steiner erklärt: „Grün gestattet uns eigentlich immer durch seine eigene Wesenheit, dass wir es mit bestimmten Grenzen machen? Grün lässt sich gewissermaßen begrenzen. Das Rote bleibt, aber es wirkt durchaus als Fläche; es will weder strahlen noch inkrustieren, es will weder strahlen noch sich stauen, es bleibt; es bleibt in ruhiger Röte, es will sich nicht verflüchtigen, es behauptet sich." (Steiner 2010, S. 23, 26)

Nach der Theorie Kandinskys verkörpert das Kontrastpaar Weiß und Schwarz den Kontrast des Hellen und Dunklen. Beide Farben bewegen sich ebenfalls auf horizontaler Bahn in Richtung auf den Beobachter zu bzw. von ihm hinweg, aber nicht in dynamischer Weise, sondern erstarrt. So verkörpert das Weiße das große Schweigen, den ewigen Widerstand, aber es eröffnet trotzdem die Möglichkeit eines Werdens. Das Schwarz dagegen kennt keinen Widerstand und keine Möglichkeit, es verkörpert den Tod.

Aus der Vereinigung von Weiß und Schwarz resultiert das Grau, das nach Kandinsky „in moralischem Sinne dem Grün nahesteht". Die im Grün befindlichen „Eltern" können allerdings wieder aufleben, während die des Graus nicht über diese aktiven Kräfte verfügen.

Charakteristiken von Weiß: ewiger Widerstand und trotzdem eine Option (Geburt).

Charakteristiken von Schwarz: absolute Widerstandslosigkeit und ohne Option (Tod).

Die Bewegung dieser Farben ist wie Gelb und Blau ex- und konzentrisch, aber in erstarrter Form.

TOTALITÄT UND HARMONIE

Das Nebeneinander unterschiedlicher Farben wird im Betrachter Bewunderung, Freude oder auch Abneigung auslösen. Aus dem Zusammenwirken zweier oder mehrerer Farben kann ein Gefühl der Harmonie entstehen. Oft werden solche Farbzusammenstellungen für harmonisch gehalten, in denen sich zueinander nahe liegende Farben oder Tönungen gleicher Helligkeit von verschiedenen Farben befinden.

Farben können gleichzeitig auch ohne jegliche Verbindung zusammentreffen oder sich sogar „beißen". Zahlreiche Farbharmonien entstehen durch die Unterschiede der kombinierten Farben.

An anderer Stelle wurde festgehalten, dass das Auge – wenn es eine Farbe sieht – intuitiv eine andere Farbe bildet, die mit der ersten zusammen die Totalität des ganzen Farbenkreises in sich birgt. Diesen physiologischen Vorgang hat Goethe anschaulich niedergeschrieben: „Denn wenn wir uns von einer Farbe umgeben sehen, welche die Empfindung ihrer Eigenschaft in unserem Auge erregt und uns durch ihre Gegenwart nöthigt mit ihr in einem identischen Zustande zu verharren, so ist es eine gezwungene Lage, in welcher das Organ ungern verweilt." (6. Abt./804)

„Wenn das Auge die Farbe erblickt, so wird es gleich in Thätigkeit gesetzt, und es ist seiner Natur gemäß, auf der Stelle eine andere, so unbewusst als nothwendig, hervorzubringen, welche mit der gegebenen die Totalität des ganzen Farbenkreises enthält. Eine einzelne Farbe erregt in dem Auge, durch eine specifische Empfindung, das Streben nach Allgemeinheit." (6. Abt./805) „Um nun diese Totalität gewahr zu werden, um sich selbst zu befriedigen, sucht es neben jedem farbigen Raum einen farblosen, um die geforderte Farbe an demselben hervorzubringen." (6. Abt./806) „Hier liegt also das Grundgesetz aller Harmonie der Farben..." (6. Abt/807)

Goethe fand die Grundthese der Harmonie in der Verwirklichung des Komplementärgesetzes. Durch die gemeinsame Betrachtung der sich gegenseitig verlangenden Farben, die auf den jeweils gegenüberliegenden Polen zu finden sind, setzt sich unser Sehorgan „... selbst in Freiheit, indem es den Gegensatz des ihm aufgedrungenen Einzelnen und somit eine befriedigende Ganzheit hervorbringt." (6. Abt./812)

Nach Goethes Ansicht erweckt der Farbenkreis selbst auch schon ein angenehmes Gefühl, und unsere Vorfahren haben fälschlicherweise den Regenbogen als Beispiel für die Farbentotalität betrachtet, obwohl in ihm die wichtigste Farbe, das Magenta, fehlt.

Goethe leitete seine Theorie der Harmonie der Farben von der 1794 stammenden Farbentheorie von B. Thompson ab. Thompson stellte als erster fest, dass Farben dann harmonisch sind, wenn aus ihrer Mischung Weiß entstehen kann. (Das bezog er selbstverständlich auf die Spektralfarben und nicht auf die Malfarben. Die Mischung von komplementären Farbpigmenten ergibt Grau.) Thompson betrachtete die Harmonie als Gleichgewicht der psycho-physischen Kräfte: nämlich aus dem das Auge erreichenden Reiz und der daraus entstehenden Empfindung.

Nach Feststellung des Physiologen E. Hering schafft die mittelgraue Farbe im Auge einen vollkommenen Gleichgewichtszustand, der zwischen den Komplementärfarben einen Totalitätszustand hervorruft.

Schopenhauer vertrat die Meinung, dass die Harmonie der Farben vom Verhältnis ihres Helligkeitsgrads und der Flächengröße abhin-

Mit den Farben des gesamten Farbenkreises entstandene Harmonie

Farbharmonie durch „systematische" Farbreihen

gen, wie schon im Kapitel Quantitäts-Kontrast erklärt.

Itten stellte fest, dass hinsichtlich der Harmonie der Farben über die Wechselwirkung zweier oder mehrerer Farben die unterschiedlichsten subjektiven Meinungen entstehen können. Deshalb sollte man den Begriff der Farbharmonie „aus der subjektiv festgelegten gefühlsmäßigen Bindung" herausheben und in das Reich der objektiven Gesetzmäßigkeit verlegen. Nach ihm ist „die Harmonie das Gleichgewicht, die Symmetrie der Kräfte". Er schließt sich Herings Standpunkt an, indem er sagt, dass in unserem Sehorgan die Harmonie den psycho-physischen Zustand eines Gleichgewichts bedeutet. Das ist derjenige Zustand der Sehsubstanz, bei der die Dissimilierung (ihren Verbrauch beim Sehen) und die Assimilierung (ihre Neuentstehung) gleich groß sind. Die neutrale graue Farbe löst diesen Zustand aus. Danach sind zwei oder mehrere Farben dann harmonisch, wenn aus ihrer Mischung Grau entsteht. Solche Farbgruppen, bei denen kein Grau zustande kommt, besitzen einen expressiven oder disharmonischen Charakter. Zahlreiche Meisterwerke hätten solche expressive Wirkung und diese schade ihnen nicht, weil nicht jede Farbkomposition harmonisch sein müsse, behauptet Itten.

Man kann die Disharmonie durch Wiederholung der Farbgruppen auflösen. Bereits die Pioniere der Farbfotografie machten diese Erfahrung. „Ohne Bewegung, Rhythmus sind selbst Harmonien ohne Sprache. Rhythmus ist taktmäßige Wiederholung." (Windisch 1939, S. 69) Nach Windisch soll das farbliche Leitmotiv in der Komposition abklingen; mit anderen Worten: es muss sich innerhalb des Bildes, wenn auch in seiner Tönung etwas verändert, wiederholen.

Nach Liedl kann man eine disharmonische Farbenverbindung durch eine dritte Farbe zur Winkelharmonie und damit zu einer harmonischen Komposition umgestalten (s. Liedl 1994, S. 106–107).

Parallel zu der Erforschung der Farben begann man in mehreren Wissenschaftszweigen mit dem Studium der harmonischen Farben und dadurch entstanden zahlreiche Theorien zur Farbharmonie. Dabei stellte sich heraus, dass auch außerhalb der Künste das Aufeinanderwirken der Farben im Alltagsleben eine bedeutende Rolle spielt.

Unter den Kunstlehrenden des Bauhauses arbeiteten Kandinsky, Klee, Itten, Albers, Moholy-Nagy u. a. weiter an den Zusammenhängen der Oberflächengröße und der Helligkeitsharmonie nach Hölzel. Kandinsky ging noch über die Harmonie der Komplementärverbindungen hinaus, indem er feststellte, dass zwei in psycho-physischem Sinne nicht zusammengehörende Farbenkomplexe auch harmonisch sein können, weil sie zum Ausdruck verschiedener geistiger Inhalte geeignet sind.

Wilhelm Ostwald arbeitete die erste Harmonielehre aus, die das dreidimensionale Wesen der Farben (Helligkeit, Sättigung, Buntart) beachtet (1918, 1923). Seine Harmonielehre schloss sich seinem Farbsystem an. Ostwald formulierte seine Theorie folgendermaßen: „Diejenigen Farben wirken angenehm, unter denen ein gesetzmäßiger Zusammenhang oder irgendeine Ordnung besteht. Ohne Bezug wirken sie unangenehm oder indifferent. Die Farbgruppen von angenehmer Wirkung bezeichnen wir als harmonisch. Wir können also das Grundprinzip aufstellen: Harmonie = Ordnung. Harmonisch und zusammengehörig können nur solche Farben erscheinen, deren Eigenschaften in bestimmten einfachen Verbindungen stehen."

Ostwald ist somit von der Harmonie der Ähnlichkeit ausgegangen. Er teilte die Farben in zwei Hauptgruppen auf: in die Farbenkreise von gleicher Wertigkeit (gleicher Helligkeit oder Dunkelheit) und die Dreiecke von gleicher

Harmonie an der Frontfassade der Großen Markthalle in Budapest durch Gleichartigkeit der Farben

schen Zustand, den Intellekt und das ästhetische Werturteil der wahrnehmenden Person beeinflusst wird.

Zusammenfassend unterscheidet man zwei Typen der harmonisch wirkenden Farbkombinationen:
– solche, deren Harmonie aus der Ähnlichkeit der Farben, die kombiniert wurden, entspringt und
– solche Farbkombinationen, deren harmonische Wirkung auf die Unterschiedlichkeit der an der Kombination teilnehmenden Farben zurückzuführen ist.

Zur Hervorhebung harmonischer Farbkombinationen lassen sich folgende Praktiken anwenden: Das Zurückdrängen des Hell-Dunkel-Kontrasts (durch Verwendung von nur hellen Farben) – die Ton-in-Ton-Farbkombination – oder die Reduzierung des Kontrasts auf nur unbunte Farben.

Buntart (entstanden aus einer einzigen Farbe unter Beimischung von Weiß oder Schwarz). Den Kritikern nach ist sein harmonisches System übertrieben mechanisch, weil er in der Wahrnehmung der Farben die Rolle des simultanen und sukzessiven Kontrasts nicht beachtet.

Die Messung der quantitativen Verhältnisse – die farbmetrische Beobachtung – hat im Studium der Harmonielehre ein neues Kapitel aufgeschlagen.

Neuere Forschungen verweisen auf die Unvollständigkeit der bisherigen Theorien zur Farbharmonie hin. Es wurde offensichtlich, dass das Harmonieempfinden durch die Reinheit, Helligkeit, Masse der Farben, durch Faktoren der Umgebung (Beleuchtung, räumliche Anordnung etc.) und auch durch den psychi-

Harmonie an der Dachkonstruktion der Großen Markthalle in Budapest durch Gegensätzlichkeit der Farben

Harmonie der Farbverbindungen an der Großen Markthalle in Budapest

Weiter ist interessant, dass nicht nur die Winkelharmonien (mehr als die Hälfte der Farben im Farbenkreis) harmonische Farberlebnisse entstehen lassen. Auch die nebeneinander vorkommenden und aufeinander einwirkenden Farben können eine Harmonie erwecken. R. Liedl nennt sie systematische Farbreihen: Die aneinandergebauten Farben wirken durch ihre Ähnlichkeit harmonisch.

Es ist sehr wichtig, dass bei einer Winkelharmonie die beteiligten Farben eine abgeschlossene Einheit bilden, die nach außen neutral wirkt. Dies bedeutet – in die Praxis umgesetzt –, dass ein in dieser Farbharmonie gehaltenes Bild nicht in Wechselwirkung mit der umgebenden Wand, den Vorhängen etc. tritt. Bilden die Farbverbindungen keine Winkelharmonie, dann sucht das Auge solche Farben, die diese Farbzusammenstellung ergänzen. Diese Spannung kann eine ästhetisch sehr interessante und effektvolle Wirkung hervorrufen, die aber subjektiv sehr unterschiedlich sein kann und von zahlreichen begleitenden Faktoren und auch von persönlichen Assoziationen abhängt.

Die Farbharmonie hat Grenzen: Die symbolischen Werte der Farben sind oft größer als die bei den Farbverbindungen entstehenden ästhetischen Werte. Ein Rotweinfleck auf grüner Tischdecke wird in uns nicht das Gefühl der Harmonie auslösen, dieses Vorkommnis widerspricht den ästhetischen Regeln.

Die Gesetzmäßigkeiten der Farbharmonie lassen sich nicht von sonstigen psychologischen Gesetzmäßigkeiten der Farbwahrnehmung trennen. Man kann nicht die Vorrangigkeit irgendeiner Farbharmonie erklären. Die Künstler, Designer oder Architekten müssen die Zielgruppe kennen, für die sie Farbkombinationen anfertigen. Deshalb ist es in der Mode- und Designerbranche üblich, die vom Künstler erträumte Farbenwelt vor ihrer Verwirklichung an einer Versuchsgruppe zu testen.

Zum Schluss sei die dichterische These von Kandinsky zitiert: „Die Harmonie der Farben kann nur auf dem Ziel beruhen, die menschliche Seele zu berühren. Diesen Grund nennt man das Prinzip der inneren Notwendigkeit."

Die Raumwirkung der Farben

Gemälde und Fotos sind zweidimensional. Eine dreidimensionale Wirkung lässt sich jedoch mit den Mitteln der Linienperspektive, der Überdeckung oder auch Verkürzungen von Gegenständen etc. erreichen. Wegen der Relativität der Farbwirkungen können die nebeneinander vorkommenden und aufeinander wirkenden Farben ebenfalls eine Raumillusion, abhängig von ihrem Sättigungsgrad und ihrer kalt-warmen Wirkung, erwecken. Die Tiefenwirkung steckt in den Farben selbst, aber die zustande gekommene Raumwirkung lässt sich nicht von der Bezugsfarbe trennen.

Zwar konnte der hl. THOMAS VON AQUIN (1224/25–1274) daran noch nicht denken, aber auch ihm fiel bereits auf, dass der Purpur auf schwarzem und weißem Grund eine unterschiedliche Wirkung zeigt, und das Gold auf blauem Grund wirkungsvoller ist als auf weißem.

Prüft man Grundfarben auf ihre Tiefenwirkung auf schwarzem und weißem Hintergrund, kommt man zu folgenden Ergebnissen: Auf weißem Grund zieht sich das verwandte Gelb zurück und das dunkelste Violett springt hervor und sondert sich vom Hintergrund ab. Der schwarze Hintergrund hält das verwandte Violett zurück und stößt das Helle, die gelbe Farbe, sozusagen aus sich heraus.

Itten kam schon 1915 zu der Schlussfolgerung, dass die Tiefenabstufungen der auf schwarzem Grund platzierten 6 Grundfarben den Verhältnissen des „goldenen Schnitts" entsprechen. Der goldene Schnitt: Auf einer vorgegebenen Strecke verhält sich die kleinere Strecke *(minor)* zu der größeren Strecke *(maior)* so, wie die größere Strecke zu der gesamten Strecke.

Wenn man sich in der Natur umschaut, kann man die Erfahrung machen, dass die einzelnen Kontrastwirkungen (Hell-dunkel-Kontrast, Kontrast von Bunt- und Unbuntfarben, Quantitätskontrast etc.) im Vordergrund besser als im Hintergrund zur Geltung kommen. Im Hintergrund mildern sie sich soweit ab, bis in der Ferne nur noch grauer Dunst zu sehen ist und die Wirkung der kalten Farben sich hier schon wahrnehmen lässt. In der Landschaftsmalerei nennt man die Wiedergabe dieser Wirkung die Methode der Luftperspektive, wie bereits Leonardo feststellte. In seinem Buch über die Malerei hat er den Vorgang der Tiefenwirkung schon anschaulich ausgeführt, der durch Farben unterschiedlicher Helligkeit und Sättigung wahrnehmbar gemacht werden kann: „Kommt die gleiche Farbe in verschiedenerlei Abständen, aber immer in der gleichen Lufthöhe vor, so wird das Abstufungsverhältnis ihrer Aufhellung mit dem Verhältnis der

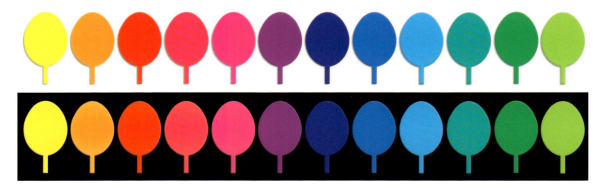

Raumwirkung der Farben auf weißem und schwarzem Hintergrund

Auf ihren Auftritt wartende junge Leute im Apollo-Theater, New York

Entfernungsgrade vom Auge, das sie sieht, gleich sein..." (Bd. 2, Nr. 199) Zur Behandlung der gesättigten Farben macht er folgenden Vorschlag: „Die vorderen Farben seien einfache, (nicht mit weiß gemischte), und die Stufenleiter ihrer Abnahme muss mit der Gradfolge ihrer Entfernungen in Übereinstimmung gebracht werden; d. h. in dem Maße, als die Größen der Dinge sich dem Augenpunkt nähern, werden sie mehr der Natur des Punktes teilhaftig, und je näher sie nach dem Horizont rücken, desto mehr nehmen die Farben von der Farbe desselben an." (Bd. 2, Nr. 241)

Auch die Größe der Farbflächen spielt in der Tiefenwirkung eine Rolle. Auf einer großflächigen roten Farbe dringt beispielsweise ein gelber Fleck von kleinem Durchmesser in den Vordergrund und das Rot wird in den Hintergrund verdrängt. Wenn man das Verhältnis ändert, ändert sich auch die Wirkung entsprechend. Das Gelb wird den Hintergrund für das betonte Rot geben.

Eine Raumwirkung kommt auch zwischen den gesättigten und gebrochenen Farben (mit Schwarz oder Weiß gemischt) zustande. Bei Farben mit gleicher Helligkeit drängen sich die warmen Farben nach vorne und die kalten bleiben im Hintergrund. Goethe wurde auch auf die räumliche Wirkung der einzelnen Farben aufmerksam. „Wie wir den hohen Himmel, die fernen Berge blau sehen, so scheint eine blaue Fläche auch vor uns zurückzuweichen." (6. Abt./780)

Raumwirkung der Farben auf farbigem Grund

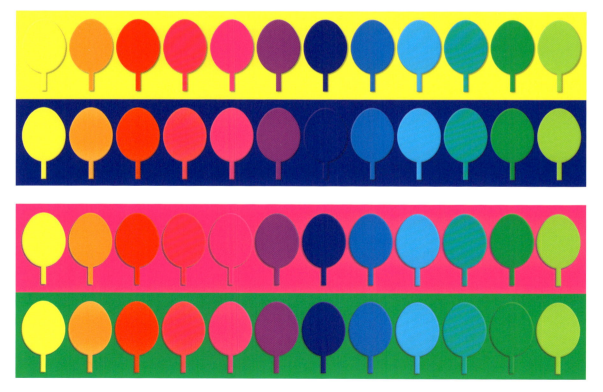

Die Raumwirkung in der Portraitmalerei lässt sich verfeinern, indem man die Vorderpartie des Gesichts in warmen und die sich weiter hinten befindlichen in kalten Tönen erscheinen lässt.

Aufgrund der experimentellen Erfahrungen von Josef Albers hat der Autor eine Reihenfolge von Eiern kreiert, die das Verhalten innerhalb einer identischen Farbfamilie bei Anwendung unterschiedlicher Farb- und Helligkeitswerte verdeutlicht. Die in gleichem Maße beleuchteten Eier verschmelzen – abhängig von der Helligkeit des Hintergrunds – mit diesem oder heben sich von ihm ab, indem sie eine faktische Raumwirkung in unseren Augen hervorrufen, während vor einem mit dem Ei gleich getönten Hintergrund sich das Ei auflöst, „abstrahiert" wird. Damit lässt sich die These beweisen, dass jeder Hintergrund seinen eigenen Farbwert aus denjenigen Farben verschluckt, die er selbst trägt und dadurch Einfluss ausübt (s. S. 47).

Die Beachtung der Raumwirkung der Farben ist bei der baulichen Ausgestaltung von Räumen besonders zu beachten.

A. Nemcsics hat fast sein ganzes Lebenswerk darauf ausgerichtet, sich mit der Rolle der Farben im baulichen Bereich zu beschäftigen. Bei vertikalen Flächen in Außenräumen wird durch warme Farben das Entfernungsempfinden reduziert und durch kalte Farben vergrößert. Bei warmen Farben spielt dabei auch noch die tatsächliche Entfernung eine Rolle, während dieser Umstand bei kalten Farben vernachlässigt werden kann. Bei Innenräumen wird durch die Farben der Seitenwände die Raumwirkung beeinflusst.

Blaue und grüne Farbnuancen an der Decke vergrößern eher den Raum, als bei Fußböden in dieser Farbe. Bei niedrigen Räumen sollte man gesättigte Farben zweckmäßigerweise für die Decke als für den Fußboden benutzen.

Zusammenfassend lässt sich feststellen, dass der Sättigungs- und Helligkeitsgrad der Farben sogar wider die topologischen Gegebenheiten der bebauten Umgebung wirken können.

Rundbastei „Barbakán" (15. Jh.) der einstigen Stadtmauer in Pécs (Südungarn): die vom Sonnenlicht erhellten Gemäuer kommen dem Betrachter sozusagen entgegen

Einsamer Baum vor dem tiefen Blau des Toten Meeres

Farbdynamik

Die Wissenschaft der Farbdynamik versucht den Weg zur bewussten Anwendung der Farben in der natürlichen und der von Menschen künstlich erschaffenen Umwelt zu weisen, indem sie die Wechselwirkungen zwischen Farbe, Mensch und Lebensraum untersucht.

Die psychosomatische Wirkung der Farben beeinflusst das Allgemeinbefinden, die Arbeitsfreude und Leistungsfähigkeit des Menschen durch Erwecken von Farbenfreude oder erreicht gerade das Gegenteil. Die farbdynamischen Prüfungen und Untersuchungen erstrecken sich u. a. auf Krankenhäuser, Arbeitsplätze, Schulen und auch auf das Verkehrswesen. Die Wichtigkeit dieser Thematik wird durch Fachliteratur zahlreicher bekannter Wissenschaftler belegt.

Die psychophysische Wirkung der Farben kann nicht nur in der Natur, sondern auch in dem vom Menschen errichteten Umfeld zur Geltung kommen. Der französische Maler FERNAND LÉGER (1881–1955) schrieb darüber: „Die Farbe ist wie das Wasser und das Feuer von Lebenswichtigkeit. Sie ist ein unverzichtbares Rohmaterial des Lebens, das der Mensch in jedem Abschnitt seines Daseins und seiner Geschichte zu seinen Freuden, Taten und Ergötzungen in sich aufnimmt."

Lombard Street in San Francisco: die gut ausgewählten Farben verleihen den Häusern und der Straße eine einheitliche Stimmung

Renovierte Gebäude auf dem Hauptplatz in Pápa (Ungarn). Die einfache Gestaltung der kleinflächigen Fassaden betont die architektonischen Elemente

Nach Meinung der Forscher registriert das Auge fast 80% der Eindrücke unserer Sinnesorgane. Neben der physischen kann die geistige Ermüdung eine sehr große Rolle spielen, die unter anderen Faktoren auch durch schlechte Beleuchtung oder die Wirkung von nicht adäquaten Farben hervorgerufen wird.

Paul Klee hatte sich vorgestellt, die Innenräume der Bauhausgebäude in verschiedenen Farbtönungen der Farben des Komplementär-Kontrasts zu gestalten, ähnlich zu den Komplementärfarben der Zimmer des Goethehauses in Weimar.

Auch L. Moholy-Nagy beschäftigte sich mit der Rolle der Farben in Gebäuden. In seinem als Band 8 der Bauhausbücher 1925 erschienenen Werk *Malerei, Fotografie, Film* legte er fest, dass der Architekt mithilfe der Farben für die zukünftigen Bewohner eine heimische Atmosphäre schaffen sollte, also die Farben gleichwertige Determinanten bei der Raumbildung sein können. Seiner Meinung nach setzen einfarbige Wände wegen ihrer Homogenität harte Akzente. „Wenn aber die Wände mit

Ein erneuertes Gebäude in der Siedlung Bournville (England) aus dem 14. Jahrhundert. Die regelmäßig gestalteten Flächen strahlen Ruhe aus

Harmonie der verschiedenen Bauelemente am Bridge-Cottage-Gebäude in Port Sunlight, England

unterschiedlichen, aufeinander abgestimmten Farben ausgestaltet werden, dann wirken nur die Farbbeziehungen. Es entsteht ein solcher Zusammenklang, der die einzelnen Farben in ihrer Funktion als einen selbständigen Akzentträger zu Gunsten einer Wirkung verdrängt, in der nur die Farbrelationen eine Bedeutung haben. So strahlt der Gesamtraum eine sublimierte Atmosphäre eigenen Charakters aus und dies kann wohnlich, feierlich, auflockernd oder zentralisierend etc. sein."

Auf die Raumwirkung der Farben im Rahmen der Außenbauten wurde an anderer Stelle bereits auf Arbeiten von A. Nemcsics verwiesen. Seine mit der Farbdynamik zusammenhängenden vergleichenden Untersuchungen und Erfahrungen weisen auf die Wichtigkeit hin, sich mit diesen Fragen beschäftigen zu müssen.

Er stellte fest, dass den Farben bei der stimmungsgerechten Ausgestaltung der Straßenzüge und Stadtbilder eine bedeutende Rolle zukommt. Sie können z. B. das Gefühl der Massenhaftigkeit der Gebäude modifizieren. Durch eine gute Auswahl der Farben für Fens-

Die Pilgerkirche in Ronchamp (Frankreich) von Le Corbusier. Der Innenraum lädt durch die diskrete Spiegelung der rhythmisch angeordneten Fenster mit ihren unterschiedlichen Formen und Farben auf besondere Weise zur Andacht ein

Die Farbgebung des Treppenhauses im Neuen Rathaus von Budapest hebt den besonderen Charakter der gusseisernen Konstruktion hervor

Die beiden Türme des Gebäudes werden durch Sägearbeiten an der Fensterfront wirkungsvoll betont. Budapest, Wekerle-Siedlung

Die besonders betonte Oberflächenstruktur am Robie House in Chicago, das von Frank Lloyd Wright entworfen wurde

terrahmen, Sockel, Gesimse und Dachrinnen können eintönige Gebäude Akzente erhalten, die durch die Wahl verwandter oder komplementärer Farben zu erreichen sind. Auch das Material der die Farben tragenden Flächen und Strukturen, die den Untergrund der Farben liefern, erfüllen einen ästhetischen Zweck: Holz löst eine warme, Stein eine kalte Farbwirkung aus.

In der Praxis wird diese Feststellung manchmal falsch gedeutet, denn die Farben sollten in erster Linie die grundlegende Architektur betonen; bei historischen Gebäuden muss insbesondere auf die gleichartige Gestaltung der zusammengehörenden Bauelemente geachtet werden.

Eine reich gegliederte Architektur bedarf nur kleinerer Farbkontraste, während die glatten Flächen größere Farbunterschiede vertragen.

Die Farben längerer Wellenlängen strahlen Dynamik aus, und es entsteht ebenfalls ein dynamisches Kraftfeld durch solche Farbkombinationen, bei denen die Farben unterschiedlicher Sättigung und Helligkeit nebeneinander stehen (Nemcsics 2004, S. 310–314).

Obwohl die Resultate der in unterschiedlichen Ländern und Gebieten durchgeführten Untersuchungen nicht völlig übereinstimmen, zeichnen sich gewisse einheitliche Tendenzen bezüglich der idealen Gestaltung von Arbeitsplätzen nach farbdynamischen Gesichtspunkten ab.

Ein großer Helligkeitsunterschied zwischen den inneren Gebäudewänden und den Arbeitsmaschinen erweist sich als ungünstig: man bedenke nur, welche Umstellung unser Auge zur Angleichung von Helle und Dunkelheit (oder umgekehrt) benötigt. Man darf auch nicht außer Acht lassen, welche Stimmung die Wände des Arbeitsplatzes, die bedienten Maschinen und die zu bearbeitenden Werkstücke hervorrufen: Strahlen sie Eintönigkeit, Langeweile aus, oder

Tischlerei in Bottrop: harmonische und menschenorientierte Farben

erzwingen sie gerade eine angespannte Aufmerksamkeit. Außerdem haben Geschlecht und Alter der Arbeitenden einen nicht zu vernachlässigenden Stellenwert.

Ein mit hellen und angenehmen Farben angestrichener Raum wirkt anregend, während dunkle Farben die Arbeitslust vermindern. In kühlen, nach Norden liegenden Räumen vertreten warme Farben die Wirkung des Sonnenlichts. Die hellblaue Farbe erweckt ein Gefühl von Kälte und suggeriert Entfernung, das Grün beruhigt und das Orange wirkt belebend: Tönungen von Blau und Grün spornen geistige, das Orange und seine Tönungen eher physische Tätigkeiten an.

Man darf bei der Arbeitsplatzgestaltung nicht vernachlässigen, dass der Wärmeempfindung durch Farben eine abändernde Rolle zufällt. Trockene und warme Räume sollten ratsamer Weise mit kalten Farben wie Blau und Grün und möglichst mit ungesättigten Tönungen gestaltet werden. Schrille Geräusche werden durch Grün und Blau gemildert, dumpfe Geräusche dagegen durch ein Gelbgrün.

Neben guter Beleuchtung mit entsprechender Licht- und Schattenaufteilung sind die Farbkontraste zu beachten: Das Arbeitsgerät sollte nie die gleiche Farbe des zu bearbeitenden Materials haben. Untersuchungen bestätigten, dass die Wahrnehmung eines grauen Fadens auf einer grauen Fläche eine 1500-fach stärkere Beleuchtung erforderte, als auf einem hellgelben Untergrund! Die den zu bearbeitenden Gegenstand umgebende Fläche hat also die Komplementärfarbe zu tragen, und gefährliche Maschinenteile müssen zweckmäßiger Weise mit Rot gekennzeichnet sein.

Bei Arbeitsplätzen kann die Wechselwirkung zwischen den in unmittelbarer Nähe der Tätigen häufig oder ständig auftretenden Farben und denen ihres Umfelds unvorhersehbare Phänomene verursachen: Das vom Anblick einfarbiger Arbeitsstücke ermüdete Auge kann auf einer hellen Wand des Arbeitsraums die Komplementärfarbe zur entsprechenden Farbe erscheinen lassen. Bei häufiger Wiederholung führt dies eventuell zu Unwohlsein oder zu einem negativen Einfluss auf das Nervensystem. Dieses Phänomen lässt sich durch Streichen der Wände in einem Farbton der Komplementärfarbe ausblenden.

Neben der Beachtung der physischen Wirkung der Farben (Lichtreflektion und -absorption) lässt sich also mit Farbe die psychologische Stimmung beeinflussen, die Arbeitslust anheben und mit einem richtig beleuchteten Umfeld eine Ermüdung vermindern.

FARBPRÄFERENZEN
DIE SUBJEKTIVE BEURTEILUNG DER FARBEN

Man weiß von sich selbst, dass man abhängig von Haut- und Haarfarbe bei seiner Kleidung und in seiner Umgebung unterschiedliche Farben bevorzugt und diese Charakteristika sogar bei der Partnerwahl eine Rolle spielen können.

Mit unseren gewählten Farben sprechen wir unsere Mitmenschen an und versuchen, sie durch diese Betonung unseres Charakters und unseres Äußeren in eine positive Richtung zu beeinflussen.

Auch Goethe wies in seiner *Farbenlehre* auf diesen Fragenkreis hin. Er bemerkte, dass die Kleidung mit dem Charakter, der Gesichtsfarbe, dem Lebensalter und dem gesellschaftlichen Rang des jeweiligen Individuums zusammenhängt. Junge Frauen bevorzugen im Allgemeinen Rosa und Meeresgrün, während die älteren Veilchenblau und Dunkelgrün den Vorzug geben. Blonde Frauen fühlen sich üblicherweise zu Veilchenblau und Hellgelb und die Brünetten zu Blau und Gelbrot hingezogen.

Interessant ist auch die Bemerkung Goethes über die gebildeten Menschen seiner Zeit, die den Farben abgeneigt waren. Die Männer trugen Schwarz und die Frauen Weiß. Dies erklärte der Dichter einerseits mit einer Schwäche der Augen und andererseits mit einer Unsicherheit ihres Geschmacks.

Weiter bemerkte er, dass die Natur- und ungebildeten Völker sowie die Kinder sich zu den gesättigten Farben hingezogen fühlen, besonders zum Rot und dessen verwandten Tönungen. Die südeuropäischen Völker bevorzugen lebendige Farben, was nach Goethe in Zusammenhang mit dem reichen Kolorit ihrer Landschaft steht. Die lebenslustigen Völker wie zum Beispiel die Franzosen, tragen gesättigte Farben der aktiven Seite, die sich mehr zurücknehmenden Völker wie die Engländer und Deutschen ergänzen dunklere Farben mit Gelb und dessen Tönungen. Seines Erachtens kombinieren die nach Würde strebenden Völker wie die Italiener und Spanier die rötlichen Farben mit passiven Farben (s. 6. Abt./833–846).

In der Volkskunst kann man auch oft eine Bindung der einfachen Menschen zu den Farben der Natur und deren Stimmungen entdecken. Goethe weist allerdings auch darauf hin, dass in den Volkstrachten nicht immer höherwertige Gesichtspunkte ausschlaggebend sind: Bei der von einer Volksgruppe bevorzugten Tracht hätte eventuell der Einfluss einer in der Nähe gelegenen Tuchfabrik oder Färberei eine Rolle spielen können (s. 6. Abt./837).

Farbpräferenzen konnten selbst durch historische Ereignisse beeinflusst werden. Laut Verfügung des Papstes **INNOZENZ IV.** (1243–1254) hatten die Kardinäle Purpurmäntel und Purpurhüte zu tragen. Nachdem jedoch der byzantinische Purpurhandel infolge der türkischen Eroberung zusammenbrach, musste

Die Hochzeitstracht der in Südungarn lebenden Ungarndeutschen

Papst PAUL II. (1464–1471) 1464 das Tragen von Scharlachrot gestatten (s. Gage 2009, S. 131).

Itten beschäftigte sich eingehend mit den sogenannten subjektiven Farben, die ein Bild über den Charakter, die Gefühlswelt und die Denkweise eines Menschen geben. Im Laufe der mit seinen Schülern durchgeführten Untersuchungen überzeugte er sich davon, wie weit die durch unterschiedliche Haut- und Haarfarbe zu charakterisierenden Jugendlichen über eigene Farbpräferenzen verfügten und sogar noch die Anordnung der Farben auf deren Denkweise und Gefühle verwies. Seine pädagogische Stärke zeigte sich darin, dass er bei seiner fachlichen Erziehung neben der Erkennung und Ausschöpfung der individuellen Begabung aber auch verlangte, objektiven Gesetzmäßigkeiten bei der kreativen Handhabung der Farben zu folgen.

So sehr jeder Person eine subjektive Farbenwelt zu Eigen ist, sollte sie ihre geschmacklichen Meinungen oder Beurteilungen anderer nicht aufzwingen, besonders dann nicht, wenn sie sich berufsmäßig mit Farben beschäftigen.

Neben diesen Betrachtungen darf nicht vernachlässigt werden, dass beim Farbengeschmack die Zugehörigkeit zu einem bestimmten Kulturkreis, die Religion, die Erziehung, das soziale Umfeld, Traditionen, die kulturellen Konventionen, politische Symbole, die Gewohnheiten, das Geschlecht und das Alter, die physischen und psychischen Fakten, sogar geographische Gegebenheiten eine wichtige Rolle spielen!

Eckart Heimendahl erwähnt in seinem Buch *Licht und Farbe* eine Mitte der 50er Jahre in Deutschland erhobene Beurteilung des Beliebtheitsgrads der Farben, der wie folgt abgestuft war: Blau – Rot – Grün – Gelb – Orange – Violett – Schwarz – Weiß – Grau. Unter den Befragten hatten sich mehr als 20% für Blau 17,6% für Rot, 16,4% für Grün, 12,6% für Gelb ausgesprochen, während der Beliebtheitswert von Schwarz bei 6% und von Weiß nur bei 2% lag und Grau lediglich 1% erhielt. Von Männern wurde Rot, von Frauen Blau an die erste Stelle gesetzt. Bei einer ähnlichen in Amerika durchgeführten Umfrage standen bei den Indianern Rot, Grün, Blau, Violett, Orange, Gelb vorne an, bei den Dunkelhäutigen Blau, Rot, Grün, während die weiteren Farben identisch mit denen der Indianer waren.

Die Forscher halten es für beachtenswert, dass in Europa das Gelb an 4. und das Violett an 6. Stelle steht, während in Amerika ihre

Bunte Tänzer auf einem Tanzfestival in Nizza

Alte Hochzeitskleidung der aus dem Jemen nach Israel übersiedelten Juden

Ungarische Tracht in leuchtenden Farben

Reihenfolge umgekehrt ist, und diese beiden Farben beinahe Komplementärfarben zueinander sind. Im gleichen Buch publizierte Heimendahl eine interessante Zusammenstellung über die Farben der einzelnen Nationalflaggen. Von 96 Nationen dominierte bei 72 das Rot [Orange], bei 50 das Blau [Cyan], bei 21 das Grün und bei 20 das Gelb.

Die Präferenz und Anwendung von Farben wird neben den aufgezählten Gründen auch durch den gesellschaftlichen Hintergrund motiviert.

Hans Peter Thurn beschäftigt sich in seinem Werk: *Farbwirkungen – Soziologie der Farben* mit der Verwendung der Farben im Nachkriegsdeutschland. „Das Trauma der nicht nur politischen, sondern auch zivilisatorischen Niederlage zeigte eine weit verbreitete koloristische Tristesse." schreibt er.

Weiter erklärt er, dass die Farbenwelt der Büros, Geschäfte, Wohnungen und Gebrauchsgegenstände von einer ausgeblichenen Eintönigkeit bestimmt wurden. Die Designer wählten für geometrische Formen schlichte, natürliche Materialien und diskrete, gedeckte Farben aus, oder benutzten nur Schwarz und Weiß. In der Fachliteratur wurde die von der Firma Braun 1956 auf den Markt gebrachte Musiktruhe nur mit „Schneewittchensarg" bezeichnet. Das Gehäuse des Geräts bestand aus einem mit Holz kombinierten Weißblechkorpus und der Deckel war aus Kunststoff.

Die westdeutsche Wohlstandsgesellschaft öffnete die allgemeine Stimmung mit Beginn der 60er Jahre für die Farbenwelt, was sich beginnend von den Zeitschriften über Gebrauchsgegenstände bis hin zur Mode und Wohnungseinrichtungen auswirkte.

H. P. Thurn veröffentlicht in seinem Band auch Statistiken über Autofarben. In den neunziger Jahren des 20. Jahrhunderts überstieg die Anzahl der roten Autos die der blauen, grünen,

gelben Wagen. 70% der auf den Straßen verkehrenden Fahrzeuge waren farbig. Schwarze Autos wurden nur von Diplomaten, Direktoren und Bestattungsunternehmen genutzt. Die Autokäufer, besonders die jüngere Generation bevorzugte die farbigen Autos, so wählten z. B. 40% der Damen die Autofarbe Rot.

Diese Tendenz änderte sich mit der Wende zum 21. Jahrhundert wegen der bekannten Veränderungen wie der wachsenden Arbeitslosigkeit, der materiellen Unsicherheit und der Verschlechterung der allgemeinen Stimmung. Sowohl Frauen als auch Männer begannen die auffällig farbigen Fahrzeuge zu meiden und bevorzugten zunehmend die neutralen Farben, wobei Farbunterschiede nur in feinen Nuancen vorkamen (s. Thurn 2007, S. 32–33).

Ähnliches kann man gegenwärtig im Angebot von Gebrauchsgegenständen und Arbeitsgeräten betrachten: Diese findet man wieder in Grau, Silbergrau und Weiß sowie bei Metallverkleidung.

Es scheint, dass die junge Generation, die in ihrem Beruf oft mehr als ihre Vorgänger leisten muss, in ihrem Privatleben den sogenannten Minimalstil annimmt, der in gewissem Maße eine uniformierte Lebensauffassung verkörpert.

Die temperamentenrose

Aus den Aufzeichnungen Goethes lässt sich entnehmen, dass er sich bereits in den Jahren 1798–99 gemeinsam mit seinem Freund FRIEDRICH VON SCHILLER (1759–1805) damit beschäftigte, ein Schema zur Darstellung der menschlichen Temperamente in Verbindung eines Farbenkreises zu finden.

Dabei ist interessant, dass die Festlegung der Plus- und Minusseiten verglichen mit seinem endgültigen Farbenkreis 1810 hier seitenverkehrt erscheint.

Es ergeben sich zum Beispiel folgende Paarungen: Unter „Cholerisches" befinden sich Tyrannen, Herrscher und Abenteurer, ihnen entgegen steht „Phlegmatisches", wie Lehrern, Geschichtsschreibern und Rednern; unter „Sanguinisches" werden Bonvivants, Liebhaber und Poeten genannt, dem gegenüber „Melancholisches" mit Philosophen, Pedanten und Herrschern bestückt. Die aktivsten sind die Helden, die passivsten die Geschichtsschreiber. Eine weitere interessante Paarung sind die Bonvivants und Philosophen.

Die Vereinigung der gesteigerten Pole – laut Goethe – der Purpur, verkörpert die Herrscher.

Farbenkreis des menschlichen Seelenlebens

Kurz vor der Erscheinung der *Farbenlehre* kreierte Goethe Ende 1809 einen weiteren Farbenkreis, in dem er den Farben – ebenfalls noch seitenverkehrt – Erscheinungsformen des menschlichen Seelenlebens zuordnete.

Im äußeren Kreis stehen Vernunft, Verstand, Sinnlichkeit und Fantasie, die jeweils durch zwei Farben repräsentiert werden.

Auf Vernunft und Verstand fallen vorwiegend warme Farben, während Sinnlichkeit total und Fantasie teilweise mit den kalten Farben identifiziert werden.

Da im inneren Kreis sechs Merkmale platziert wurden, sind beispielsweise schön und edel mit der Vernunft und unnötig und schön mit der Fantasie verbunden.

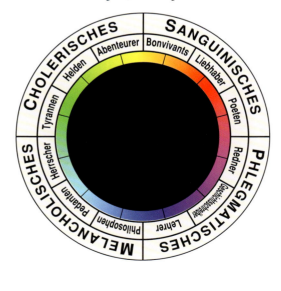

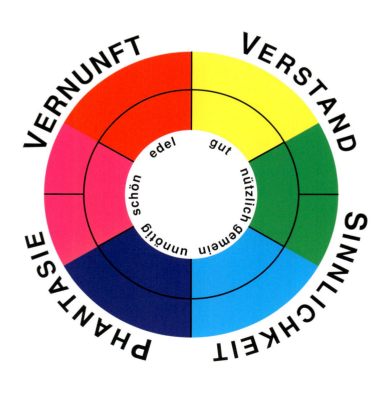

FARBENDREIECK

Josef Albers stellte das Farbensehen in den Mittelpunkt seiner Lehren, weshalb er die Erläuterungen der Farbensysteme an den Schluss seiner Kurse stellte.

Zuerst wurde das kaum publizierte Farbendreieck nach Goethe behandelt. An der Spitze des zweidimensionalen, gleichmäßigen Dreiecks befanden sich die subtraktiven Farben Gelb, Cyan und Purpur. An den Seiten waren die Farben der additiven Farbmischung Blau [Violett], Grün und Rot [Orange] zu sehen, dazwischen drei Tertiärfarben. Goethe bestimmte innerhalb dieses Farbdreiecks die psychologischen Farbwirkungen der Farbverbindungen.

Die im Band *Interaction of Color* veröffentlichten Skizzen und Darstellungen dienten den Schülern von Albers zur weiteren Erklärung und Analyse.

leuchtend

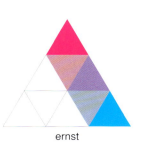
ernst

mächtig

heiter

melancholisch

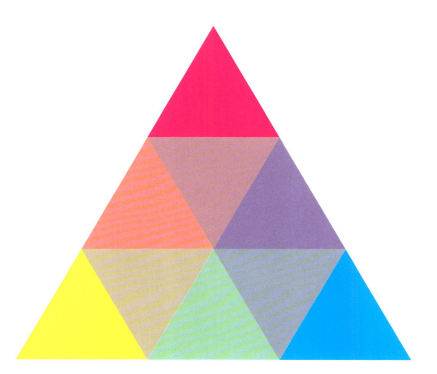

149

Stimmungserweckende Wirkung der Farben

Es lässt sich eindeutig feststellen, dass die Farben auf das menschliche Allgemeinbefinden in großem Maße einwirken. Man denke allein daran, dass man an einem sonnigen Sommermorgen viel unbeschwerter zu seinem Arbeitsplatz geht als an einem trüben Herbsttag. Die nordischen Völker kompensieren mit einer höheren Wohnkultur, einem leuchtenden Kaminfeuer oder in den hohen Schnee gesteckte Fackeln die Dunkelheit und Monotonie der langen Wintermonate. Aus südlichen Ländern angekommene Fremde werden im farblosen Alltag leicht trübsinnig und depressiv.

Goethe nannte die auf unseren Gemütszustand ausgeübte Wirkung der Farben „sinnlich-sittliche Wirkung" (in heutiger Formulierung expressive oder psychische Wirkung). Er stellte fest, dass das Auge die Farbe genau so benötigt wie das Licht und wenn man die Farbe als ein Element der Kunst auffasst, dann ist sie für die allerhöchsten ästhetischen Ziele verwendet (s. 6. Abt./758).

In seiner *Farbenlehre* traf er über die gefühlsmäßige Wirkung der Farben solche Feststellungen, die bis zum heutigen Tag als Ausgangspunkt für die Forscher der Psychologie der Farben dienen. Nach Goethe zeigen sich die Farben bei gewohnten Lichtverhältnissen spezifisch, charakteristisch und wesentlich. Die durch sie erweckten Eindrücke sind nicht austauschbar. Sie schaffen im Auge und gleichzeitig in der menschlichen Seele einen unverwechselbaren Zustand. Jede Farbe erweckt eine andere Stimmung. Wie schon gesagt kann man feststellen, dass Farben der aktiven Seite (von Gelb bis Orange) Freude und Fröhlichkeit ausdrücken und zur Strebsamkeit animieren, während Farben der passiven Seite (Cyan, Violett) eine weiche und sehnsuchtsvolle Stimmung erwecken.

Zur Beleuchtung von Vergnügungslokalen bevorzugt man die Farben, die mit der Fröhlichkeit verknüpft sind (Zinnoberrot, Orangegelb, Gelb). Der Innenarchitekt sollte aber darauf achten, dass dieses Farbenmilieu keine Aggressivität auslöst. „Die Farben der Lustigkeit sind gesättigt und – insoweit die Gesättigtheit es erlaubt – hell, die Farben des Zorns sind demgegenüber ungesättigt und dunkel." (Nemcsics 2004, S. 211)

Das menschliche Bewusstsein identifiziert gewisse Begriffe mit festgesetzten Farben und so erscheinen diese uns als Träger des Begriffs: das Rot als Feuer und Blut, das Grün als die natürliche Umgebung oder das Cyan (in der Mal-

Die Töne der roten Farbfamilien sorgen für Heiterkeit und gute Laune an. In einer aus einer Kirche umgebauten Disco in New York herrschen diese Farben vor

Die Skandinavier, die wenig Sonne haben, schmücken ihre Wohnungen mit bunten Holzblumen

farbe das Blau) als Symbol des Himmels. Die psychosomatische Wirkung der unterschiedlichen Farbempfindungen, die den Blutdruck, die Atmung, Körpertemperatur und sogar auch die Leistungsfähigkeit beeinflussen, ist allgemein bekannt. Zahlreiche Fachgebiete beschäftigen sich mit der Frage, welche Wirkung die Farben auf das vegetative Nervensystem und damit auf die Stimmung, das Allgemeinbefinden und sogar auf biologische Funktionen ausüben. Dazu gehören beispielsweise die Farbkonditionierung bei der Ausgestaltung eines Arbeitsplatzes und in der Medizin die Spektrochromatometrie, d. h. die Farbdynamik für die farbige Ausgestaltung und Formung der Umgebung. Die Tiefenpsychologie sucht Antwort darauf, warum gegebene Farben bei Probanden gegebene Assoziationen auslösen. Seit Jahrzehnten wenden Krankenhäuser, Kliniken, medizinische Praxen die Heilmethoden mit Farben erfolgreich an. Im Krankenzimmer werden die Kranken mit Lampen unterschiedlicher Farbe beleuchtet. Die Forscher Crille, Llouyd und Dinshah haben das Verfahren der Spektrochromatometrie ausgearbeitet, die diesen Zwecken dient. Sie wiesen beispielhaft nach, dass die Farbe Ockergelb die Heilung der Appetitlosigkeit fördert, während Rot oder Gelb sogar bei gesunden Individuen Übelkeit und Appetitlosigkeit hervorrufen. Dies ist der Beweis dafür, dass nicht nur der Duft und der Geschmack der Speisen, sondern auch deren Farben auf unser Nervensystem einwirken. (Dies beschreibt Dr. Brinkmann in seinem Buch *Psychologie der Farbe.*)

Der französische Physiologe **Charles Féré** (1852–1907) arbeitete in den 1880er Jahren ein Programm für die Behandlung von Nervenkranken aus, das mit „Chromotherapie" bezeichnet wurde. Danach sind bunte Farben sogar bei geschlossenen Augen wirksam. Féré stellte fest, dass die Muskeln der Hand und der ganze Arm am besten auf rotes Licht und am wenigsten auf blaues Licht reagieren. (Die Wirkung der Farben auf lebende Organismen hat man nicht nur bei Tieren sondern auch bei Pflanzen beobachtet. Farbige Folien können im Pflanzenbau oft den Gebrauch von Kunstdünger ersetzen.)

R. Steiner löste – wie gesagt – in seinen 1919 gegründeten Waldorf-Schulen das bisher eintönige, öde, leblose Bild der Klassenräume auf. Die mit breiten Pinselstrichen in mehreren Schichten aufgetragenen Farben umarmten die Schüler sozusagen seelisch und beeinflussten deren Lerntätigkeit günstig. Die Reihenfolge der Farben richtete sich nach dem Farbkreis von Goethe: Die Erstklässler bekamen den warmen, lebhaften zinnoberroten Raum, die Zweitklässler den orangefarbenen, die Drittklässler den gelben, während die Viert- und Fünftklässler den hell-, bzw. dunkelgrünen Raum einnahmen. Nach den Kinderjahren auf der Schwelle zum Jugendalter gelangen die Sechst-und Siebtklässler über Blautöne bis zum Indigo. Danach folgten Veilchenblau bzw. ein ins Rot gehendes Veilchenblau, während in der 12. Klasse durch Vereinigung der aktiven und passiven Seite als höchste Steigerung das Magenta erschien. Einen ähnlichen, noch stärkeren Ton erhielten die Lehrerzimmer und Konferenzräume. Die Räume der 13. Klassen stellte sich Steiner in Dunkelrot vor, sozusagen als Symbol der aktiven Teilnahme am Leben und der Verwirklichung der individuellen Pläne.

Itten berichtet über einen Empfang, bei dem ein großindustrieller Gastgeber die prächtig gedeckten Tische mit unterschiedlichen Farben beleuchten ließ und die Gäste sich von den Speisen mit Ekel abwandten, weil diese unangenehme Farben angenommen hatten. Die peinliche Situation wurde durch das Einschalten einer normalen Beleuchtung behoben.

*Die durch die fahlen Strahlen der winterlichen Sonne
beleuchteten Steine einer Kirchenruine verbreiten eine Stimmung der Vergänglichkeit
(Kirche des Paulinerklosters in Nagyvázsony, Ungarn)*

Die Farben beeinflussen nicht nur biologisch das Gefühlsleben. Ihre sogenannte assoziative Wirkung ist ebenfalls weit verzweigt und eng mit unterschiedlichen Kulturen, Traditionen verschiedener Volksgruppen und mit dem Alltagsleben verbunden. Wenn man den gefühlsmäßigen Charakter der einzelnen Farbwirkungen, ob in den Farbsymbolen der unterschiedlichen Religionen oder als Ausdruck der Trauer oder der Freude betrachtet, weicht dieser von der Kultur und dem geschichtlichen Zeitalter im Allgemeinen und im Besonderen vom Geschmack der jeweiligen Epoche ab. Man bedenke nur die kritiklose Akzeptanz und Befolgung der von der Modebranche kreierten Farben und Farbverbindungen!

Die moderne Farbenpsychologie bemüht sich die Gefühle beeinflussende Wirkung der Farben auszunutzen.

Die Werbeindustrie widmet den funktionalen Assoziationen große Aufmerksamkeit: Die Farben vermitteln wichtige Informationen über die Qualität der Kosmetik, Bekleidungs- und Einrichtungsindustrie etc. und spielen auch in der Lebensmittelbranche eine herausragende Rolle, die Frische und die Substanz der einzelnen Produkte zu kennzeichnen. In den meisten Fällen dient die als ideal erscheinende Farbe gleichzeitig auch dem Gradmesser der Qualität, und oft kann die Übertragung der Farbe eines anerkannten Produkts auf ein weniger bekanntes zu dessen höheren Bewertung führen.

Die auf die einzelnen Produkte „aufgeklebten" Farben oder Farbkompositionen lenken den Käufer bewusst in die gewünschte Richtung. In der Werbebranche ist man davon überzeugt, dass gezielt eingesetzte Farben eine größere Kauflust bewirken. Wer könnte andererseits nicht zugeben, dass seine Kaufabsicht auch durch die Farbe des angebotenen Gebrauchsgegenstandes oder eines Produkts bzw. durch die Farbigkeit der Verpackung ausgelöst wurde!

Die unbunten Farben

Die Farbe Weiß

G: Weiß

Das Weiß ist die maximale Farbhelligkeit, es ist die vollkommene Lichtausbreitung. Licht gibt ab und nimmt auf. Sein auftreffender Strahlungsfluss des sichtbaren Spektralgebiets wird im Idealfall vollständig zurückgeworfen, es findet also keine Absorption aber eine möglichst vollkommene Streuung des Lichts statt. Das Weiße, als Stellvertreter des Lichts, versetzt das Organ in Tätigkeit – stellt Goethe fest (s. 1. Abt./18). Nach ihm ist in dem Weißen besitzen und genießen *(Nachträge zur Farbenlehre)*. „Die reizende Energie, womit die Farben auf unsere Augen wirken, ist wohl von der gleichgültigen Helligkeit des Weißen zu unterscheiden." – schreibt er im Versuch, die Elemente der *Farbenlehre* zu entdecken (1793).

In unserer westlichen Kultur wird Weiß für die Farbe der Tugend, Reinheit, Unschuld und der Vollkommenheit angesehen.

Schneeweißer Ziegenkäse in Gesellschaft der Farben der Natur

Die Offenheit der weißen Farbe: Eine weiße Kirche auf einer der Kykladeninseln in heiterer, wohliger Stimmung

An erster Stelle werden die heutigen Bezeichnungen des Farbenkreises angeführt.
G = Goethes Bezeichnung

Salzblöcke im Toten Meer – Abwesenheit alles Lebens

In der christlichen Religion ist die weiße Taube das Symbol des Heiligen Geistes und des Friedens. Man denke z. B. an Noahs Taube im Alten Testament. Auch signalisierte das Schwenken einer von Weitem sichtbaren weißen Fahne einem Feind, dass sich ihr Überbringer mit dem guten Willen näherte, Frieden zu schließen. Zahlreiche Feierlichkeiten werden durch das Tragen weißer Gewänder symbolisiert (Erstkommunion, Hochzeit).

Weiß erscheint aber ebenfalls im Zusammenhang mit dem Tod und den mit ihm in Verbindung stehenden rituellen Gegenständen, wie z. B. Leichentuch und Kerzen. Geister und Gespenster stellte man sich als weiße Gestalten vor.

In östlichen Ländern wie China und Japan ist Weiß die Farbe des Todes und der Krankheit.

In ästhetischer Wirkung verfügt das Weiß nicht über einen selbstständigen Charakter, aber gerade deswegen ist es jeder Wirkung und Farbe gegenüber offen. Nach Kandinsky spricht die weiße Farbe aus dem ewigen Weißsein der Gletscher zu uns und wirkt so auf unsere Psyche wie ein großes Schweigen, das aber nicht tot, sondern voller Möglichkeiten ist. Die impressionistischen Maler hielten das Weiß nicht für eine Farbe, weil ihrer Ansicht nach diese in der Natur nicht existiere.

Im gesellschaftlichen Leben nahm Weiß eine gehobene Rolle ein: Es wurde von den höchstrangigen Persönlichkeiten wie Päpsten, Aristokraten und adeligen Frauen getragen. Selbst Goethe trat in höherem Alter immer in einem weißen Gehrock auf.

In der Werbung steht Weiß für die Farbe der Frische und der Reinheit eines gerade gefallenen Schnees, bei Hightech-Geräten suggeriert sie die Einfachheit ihrer Handhabungen.

See in Kanada: Kaltes, ewiges Schweigen

DIE FARBE SCHWARZ

G: Schwarz

Schwarz steht als Gegenpart zu Weiß für die größte Farbdunkelheit und vollkommene Lichtverschlossenheit. Es ist indifferent, unempfindlich und tritt nicht mit seiner Umgebung in Verbindung. Aber gerade durch seine Stabilität und Neutralität gibt es jeder Farbe, die sich ihm nähert Gelegenheit, zur Geltung zu kommen.

Nach Goethe lässt das Schwarze, als Repräsentant der Finsternis das Organ [das Auge] im Zustande der Ruhe (s. 1. Abt./18).

Im Schwarzen liegt „vergessen und entbehren" (s. *Nachträge zur Farbenlehre*).

Schwarz ist die Farbe des Todes, des Geheimnisses und der Tabus. Wenn man das Weiße mit der Güte verbindet, so vertritt das Schwarz das Böse oder die Buße, die Entsagung und Abwendung von der Welt. Es ist Ausdruck der Demut und damit nicht zufällig die Farbe der Priester und vieler Mönchsorden.

Seit Beginn des Mittelalters etablierte sich in Europa das Schwarz als Farbe der Trauer und seit dem 17. Jahrhundert trug man sie zusätzlich auch an Feiertagen.

Schwarz war gleichzeitig das Wahrzeichen der Macht, die aus entsprechendem Abstand Respekt verlangte. So wurde sie zur Farbe der spanischen Könige, der Inquisition und der Piraten. Sie ist aber auch Symbol der Seriosität: Die Puritaner des 17. und die Protestanten des 18. Jahrhunderts – diese vorwiegend im deutschsprachigen Raum – trugen schwarze Kleidung, und die venezianischen Gondeln mussten wegen ihres „frivolen" Aussehens schon ab dem 16. Jahrhundert schwarz angestrichen werden.

Als Hintergrund erweckt Schwarz ein Gefühl der Tiefe und lässt die im Vordergrund stehenden Gegenstände hervortreten und schafft damit Perspektive.

In der Innenarchitektur lässt sich Schwarz zur Betonung von Konturen verwenden: Regale, Bilderrahmen und Umrandungen lösen nicht nur grafische Wirkungen aus, sie wirken auch elegant.

Die Impressionisten lehnten die Existenz von Schwarz in der Natur ebenfalls ab und mischten es für ihre Arbeiten aus anderen Farben zusammen, ohne ein tiefes Schwarz erreichen zu können.

Die Farbe wird in Sprichwörtern im Allgemeinen bei negativen Inhalten benutzt: Das „schwarze Schaf" beispielsweise bezeichnet eine Person, die aus einer Gruppe ausschert oder

Bronzefarbene Eisenkonstruktion und Fenster des Seagram Buildings heben sich im Morgenlicht als schwarze Masse von den Wolkenkratzern der Park Avenue in New York ab (Ludwig Mies van den Rohe und Philip Johnson, 1958)

Aus der Kirche heimkehrende Frauen in charakteristischer schwarzer Kleidung (Nordungarn)

Griechisch-orthodoxe Popen auf einer Kykladen-Insel: ihre schwarzen Gewänder erwecken Ehrfurcht und Respekt

ausgeschlossen wird. Den Ursprung findet man im Alten Testament: In einer weißen Schafsherde galt ein farbiges Schaf als unerwünscht, weil seine Wolle schwerer zu bearbeiten war (s. I. Buch Mose, 30, 32).

„Schwarz sehen" oder „durch die schwarze Brille sehen" heißt pessimistisch sein. Die „schwarze Liste" enthält die Namen unerwünschter Personen. „Jemandem nicht das Schwarze unter dem Fingernagel gönnen" bedeutet, in bösartiger Weise auf ihn neidisch sein.

Im Mittelalter wurde die Pest „Der schwarze Tod" genannt.

Die Heilige Margit (1242–1271), Tochter des ungarischen Königs Béla IV. Holzschnitt aus dem 15. Jh. (Christliches Museum, Esztergom)
Foto: Attila Mudrák

Schattenbild von Goethe (um 1780, unbekannter Künstler). Die Schattenbilder waren in der zweiten Hälfte des 18. Jh. sehr populär (Sammlung der Ungarischen Akademie der Wissenschaften)

Weiß und Schwarz

Weiß und Schwarz sind „die beiden großen Gelegenheiten der Stille, Geburt und Tod" – sagt Kandinsky.

Der starke Kontrast von Weiß und Schwarz wurde seit je her als ein klassisches Ausdrucksmittel angesehen und benutzt. Man denke an die kalligrafischen chinesischen Schriftzeichen auf weißem Grund; in der Kunst beispielsweise an Holzschnitte, Radierungen, Feder-, Tusch- oder Kohlezeichnungen; in der Architektur an die Verwendung von weißem und schwarzem Marmor, bei Inneneinrichtungen an Bodenplatten in unterschiedlich gelegter schwarz-weißer Musterung oder an schwarze Ledermöbel auf weißem Unterbelag etc.

Auch in der Textilindustrie lassen sich Beispiele wie Smoking oder Frack mit weißem Hemd oder ein Abendkleid aus schwarzen Spitzen mit Perlenschmuck nennen. In den unterschiedlichsten Varianten strahlt dieses „Duo" Klarheit, Ausgewogenheit, Zurückhaltung und Vornehmheit aus. Z. B. in der Wohnkultur oder in der Mode wird durch den kleinsten warmen Farbtupfer eines Kissens, einer Vase mit Blumen, eines Gemäldes, eines Einstecktuchs oder einer Stola zu einem abgerundeten Ensemble.

Nach einem Brand 1666 wurde der historische Stadtkern „Alter Flecken" von Freudenberg (Südwestfalen, Deutschland) einheitlich aufgebaut. Atemberaubende Komposition aus Schwarz und Weiß

Jean Dubuffet: „Monument With Standing Beast". 1984, Chicago

Die Farbe Grau

G: Grau

Grau ist die Mischung aus Weiß und Schwarz. Goethe beurteilt Grau als „Unfarbe": „Nannten wir das Schwarze den Repräsentanten der Finsterniß, das Weiße den Stellvertreter des Lichts (18), so können wir sagen, dass das Graue den Halbschatten repräsentire, welcher mehr oder weniger an Licht und Finsterniß Theil nimmt und also zwischen beiden inne steht (36)." (2. Abt./249)

Ostwald hielt das Grau für eine echte Farbe; nach seiner Theorie sind in ihr alle anderen Farben enthalten, was ein harmonisches Zusammenleben garantiert.

Nach Kandinsky kann man im Grau keine Lebensmöglichkeit finden, weil seine Eltern auch keine Aktivität und Bewegungsenergie hatten. Deshalb ist Grau stumm, bewegungslos, ernst, Maß haltend, gleichgültig, nüchtern, anonym, aber gleichzeitig rezeptiv. In seinem weniger gesättigten Zustand steigert es die Wirkung der warmen Farben und hält die kalten zurück.

Eigentlich kann man sie als Farbe des quantitativen Ausgleichs auffassen, weil sie alle Grundfarben in sich vereint. (Weiter oben wurde bereits ausgeführt, dass sich die schönsten grauen Schattierungen aus der Mischung von bunten Malfarben gewinnen lassen.)

Nach Heinrich Frieling ist Grau „...gleichweit von den beiden Urfarben Schwarz und Weiß entfernt. Aber sie muss auch gleichweit von allen Farben entfernt sein, denn diese ergeben ja gemischt Grau. Grau ist als eigene Qualität anzusehen..." (Frieling 1939, Seite 48)

Grau ist eine charakterlose Zwischenfarbe. „Seine quantitativ-qualitative Doppelfunktion erklären seine Unfasslichkeit, Ungewissheit und Unbestimmtheit. In diesem Sinne wird Grau ja auch als Urgrundfarbe bezeichnet: Grau ist Anfang, Grau ist das Ende. ...Die besondere Eigenschaft der Farbe Grau ist ihre Allgemeinheit." (Heimendahl 1974, S. 64–65)

Grau ist Sinnbild der Asche, des Nebels, der Traurigkeit, Melancholie, Langeweile, der Apathie und Monotonie. Sie ist auch Zeichen der Armut, ja sogar der freiwillig gewählten Armut und der Abkehr von den eitlen Freuden dieser Welt.

Als Gegensatz zu den Farben bedeutet Grau Neutralität, Alltäglichkeit und sogar Bedeutungslosigkeit. Es ist zwangsweise angewiesen, in den Hintergrund zu rücken und Verschlossenheit vor der Öffentlichkeit zu zeigen, wie beispielsweise in der Wortverbindung „graue Eminenz" zu finden ist. Goethe lässt Mephisto in seinem „Faust" sagen: „Grau, teurer Freund, ist alle Theorie, / und grün des Lebens goldner Baum".

Dem gegenüber wird Grau im Geschäftsleben positiv beurteilt: Graue Kleidung suggeriert einem Partner gegenüber Aufmerksamkeit.

Zsuzsa Péreli verstand es Asta Nielsen, die schimmernde Persönlichkeit des schwarz-weißen Stummfilms, mit nur minimalen Farbschattierungen treffend darzustellen. „Asta Nielsen", 1978. Gobelin, 80 × 65 cm

Eine idyllische Grisailledarstellung von Philemon und Baucis im Schloss Ráday in der Nähe von Budapest

Frauen mögen im Allgemeinen kein Grau, Männer nur in einem geringen Prozentsatz.

Grau wird in der Gesellschaft von bunten Farben zum Leben erweckt. Daher dient diese Eigenschaft den Kunstmalern und Designern als Fundgrube uneingeschränkter Möglichkeiten. Wegen seiner Neutralität ist Grau in der Lage, jede sonstige Farbe im Gleichgewicht zu halten, seine Wirkung ist weder stärkend noch schwächend. Auch in der Wohnkultur erweist sich seine neutrale Anwesenheit als günstig, weil es zwischen starken Farben einen Übergang vermitteln kann. In Büro- und Konferenzräumen verhilft diese Farbe wegen ihrer Gefühllosigkeit zur besseren Konzentration der teilnehmenden Personen.

Die Grisaille-, d. h. die mit grauen Schattierungen arbeitende Malerei, schenkte der Menschheit zahlreiche wertvolle Werke: in der Emaillebemalung von Limoges, in Glasmalerei und der Kunst der Renaissance und des Barock, u. a. auch in der Freskenmalerei.

Die graue Farbe inspirierte auch die moderne Malerei. Der ungarische Maler und Grafiker Vilmos Huszár kreierte 1918 ein aus mehr als 100 grauen Quadraten bestehendes Oeuvre, das ähnlich wie bei Ostwald aus einzeln ausgeschnittenen und aufgeklebten Teilen bestand. Auch P. Mondrian malte eine Aneinanderreihung in Grau, weil er dessen Tönungen für eine wichtige, gedämpfte Variante von Schwarz hielt (Gage 2009, S. 258).

Grau ist das Produkt der industriellen Entwicklung des 20. Jahrhunderts, die Farbe der modernen Maschinen und Einrichtungen. Die russische konstruktivistische Malerei und Grafik hat es mit Vorliebe verwendet. Mit Grau lässt sich in vieler Hinsicht eine neutrale Grundlage zwischen unterschiedlichen Farben herstellen, gleich ob es ein Hellgrau, Anthrazit oder Stahlgrau ist. Die ihm jeweils benachbarten Farben werden in ihrer Eigenständigkeit keineswegs beeinträchtigt, dafür aber in ein gegenseitiges Gleichgewicht gebracht.

Die Variante in Silber (als Autofarbe) strahlt eine angenehme Wirkung aus, als Perlen- und Silberschmuck dient ein diskretes Grau zu bevorzugter Ergänzung festlicher Kleidung.

Der graue Toreingang in der Innenstadt von Budapest dominiert mit seiner ruhigen Neutralität (links)

Die graue Schieferwand ermöglicht ein Spiel der Farben (rechts)

Die „roten" Farben des Farbenkreises

Vorangestellt soll darauf verwiesen werden, dass gerade bei den roten Farben sehr unterschiedliche Benennungen in Umlauf sind, die oft einer eindeutigen Zuweisung entbehren.

Die rote Farbe galt in vorchristlicher Zeit und im Mittelalter als die Verkörperung des Feuers und in vielen Kulturen als die farbliche Darstellung des göttlichen Lichts. Aristoteles platzierte das Rot in seiner Farbskala unmittelbar neben der des Lichts. Die Wände des Isistempels in Pompeji waren rot und zahlreiche antike Götterstatuen rot bemalt.

Da man Rot auch für die Farbe der Sonne ansah, stand sie unmittelbar mit dem Gold in Verbindung. Im alten Ägypten und auch in Babylonien zollte man dem Purpur und dem Gold große Ehre.

„In dem Roten ist suchen und begehren" – sagt Goethe in *Nachträge zur Farbenlehre*.

Heimendahl schreibt: „Wenn wir unter Rot alles Rote zusammenfassen, dann ist Rot der farbige Klang der vollen Lebenskraft, Herrschaft und Gewalt, Liebe und Macht. Blut und Feuer sind die Elemente, die dem Rot in allen

Festakt im ungarischen Parlament mit roten Teppichen

Zeiten und Kulturen den Reichtum seiner Symbolik verleihen. Wie Grün die gemäßigte, gebundene, so ist Rot die mächtige, freie Energie." (Heimendahl 1961, S. 199)

Kandinsky zieht keine qualitativen Grenzen, er spricht nur vom „idealen Rot" und seinen Variationsstufen, wie Zinnober, Saturnrot, Krapplack (Karmin) etc. Dem könnte man noch Rubinrot oder Granatrot anschließen.

Im westlichen Christentum ist Rot das Symbol des Lebens, der Sühne, Buße und des Opfers.

Sie ist die Farbe des Kriegsgottes Mars und des römischen Himmelsgottes Jupiter, dem Herrn des Blitzes und des Donners, und Inbegriff der Männlichkeit und Aktivität, der Liebe und Erotik, aber auch der Hurerei (dem „Rotlicht-Milieu").

Die ungarischen Krönungsinsignien im Parlament auf rotem Samtkissen

Detail aus dem Hauptaltar des Sankt Nikolaus-Kirche Jánosrét (1480–1490) (Ungarische Nationalgalerie, Budapest) Maria Magdalena trägt symbolisch die Farbe des Opferblutes und Martyriums Jesu
FOTO: ATTILA MUDRÁK

Der hl. Hieronymus mit dem roten Kardinalshut auf der Kanzel der Abteikirche zu Tihany, 2. Hälfte des 18. Jh.

Martyrium im 20. Jahrhundert: Zum Blutbad in Kosovo malte Katalin Rényi das Bild „Nach Hinrichtung", 1999. Öl, Leinen, 160 × 120 cm

Heute dient Rot auch als Zeichen einer Gefahrenquelle, wie Verkehrsampeln oder Warnschilder.

Ihre helleren Schattierungen weisen auf Genuss, Leidenschaft und Gefühle. Ihre dunkleren Abschattungen auf Kraft, Tapferkeit oder Wut und Bösartigkeit.

Ein roter Läufer dient bei Staatsbesuchen dem Gast zur Ehrerweisung und gleichzeitig zur Orientierung. Er kann unbeirrt seinen Weg abschreiten mit dem Gefühl des Vertrauens, dass man ihn willkommen heißt.

Wenden wir uns jetzt den Gliedern der roten Farbfamilie zu.

ORANGE

G: Gelbrot
Grundfarbe der additiven Mischung

Nach Goethes Formulierung zeigt sich die aktive Seite hier in ihrer höchsten Energie (s. 6. Abt./775). „Man darf eine vollkommen gelbrothe Fläche starr ansehen, so scheint sich die Farbe wirklich ins Organ zu bohren; sie bringt eine unglaubliche Erschütterung hervor und behält diese Wirkung bei einem ziemlichen Grade von Dunkelheit.

Die Erscheinung eines gelbroten Tuches beunruhigt und erzürnt die Tiere. Auch habe ich gebildete Menschen gekannt, denen es unerträglich fiel, wenn ihnen an einem sonst grauen Tage jemand im Scharlachrock begegnete." (6. Abt./776).

Die Naturvölker aber auch Kinder werden von ihr angezogen und mit Vorliebe zum Malen benutzt.

Allgemein ist sie eine warme, starke und bestimmende Farbe, die wegen ihrer Flexibilität sowohl höhere als auch durchschnittliche Ansprüche befriedigen kann. Im Alltagsleben bringt sie eher Sicherheit, Vertrauen und Toleranz. Die holländischen Maler des 17. Jahrhunderts verherrlichen mit dieser Farbe die Aktivitäten des irdischen Lebens. Mit ihr lässt sich Feuer und Sonnenlicht ausdrücken.

Wenn – nach Goethe – das Gelbrot [Orange] in die Richtung von Purpur gezogen wird, gewinnt es weiter an Energie und auf allen Gegenständen und Kleidungsstücken erweckt es eine fröhliche und gutgelaunte Stimmung.

Prunksaal des 1871 gebauten Saltaire-Instituts (Saltaire, England)

Die Farbe zieht sofort Aufmerksamkeit auf sich, deshalb wird sie oft für Reklamezwecke und Verpackungsmaterial benutzt.

Da sie noch auf weitere Distanz sichtbar bleibt, benutzt man sie für Westen des Rettungsdienstes oder Ordnungspersonals bei Großveranstaltungen.

Ihre mit Weiß abgeschwächte Schattierung ist die Aprikosenblütenfarbe. Sie erweist sich wegen ihrer verlockenden, beruhigenden Wirkung zur Dekoration von Frisiersalons, Bädern, Speisesälen und zu längerem Aufenthalt bestimmten Hotel- und Wohnzimmerinterieurs als vorteilhaft.

Sie ruft eine feine Eleganz bei Briefpapier, Geschenkpackungen und Verpackungsmaterialien, oft mit einer Darstellung der tatsächlichen oder stilisierten Aprikosenblüte, hervor. Mit sonstigen, meist ähnlich gesättigten Farben verursacht sie ebenfalls eine feine, zurückgenommene Wirkung.

Blühende Aprikosenzweige

MAGENTA

G: Purpur
Grundfarbe der subtraktiven Mischung

Wie bereits erwähnt, war Purpur wegen seiner aufwendigen Herstellung im Altertum die am meisten geschätzte Farbe und der teuerste Farbstoff, den die Phönizier mit großem Geschick in Form von gefärbter Wolle, später auch von anderen Textilien, vermarkteten. (Aus 12.000 Schnecken ergaben sich wenige Gramm Purpursubstanz). Das von den Phöniziern später erzeugte, zweimal gefärbte tyrische Purpurgewebe wurde nicht umsonst mit Gold aufgewogen. Seine Herstellung blieb selbst im Zeitalter der technischen Fabrikationsmöglichkeiten ein Geheimnis. Die Farbe variierte zwischen einem Rot und einem tiefen Violett – je nach Länge der Bearbeitung – und blieb nur Königen (s. AT. Das Buch Esther 8/15... angetan mit einem Mantel aus Leinen und Purpurwolle...) oder Kaisern (z. B. in Rom) vorbehalten. Gewisse Untertanen durften schmale Purpurverbrämungen an ihrer Kleidung tragen. (Auch die katholische Kirche machte zeitweise von Purpurmänteln Gebrauch.)

Selbst bei relativ dunkler Einfärbung erhalten Textilien im Sonnenlicht trotzdem einen seidigen Glanz.

Im frühen Mittelalter verstand man unter Purpur nicht nur einen Farbton, sondern in erster Linie edle, aus schwerer Seide hergestellte Textilien.

Goethe sieht im Purpur die in erhöhtem Grade vollzogene Vereinigung der Pole, die „himmlische Versöhnung". Er sagt: „Wer die prisma-

Bischof Arnold Ipolyi in purpurfarbenen Mantel und Hut auf einem Gemälde von Mihály Kovács (Ungarisches Nationalmuseum)

Türkisches Prunkzelt aus der Zeit der Belagerung Ungarns durch die Türken, 16. Jh. (Ungarisches Nationalmuseum)

tische Entstehung des Purpurs kennt, der wird nicht paradox finden, wenn wir behaupten, daß diese Farbe theils actu, theils potentia alle andern Farben enthalte." (6. Abt./793)

Er erklärt: „Die Wirkung der Farbe ist so einzig wie ihre Natur. Sie giebt einen Eindruck sowohl von Ernst und Würde als von Huld und Anmuth; jenes leistet sie in ihrem dunkeln verdichteten, dieses in ihrem hellen verdünnten Zustande: Und so kann sich die Würde des Alters und die Liebenswürdigkeit der Jugend in Eine Farbe kleiden." (6. Abt./796) Bezüglich der Farbstoffe hielt Goethe die von der weiblichen Cochenille-Schildlaus gewonnene Farbe am annehmbarsten.

Nach Kandinsky ist Purpur [Magenta] eine charakteristisch warme Farbe, deren volle Energie und Intensität ihrer aktiven Seite in einer Bewegung in sich selbst zum Vorschein kommt. Nach Heimendahl wirkt sie immer warm, „vermittelt zwischen den Farben des starken, brennenden Lebens..." (Heimendahl 1961, S. 199)

Die Farbe strahlt Lebenskraft, Ernsthaftigkeit, Liebe und Macht aus und erweckt den Eindruck von Würde, Hoheit, Erhabenheit und Gerechtigkeit. Ihr wurden in unterschiedlichen Kulturkreisen auch symbolische Bedeutungen zugesprochen. So fand Magenta mit Cyan zusammen schon früh in vergangenen Zeiten Verwendung, wie beispielsweise in der

Barocke Bibliothek des Festetics-Schlosses in Keszthely, Westungarn

Die Rokoko-Sakristei der Heiligen-Johnannes von Nepumuk-Kirche in Székesfehérvár, Ungarn

Kirchenmalerei für die im purpurfarbenen Gewand mit blauem Mantel dargestellte Jungfrau Maria.

Magenta hat die Kraft, besondere Aufmerksamkeit zu erwecken, weshalb es bevorzugt für Reklame, Poster und Verpackungsmaterialien eingesetzt wird. Wegen seiner angenehmen Ausstrahlung verwendet man es zur Dekoration von Schlafzimmern, aber auch in Büros, Arbeitszimmern und Studios nutzt man seine stimulierende Wirkung. In Gesellschaft seiner Komplementärfarbe (Grün) oder dieser nahe stehenden Farben (Türkis, Lindgrün) kommt seine vibrierende und beherrschende Tönung noch kräftiger zur Geltung. Auch in mehreren Volkstrachten lassen sich die Komplementärfarben Magenta-Grün entdecken.

Mit Schwarz vermischt bekommt Magenta eine dunkelbraune Schattierung. Seine Energie wird ausgelöscht und im Zustandekommen der braunen Farbe verkörpert sich eine grenzenlose Zurückhaltung.

Als Farbe der Erde versinnbildlicht sie Mutterschaft, Fürsorglichkeit, Fruchtbarkeit und Fleiß.

Schon von alters her war sie Sinnbild von Unterwürfigkeit und Sühne, von Verschwiegenheit, Demut und Armut. Die braunen Kutten des im Mittelalter entstandenen Bettelordens der Franziskaner legen dafür ein eindrucksvolles Zeugnis ab.

Braun ist die Farbe von Kameen, alten Teppichen und von alten Weinen, wie dem Burgunder. In dieser Farbe polierte Möbel, Holzpaneele, besonders mit goldfarbenen Ergänzungen, Bilderrahmen und Moiré- und Rohseidenstoffe rufen die vertrauliche und familiäre Stimmung alter Zeiten wach. Diese Wirkung kann man auch auf Ölgemälden beobachten.

Die mit Weiß gemischte Tönung, das Rosa, versinnbildlicht den Frühling, die Jugend, die Romantik, die zärtliche Freundschaft und die junge Liebe, sowie gewisse weibliche Eigenschaften wie bezaubernd, charmant oder verführerisch. Mit Pastell-Varianten anderer Farben gemischt steigert sich noch die Wirkung von Rosa, z. B. bei den allgemein beliebten Aubusson-Teppichen.

Rosa wird gerne für Hochzeitseinladungen, weibliche Kosmetikartikel und als Schlafzimmerfarbe für junge Mädchen benutzt. Man kann seine Tönungen häufig auf alten handgefärbten Fotografien und antiken chinesischen Porzellanen entdecken. In der bildenden Kunst findet man sie z. B. bei Degas und Fragonard.

Dieses Service war ein Geschenk der Porzellanmanufaktur Herend zum 88. Geburtstag des deutschen Wissenschaftlers Alexander von Humboldt (Museum der Porzellanmanufaktur Herend, vor 1857)

Brautjungfern in rosafarbenen Kleidern in Brooklyn (New York)

ROT

G: Rot

Das zwischen Orange und Magenta stehende Rot wird in der Fachliteratur sehr unterschiedlich definiert.

Vielleicht fand Kandinsky eine treffende Beurteilung indem er feststellt: „Das Rot, so wie man es sich denkt, als grenzenlose, charakteristische warme Farbe, wirkt innerlich als eine sehr lebendige, lebhafte, unruhige Farbe, die ... trotz aller Energie und Intensität eine starke Note von beinahe zielbewusster immenser Kraft erzeugt." Kandinsky hält das Zinnober, Saturnrot und Karmin (Krapplack) als Varianten dieses Rots. Nach Heimendahl ist Rot die wirklichste bunte Farbe, sie ist die stärkste Stufe der Buntheit (s. Heimendahl, 1961, S. 84).

Die Farbe ist mit Leben erfüllt, expressiv, jugendlich, oft überschwänglich. Von traditionellen Textilien bis zur modernen Sportbekleidung (Surfanzüge) kann man ihr oft begegnen. Sie lässt sich auch hervorragend für die Verpackung von Kosmetika, die sich an Jugendliche richtet, für Hightech-Artikel und für die Werbung von Sportartikeln benutzen. Man findet sie bei den handgewebten Textilien von indischen Saris bis zu Kleiderstoffen unserer heutigen Tage. Die Innenarchitektur kann mit ihrer Hilfe die Stimmung von ungastlichen, unfreundlichen oder dunklen Räumlichkeiten positiv beeinflussen.

Mit Schwarz vermischt entsteht eine Terrakotta-Farbschattierung: die Farbe des gebrannten Lehms und der Wüsten bei Sonnenuntergang. Es gibt kaum eine Kultur, die sie nicht als der Erde nahe stehende Farbe für ihre Gebrauchsgegenstände und in ihrer Kunst – ob aus Holz, Leinen, Bambus oder Hanf –, verarbeitete. Die Werbebranche benutzt sie mit Vorliebe bei Themen, die in Zusammenhang mit Ökologie, Entspannung und Freizeit stehen. Wegen ihrer warmen, beruhigenden und umfangenden Wirkung und Anpassungsfähigkeit dient die Farbe in der Innenarchitektur vorwiegend der Gestaltung von Wohnräumen, offenen Küchen, Aufenthaltsräumen oder Schlafzimmern.

Der Rote Salon der englischen Herzogin Lady Mary Hamilton, Gemahlin des Grafen Tassilo Festetics im Schloss von Keszthely

Die Wüste in Negev bei Sonnenuntergang, Israel

DOTTER

G: Rotgelb

„Da sich keine Farbe als stillstehend betrachten lässt, so kann man das Gelbe sehr leicht durch Verdichtung und Verdunklung ins Röthliche steigern und erheben. Die Farbe wächst an Energie und erscheint im Rothgelben mächtiger und herrlicher." (6. Abt./772)

Für Goethe strahlt die Farbe ein Gefühl von Wärme und Wonne aus und präsentiert sich im Abglanz der untergehenden Sonne. Es ist interessant, dass Goethe in seiner Farbbeschreibung den Schüler Newtons, Pater Castel, erwähnt. Dieser war mit ihm der gleichen Meinung, dass sich die Franzosen mit dieser gesteigerten Farbe lieber bekleiden als die Deutschen, die sich eher mit einem Blassgelb begnügen (s. 6. Abt./773).

Dotter ist die Farbe des Bernsteins. Sie vereinigt sich mit der freundlichen Eigenschaft der orangen und der offenen Expressivität der gelben Farbe. Die innere Energie des Orange kehrt sich mit dem verwandten Gelben in eine nach außen gerichtete, dem Zuschauer sich nähernde Bewegung um.

Dotter regt zur Begeisterung an, flößt Mut ein und fördert Kreativität und geistige Aktivität. Die Farbe ist freundlich, sonnendurchflutet und ruft in Räumlichkeiten, die für ein familiäres und freundschaftliches Zusammentreffen Platz geben, eine warme Atmosphäre hervor. Die Designer mögen sie wegen ihrer Auffälligkeit.

Mit ihrer Komplementärfarbe Blau zusammen strahlt Dotter die Gemütlichkeit und Vertraulichkeit der alten Zeiten aus.

Im Werbefach wird sie in erster Linie bei den Arbeiten verwendet, die mit Pflege und Therapie in Verbindung stehen, und als Verpackungsmaterial von Lebensmitteln und Getränken wirkt sie auch Vertrauen erweckend. Bei der Ausgestaltung von Innenräumen ist sie durch helle Holz- und Rattanmöbel vertreten.

Armband aus Bernstein

Die typischen Herbstfarben der Natur

Gelb

G: Gelb
Grundfarbe der subtraktiven Mischung

Sie ist die hellste Hauptfarbe und im Farbenkreis das letzte Glied der warmen Farben. Nach Goethe ist die auf der positiven Seite stehende gelbe Farbe dem Licht am nächsten. „In dem Gelben ist finden und erkennen" – sagt er in *Nachträge zur Farbenlehre*.

In ihrer reinen Form strahlt die Farbe Fröhlichkeit, Munterkeit und Wärme aus und wenn sie sich in unserer Umgebung befindet, erweckt sie eine angenehme Stimmung. Entsprechend spielt sie auch in der Malerei eine herausragende Rolle.

Sie ist eine expansive, sich in Bewegung befindende und sich öffnende Farbe, die auf die Betrachter lebendig und schwungvoll zustrebt. Nach Kandinsky ergibt sich dies aus ihrer exzentrischen Bewegung. Er hält sie für eine charakteristisch irdische Farbe.

Judas im gelben Mantel auf einem Fresko der Sankt-Nikolaus-Kirche in Nagytótlak (heute Selo, Slowenien)

Manchmal kann Gelb allerdings in gewissen Konstellationen gewalttätig werden und Unruhe verbreiten. So stellte sich im Bauhaus bei den mit Farben und Formen zusammenhängenden Experimenten jeder Teilnehmer die gelbe Farbe als Dreieck vor.

Mit der Komplementärfarbe, dem Violett zusammen zeigt sich Gelb voll Energie und Bewegung. Die Beiden erscheinen auch in der Natur oft gemeinsam als Blumen des Frühlings, wie bei Iris, Krokus oder Freesie.

Gelbe Frühlingsblumen

In ihrer vollen Kraft ist die gelbe Farbe ein Träger der Heiterkeit und Nobilität, aber dabei äußerst empfindlich: Nach Goethe gleitet sie auf einer neutralen Oberfläche in unreiner Umgebung mit einer Beimischung von Schwarz leicht auf die Minusseite hinüber und erweckt schon eine abstoßende Wirkung. Sie suggeriert dann Krankheit, Verfall und Verlassenheit. (Bei der Betrachtung der Sättigung der Farben konnte man schon sehen, dass die gelbe Farbe mit

Man erkennt die Budapester Straßenbahnen an ihrer gelben Farbe

Aus Goldfäden gewebte Gestalt des hl. Königs Stephan auf dem ungarischen Krönungsmantel (ursprüngliches Messgewand), 1031 (Ungarisches Nationalmuseum)

Schwarz vermischt eine grüne Schattierung annimmt.) Kandinsky hat die krank und irreal gewordene Farbe mit einem vor Tatkraft und Energie strotzenden, aber in seinen Bestrebungen verhinderten Menschen verglichen.

Im Mittelalter spielte die gelbe Farbe eine doppelte Rolle: Einerseits war sie die Farbe der Liebe, andererseits wurde sie als ein negatives Unterscheidungsmerkmal benutzt: Die Prostituierten mussten an ihrem Kopftuch einen gelben Streifen tragen und das Gelb war ebenfalls die Farbe der Bettler und der Häretiker. Die christliche Kunst stellte den Verräter Judas oft in einem gelben Mantel dar. Der den Juden aufgezwungene gelbe Stern erinnert an den schändlichsten Teil der Geschichte der Menschheit.

Gelb galt in den östlichen Kulturen als die vornehmste Farbe: Im Taoismus symbolisiert sie die Herrschaft des Kaisers und der buddhistische Mönch trägt bis heute ein goldgelbes Gewand.

Das Designerhandwerk verwendet die Farbe mit Vorliebe zur Popularisierung von Sportgeräten und zu Themen, die in Zusammenhang mit dem Sport stehen.

Im Gold präsentiert sich die Farbe in einer erhabenen und edlen Wirkung und wird noch intensiver zur Geltung gebracht. Daher werden zu dekorativen Elementen von Stoffen, Textilien und vornehmen Gegenständen gerne Goldfäden oder Gold benutzt.

Die Griechen der Antike empfanden das Goldgelb als Symbol des Verstandes und der Unsterblichkeit. Das Sonnenlicht versinnbildlichte die göttliche Macht, die Erhellung und den Ruhm. Alle Sonnengottheiten, die Götter der Aussaat und der Ernte und der ausgereiften Früchte gehörten dazu.

In der Ikonenmalerei und in Gemälden westlicher Kulturen galt ein goldener Hintergrund als Symbol einer transzendentalen Sphäre, wie auch der goldene Strahlenkranz auf das himmlische Reich und die Gloriole auf die verklärten Heiligen verweisen.

Mit Weiß vermischt ist Gelb sowohl bei Juwelen als auch bei Innenräumen (Wänden, Möbelbezugsstoffe, Textilien) das Ausdrucksmittel der Eleganz, des Liebreizes und des feinen Geschmacks.

Eine mit Gold reich geschmückte Ikone der Gottesmutter aus Sagorsk (Russland), Ende des 16. Jh.

GRÜN

G: Grün
Grundfarbe der additiven Mischung

Grün zieht die Grenze zwischen den kalten und warmen Farben, vereinigt in sich die extravertierte und kommunikative Wirkung des Gelben mit der friedlich inspirierten Wirkung des Cyans. Die Farbe versinnbildlicht die Heilung, Entwicklung, Wiedergeburt, Harmonie, Ruhe, Hoffnung, Zufriedenheit, Zuneigung und Nobilität.

Laut Goethe gewinnt unser Auge durch Grün eine „reale Befriedigung... Man will nicht weiter und kann nicht weiter..." (6. Abt./802) – In dem Grünen ist hoffen und erwarten – sagt er in *Nachträge zur Farbenlehre*.

Aristoteles hatte dem Grün eine vermittelnde Rolle zwischen Helligkeit und Dunkelheit zugeschrieben. Außerdem wies man in der Antike grünen Edelsteinen – wie dem Smaragd – magische Kräfte zu (Gage 1994, S. 61).

Grün verhält sich nicht nur ruhig, sondern es beruhigt auch, dem Sprichwort entsprechend „Es ist alles im grünen Bereich".

Nach der Formulierung Kandinskys kommt – wie auf Seite 130 von *Über das Geistige in der Kunst* beschrieben – die grüne Farbe durch die Vereinigung der sich exzentrisch bewegenden gelben und konzentrisch bewegenden blauen Farbe (eigentlich Cyan) durch das wechselseitige Auslöschen ihrer entgegengesetzten Bewegungen als „Zustand der vollkommenen Bewegungslosigkeit und Ruhe" zustande. Das Grün strebt nirgendwo hin, trägt keine Gefühle in sich und verhält sich passiv, ruhig und ist seelisch neutral. Die Passivität ist die charaktervollste Eigenschaft des absoluten Grüns.

Unter den Farben stellt Grün die Stabilität, Spannungslosigkeit und die „rettende" Basis des lebendigen Magentas dar. Das Grün der Natur vertritt die Kontinuität, die Sicherheit und repräsentiert die Entfaltung, von der sich

Der Laubfrosch – der verwunschene Prinz im Märchen zählt nicht gerade zu den beliebtesten Tieren der Natur
FOTO: LEVENTE FÜKÖH

Diese Gebirgslandschaft mit ihren verschiedenartigen grünen Flecken wirkt auf den Betrachter beruhigend und entspannend

Die grüne Kuppel des von den Türken erbauten Königsbades in Budapest ist ein angenehmer Farbtupfer im Häusermeer

andere Farben absondern. Die grüne Farbe wirkt beruhigend, denn nicht umsonst weilt unser Auge gerne in der Natur auf größeren grünen Oberflächen. Aber auch Konferenz- und Billardtische werden aus diesem Grund mit grünem Stoff bedeckt.

Grün kann auch als doppeldeutig verstanden werden: es lässt sich mit dem Tod, dem Gift und der zerstörerischen Kraft des Bösen verbinden. In der Kunst wird Satan oft mit grünem Körper und grünen Augen dargestellt. Im Gegensatz drückt sie auch Naivität, Unreife und auch Unerfahrenheit aus: Der Ausspruch „noch grün hinter den Ohren sein" weist darauf hin. Auch der „Grünschnabel" ist noch zu unreif um mitzureden.

Eine zum Lächeln bringende Assoziation ist die der „Grünen Witwe", die sich während der beruflichen Abwesenheit ihres Mannes – auf dem Lande lebend – allein fühlt und sich nach einer Stadtwohnung sehnt.

Wegen seiner einladenden Natur wird Grün gerne zu Dekors auf Tafelgeschirr, Keramik, Porzellan, Tischdecken und Servietten benutzt. Die Grafik verwendet die Farbe bei Themen über Natur und Ökologie und wegen ihrer beruhigenden Wirkung ist sie für die Ausgestaltung von Schlaf- und Badezimmer beliebt. Nach Goethe wird meist Grün als Tapete für solche Zimmer gewählt, in denen man sich länger aufhält (s. 6. Abt./802).

Ihre mit Schwarz gemischte Variante, das „Glasgrün", vereinigt die Stabilität des Schwarzen mit der regenerativen Eigenschaft des Grünen. Diese Farbe strahlt Sicherheit, Wohlstand und Wahrung der alten Werte aus: deshalb nennt man sie auch die „Farbe des Geldes", weil sie für die Emblemgestaltung vieler Geldinstitute verwendet wird. Sie ist eine männliche Farbe: nicht nur Militäruniformen, sondern auch bei Accessoires eleganter Herrenmoden wird nach ihr gegriffen. Da sie nicht in den Vordergrund drängt, eignet sie sich ausgezeichnet zur Ergänzung von Textilien oder zur Komplettierung von lackierten Möbeln, Holztäfelungen und Parkettböden. Ihre hellen Schattierungen sind beweglich und heiter, aber je näher sie zu dunklerem Blau und Schwarz geraten, desto passiver, schwerer und kälter werden sie. Mit Gelb vermischt gewinnt die Farbe an Aktivität und nimmt einen jugendlichen Elan an.

Ein Kaffeeservice mit dem grünen Apponyi-Dekor der Herender Porzellanmanufaktur: Das frische pflanzliche Motiv in Verbindung mit Gold signalisiert Nobilität und beruhigt das Auge

Die „blauen" Farben des Farbenkreises

Im Bereich der blauen Farben gibt es – ähnlich wie bei den roten – sowohl bei der Terminologie als auch in der gefühlsmäßigen Zuordnung – merkbare Unterschiede. Bei Naturerscheinungen, wie der Färbung des Himmels oder des Meeres, lässt sich ein Über- und Ineinanderfließen von Cyan, Blau und Violett leicht feststellen. In der Kunst kann man den traditionell blauen Umhang der Jungfrau Maria in unterschiedlichen Blautönen als Beispiel nehmen. Der Gewohnheit entspringende persönliche Empfindungen und Benennungen werden daher mit den heute gebotenen Farbbezeichnungen nicht immer in Einklang sein.

Goethe erklärt im Kapitel „Sinnlich-sittliche Wirkung der Farben": „Die Farben von der Minusseite sind Blau, Rothblau und Blaurot (heute: Cyan, Violett und Lila). Sie stimmen

Ágnes Bartha: Das Geheimnis des Blaus, 2002. Dreidimensionales Emaille-Bild, Limoges-Emaille, Silber, 35 × 35 cm

zu einer unruhigen, weichen und sehnenden Empfindung." (6. Abt./777)

Ab hier soll auf die „blaue Farbe" ganz im Allgemeinen eingegangen werden, so wie auch in der Literatur keine klaren Abgrenzungen wahrzunehmen sind.

Seit dem Mittelalter wird das Blau als Farbe der Wahrheit, Standhaftigkeit und der Treue angesehen.

Sie gilt gleichzeitig auch als Symbol des Wissens; Experimente bestätigen, dass ein Mensch in blauer Umgebung zu tiefster geistiger Tätigkeit angeregt werden kann.

Die symbolischen Bedeutungen der Farbe weisen auf irreale Unfassbarkeit, die anzieht und abstößt, reizt und nichts abgibt.

Die Umgangssprache veranschaulicht mit der Farbe oft etwas Unbegrenzbares oder weist

Venusgestalt aus der Arbeit von Konrad Kyeser mit dem Titel „Bellifortis". Federzeichnung, erstes Viertel des 15. Jh. (Sammlung der Ungarischen Akademie der Wissenschaften)

auch auf einen abweichenden Zustand von der Norm hin: Der Ausdruck „ins Blaue fahren" bedeutet eine unsichere Zukunft, „Einen blauen Dunst vormachen" durch Rauchen einnebeln, etwas vorgaukeln, im Ungewissen lassen. Am „blauen Montag" hatten früher die Handwerksburschen frei und betranken sich, heute versteht man auch darunter, ohne triftigen Grund nicht zur Arbeit zu gehen. Menschen nennt man „blauäugig", wenn sie den Äußerungen Anderer leichtfertig Glauben schenken.

In englischer Sprache sagt man „You are all in the blue" d. h. du hast keine blasse Ahnung davon, oder „he looks blue" er sieht traurig aus. Hier sei auch auf George Gershwin verwiesen, der mit seiner „Rhapsody in blue" eine melancholische Stimmung heraufbeschwor.

Spanischen Ursprungs ist der Spruch „es fließt blaues Blut in seinen Adern", der auf eine adlige Abstammung hinweist. Im Gegensatz zur dunklen Haut der Mauren schimmerten durch die helle Haut der Westgoten-Nachkommen blaue Adern hindurch.

Es ist vielleicht kein Zufall, dass die Lebensunfähigkeit des Arbeitsmittels unserer modernen Zeit, des Computers, durch die blaue Farbe verkörpert wird.

Kandinsky, der sich eingehend mit der Verbindung von Farben und Musiktönen beschäftigte, empfand so die unterschiedliche Klangwirkung von Instrumenten: ein Hellblau gleicht einer Flöte, ein Dunkelblau einem Violoncello und immer tiefer gehend den wunderbaren Tönen des Kontrabasses: „Der Klang des Blaus ist tief und ist in seiner feierlichen Form mit einer Orgel vergleichbar".

Dido und Aeneas in der Höhle. Flämischer oder französischer Wandteppich, Zweite Hälfte 17. Jh. 340 × 250 cm. (Ungarische Akademie der Wissenschaften). Für die blauen Farbeschattierungen wurden Färberwaid und/oder Indigo verwendet

An täglichen Gebrauchsgegenständen verwendet die ungarische Volkskunst mit Vorliebe die Farbe Blau. Eine Feldflasche aus der ersten Hälfte des 20. Jh.

PABLO PICASSO (1881–1973) begann nach dem Selbstmord eines Freundes mit 20 Jahren seine „blaue Periode". Seiner Meinung nach ist Blau die Farbe der Traurigkeit, der kalten Nächte und der Einsamkeit.

Der Maler **YVES KLEIN** (1928–1962) rief 1957 eine „blaue Epoche" aus und hat sich 1960 den Namen „Internationales Klein Blau" – das von ihm zusammengestellte Pigment IKB – patentieren lassen. Er wollte die Farbe von allen gefühlsmäßigen Assoziationen befreien, um sie in ihrer Eigenständigkeit als „Kunstwerk an sich" zu präsentieren. Mit dieser Farbe fertigte er eine ganze Serie an.

Im Folgenden analysieren wir die wirklich definierbaren Eigenschaften der blauen Farben des Farbenkreises.

Violett

G: Blaurot
Grundfarbe der additiven Mischung

Goethe charakterisierte die Farbe wie folgt: „Jene Unruhe nimmt bei der weiter schreitenden Steigerung zu, und man kann wohl behaupten, dass eine Tapete von einem ganz reinen gesättigten Blauroth eine Art von unerträglicher Gegenwart seyn müsse…" (6. Abt./790).

Nach Heimendahl zitiert: „Man kommt dem Wesen des Violett nur dann wirklich nahe, wenn wir davon ausgehen, dass der ungelöste Konflikt das spezifische Kennzeichen dieser Farbe ist. Violett stellt eher nur eine Frage, als dass es eine Antwort gibt… Als selbst leuchtende Spektralfarbe hat Violett eine geradezu magische Ausstrahlung, die das Denken und den Willen lähmt." (Heimendahl 1961, S. 206)

Er meint, dass keine andere Farbe so sichtbar den Zwischenbereich von Dunkel und Licht, Tod und Leben bewohnt.

Nach Kandinsky ist Violett ein abgekühltes Rot im physischen und psychischen Sinne. Es hat deswegen etwas Krankhaftes, Erloschenes (Kohleschlacken!), etwas Trauriges in sich.

Das Violett gilt als eine zwiespältige, gebrochene Malfarbe in der sich die beiden Farbenergien eher bekämpfen als verbinden. Der Cyan-Anteil, der aus der Dunkelheit hervortritt, wirkt verschlossen und das Magenta vermag ihm kein Leben und keine Wärme zu geben. Es handelt sich um eine mächtige Farbe von polarer Gegensätzlichkeit.

In der Literatur gilt diese Farbe als am wenigsten einheitlich. Während das Gelb und das Blau sich bei Malfarben im Grün harmonisch vereinigen, trägt Violett die Leidenschaft des Purpurs [Magenta] und die spirituelle Offenheit des Cyans in sich, denen es seine nicht gelösten Spannungen und charakteristischen Eigenschaften zu verdanken hat: Unzufriedenheit, Verzicht und eine Mischung aus Depression und Beunruhigung. Von den Farben des Farbenkreises zieht sie sich am meisten zurück, als ob sie sich nach Alleinsein und Distanzierung sehnte.

In der Natur kommt Violet mit seiner Komplementärfarbe Gelb oft vor. Auch in an-

Die blauen Trauben bilden die Basis für edlen Rotwein: Blaufränkischer, Blauer Portugieser

Schrammel Imre: Renaissance-Dame, 1998. Porzellan, 41 × 15 × 13 cm. Die Düsterheit der Farbe wird durch die Harmonie des durchbrochenen Porzellans und dem Golddekor aufgelockert
Foto: Kornél Kovács

deren Zusammenhängen entsteht mit beiden eine angenehme und ausgeglichene Symbiose.

Goethe schlug vor, die Farbe nur sehr verdünnt und hell an Kleidung oder sonstigem Zierrat anzuwenden (s. 6. Abt./790).

Nicht von ungefähr wird Violett als passend für Kleider alter Frauen gehalten.

In ihrer größten Reinheit strahlt sie Ruhe aus und weckt das Gefühl der Kälte, Passivität und Beständigkeit.

Sie ist daher eine beliebte Farbe für feierlich gestaltete Einladungen.

Mit Schwarz vermischt nimmt Violett eine immer traurigere Stimmung an, mit Weiß vermischt dagegen wird es lautlos und unbedeu-

Charakteristische Frühlingsblumen prangen in strahlendem Gelb und Violett

tend. Seine Pastellschattierungen vergrößern die Raumwirkung, und weil sie zurückgenommen sind, können sie für das Auge von angenehmer Wirkung sein.

Zum Schluss eine fast dichterische Formulierung zur Farbe: „…das Violett will sich nicht ganz geben, es ist verschlossen im äußersten Grade, es will sich nicht erwärmen lassen und nicht erwärmen … es ist ein in seinem Hervordringen gewaltsam gehemmtes Leben, es ist finsteres Licht, kalte Wärme, erstarrte Lebendigkeit … das Violett steht sehr schön am Ende des Spektrums; nach Grün und Blau leuchtet mit ihm, dem die Farbenreihe eröffnendem Vollrot entsprechend, noch einmal rötlicher Lebensschein hervor, aber es reicht nicht mehr zum Vollen zu, Licht und Wärme wagen sich noch einmal heran, aber sie kehren um, ziehen den Vorhang zu und hüllen sich in Finsterniß…" (Köstlin 1869, S. 488 f.)

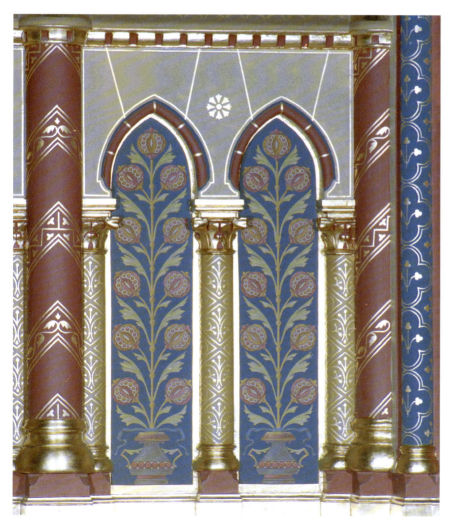

Die Blüten der ungarischen Pflanzenwelt vor blauem Hintergrund im Budapester Parlament

CYAN

G: Blau
Grundfarbe der subtraktiven Mischung

Eine Madonnendarstellung in typischer Farbenkomposition in blauem Mantel und Magentagewand. Ein Fresko von F. A. Maulbertsch, Pfarrkirche zu Sümeg (Ungarn)

Goethe schreibt: „So wie Gelb immer ein Licht mit sich führt, so kann man sagen, dass Blau [Cyan] immer etwas Dunkles mit sich führe." (6. Abt./778)

Für ihn steht das Blau der Minus-Seite dem Gelb der Plus-Seite gegenüber, aus deren Mischung Grün entsteht.

„Diese Farbe macht für das Auge eine sonderbare und fast unaussprechliche Wirkung. Sie ist als Farbe eine Energie; allein sie steht auf der negativen Seite und ist in ihrer höchsten Reinheit gleichsam ein reizendes Nichts. Es ist etwas Widersprechendes von Reiz und Ruhe im Anblick." (6. Abt./779)

Goethe hält die Wirkung von Cyan auch deshalb für angenehm, weil es sich nicht uns aufzwingt, „sondern weil es uns nach sich zieht" (6. Abt./781). „Das Blaue giebt uns ein Gefühl von Kälte, so wie es uns auch an Schatten erinnert..." (6. Abt./782) – was wie eine Vorahnung der farbigen Schatten des Impressionismus klingt!

Goethe sagt aber auch: „Zimmer, die rein blau austapeziert sind, erscheinen gewissermaßen weit, aber eigentlich leer und kalt." (6. Abt./783). In der Tat erweckt die Farbe auf großer Fläche ein starkes Kältegefühl, aber ihre hellen Schattierungen auf Decke und Wänden vermitteln ein Gefühl von freier Luft.

Nach Heimendahl versinnbildlicht Cyan die Sehnsucht nach dem Wunderbaren und die tiefe seelische Sehnsucht nach einer Welt, die nicht irdisch ist. So gesehen, ist für ihn Cyan „...gerade nicht die negative, aus dem Dunkel kommende Farbe, die uns an Kälte und Schatten erinnert, wie Goethe meinte" (Heimendahl 1961, S. 205).

Nach Kandinsky zitiert: „Die Vertiefungsfarbe finden wir im Blau... in ihren physischen Bewegungen, 1. vom Menschen weg und 2. zum eigenen Zentrum (hin)... Je tiefer... desto mehr ruft es den Menschen in das Unendliche, weckt in ihm Sehnsucht nach Reinem und schließlich Übersinnlichem" (aus *„Über das Geistige in der Kunst"*).

Cyan ist eine friedliche, beruhigend wirkende, zurückhaltende, sehnsuchtsvolle, eventuell auch deprimierende Farbe.

Sie ist Symbol des Himmels und der endlosen Ferne und Tiefe und damit auch Ausdruck der Unbegreiflichkeit, Endlosigkeit und Ergebung, der Meditation und des Intellekts. Auch nach Goethe ist in dem Blauen merken und denken *(Nachträge zur Farbenlehre)*.

Cyan senkt den Blutdruck und die Pulsfrequenz und beeinflusst die Atmung. Nach Meinung der Psychiater ist sie die beliebte Farbe von Melancholikern und Frauen.

Im blauen Himmel schwebende Engel halten das Wappen von Budapest an der Decke des Prunksaales im Neuen Rathaus

Als Farbe der Treue und der Standhaftigkeit erweckt sie Respekt. So kommt sie in zahlreichen Nationalflaggen vor.

Sie spricht besonders Kinder an und wird aus dem Grund als Farbe für Bücher, Spielzeug und zur Dekoration von Kinderzimmern empfohlen.

Bei Innenräumen wirkt sie sowohl mit ihrer Komplementärfarbe, dem Orange, als auch mit den ihr verwandten Farben kombiniert außerordentlich elegant.

Die Werbebranche verwendet Cyan in Zusammenhang mit der Luft, dem Wasser und dem Fliegen.

Bei der Gestaltung von Packmaterial, Reklamen und Postern suggeriert sie Zuverlässigkeit, Stabilität und Kontinuität.

Mit Schwarz gemischt verändert sich Cyan und es ergibt sich die sogenannte meeres- oder

indigoblaue Farbe. Sie lässt sich mit Weisheit, Fachkundigkeit, Ehrbarkeit, Stabilität und Eintracht assoziieren. Je nach Stärke der Mischung nimmt sie eine immer traurigere Stimmung an.

Häufig sind Kleidung und Uniformen blau: die Uniformen der Marine, die Kleidung japanischer Bauern, Schuluniformen und die Blue Jeans.

Wegen ihres soliden vertrauenerweckenden Charakters ist sie ideal für die visuelle Gestaltung von Jahresberichten und sonstigen offiziellen Dokumenten.

Weil die Farbe viel Licht schluckt, sollten täglich genutzte Gegenstände (Tischdecken, Geschirr, Servietten) durch Weiß ergänzt werden, um eine frischere und aufmunternde Wirkung zu erzielen.

Mit Weiß gemischt wirkt Cyan eher zurückgenommen und verströmt Gelassenheit. So bietet sie sich als Schlafzimmerfarbe an.

Nach Goethe ist es nicht unangenehm, wenn Cyan durch Beimischung ein wenig auf die Plusseite gerückt wird. Das „Meergrün" hält er für eine liebliche Farbe (s. 6. Abt./785).

Der Kuppel der Kirche der Ikone der Gottesmutter von Kasan in Kolomenskoje, Russland (1649–1653) versinnbildlicht das blaue Himmelszelt

BLAU

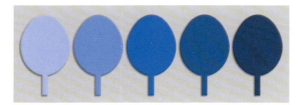

G: Rotblau

„Das Blaue steigert sich sehr sanft ins Rothe und erhält dadurch etwas Wirksames, ob es sich gleich auf der passiven Seite befindet…" (6. Abt./787).

Nach Goethe gibt es bei dieser Farbe kein Vorwärtsschreiten sondern den Wunsch einen Ruhepunkt zu finden.

Diese Farbe gehörte von alters her der herrschenden Klasse – sowohl den weltlichen als auch kirchlichen Würdenträgern – an. In „Königsblau" – so wird noch heute zitiert.

Es handelt sich um eine starke, charakteristische Farbe, die nicht in den Hintergrund gedrängt werden kann.

Sie ist unfreundlich, ein Annähern abweisend – eher in warmen, dunstigen Räumlichkeiten zu verwenden und dient zur Beeinflussung der psychologischen Wärmeempfindung. Sie kommt bei Verwendung in Innenräumen nur dann zur Geltung, wenn diese über einen natürlichen Lichteinfall verfügen.

Mit Gelb, Gold oder Goldgelb kombiniert wird sie buchstäblich zum Leben gebracht.

Die Jugendstil-Gruft der Familie Schmidl auf dem Judenfriedhof in Budapest. Sie ist mit Keramikfliesen aus der Zsolnay Keramikfabrik verziert

Keramiken der Fabrik Zsolnay als Wanddekoration in den Räumen des Gellért-Heilbades in Budapest

TÜRKIS

G: Blaugrün

Griechisches Haus in Farben des Meeres

Die Farbe versinnbildlicht die physische Kondition, Gesundheit und mentale Reinheit. Sie ist ideal zur Ausgestaltung von Bädern, Badezimmerzubehör, Küchen und von geschlossenen Innenhöfen. In der Werbebranche ist sie die bevorzugte Farbe für Verpackungen von Waren, die mit Baden, Körperpflege und Gesundheitsschutz in Zusammenhang stehen. Die mit Weiß gemischte Schattierung des Türkis erweckt eine Stimmung der Leichtigkeit und Durchsichtigkeit, die zum Beispiel eine Meeresstimmung der Karibischen Inseln suggeriert. Deshalb verwendet man sie mit Vorliebe für Reise- und zur Ruhe inspirierende Prospekte, aber auch bei Restaurants in Wassernähe oder in Massage- und Frisiersalons.

Seeküste bei Eilat, Israel

LILA

G: Rotblau

Ein Lavendelfeld auf der Halbinsel Tihany am Balaton

Der charakteristische lila Farbton der Aubergine

Sie ist eine energiegeladene Farbe, welche die durchdringende Natur des Magenta und die Inspiration des Violett in sich vereinigt.

Die Beliebtheit und der Schattierungsreichtum der Farbe drückt sich in ihren zahlreichen Benennungen aus, wie Bischofslila, Lavendelfarben, Fliederlila, Veilchenblau, Auberginenfarben etc.

Sie trägt eine gewisse Mystik, Entziehung und Abstraktion in sich. Sie ist die Farbe der Enthaltsamkeit. Sie schafft Gleichgewicht zwischen Verstand und Sehnsucht, Weisheit und Gefühlen, sie kann Ausdruck der Intelligenz, des Wissens, der religiösen Andacht, Demut, Sündenreue, des Schmerzes, der Traurigkeit und der Erwartung sein. In der katholischen Liturgie ist sie die Farbe des Advents und der Fastenzeit.

Lila ist eine leidenschaftliche, bestimmende und mutige Farbe mit einem jugendlichen Elan, die jeglicher Tradition widersteht. Sie eignet sich hervorragend für Einladungsschreiben und Drucksachen zu aktuellen Gelegenheiten, aber bei Innenräumen sollte man sie mit entsprechender Vorsicht anwenden, da sie sich je nach Beleuchtung oder Tageszeit sehr verändern und ein völlig anderes Gesicht zeigen kann. Es erweist sich daher als zweckmäßig, ihr mit neutralen Grautönen entgegenzuwirken. Aufgehellt zu Lavendel wirkt sie als eine warme sommerliche Farbnuance.

Die Farbe ergibt mit Weiß oder Grau abgestumpft ein Mauve, das sehr zurückhaltend und zurückgenommen ist und eine unbestimmte Sehnsucht verbirgt. Es ist bezeichnend, dass die viktorianischen Witwen, die nach dem Tode ihrer Männer ein Jahr Schwarz trugen, ihre Kleidung mit dieser Farbe ergänzten.

Zu einem verbreiteten Gebrauch der Farbe hat sicherlich eine große Rolle gespielt, dass W. H. Perkin Mitte des 19. Jahrhunderts als erste synthetische Farbe ausgerechnet das Mauve hergestellt hat.

Frauen in lilafarbenen Kleidern in der 2. Hälfte des 19. Jh.

Farbensymbolik im Bereich der Kulturen, insbesondere in der katholischen Kirchenliturgie

Die Farbe ist nicht eine zufällige, sondern eine charakteristische Eigenschaft, beispielsweise eines Gegenstands oder einer Gestalt, um deren Erscheinungsbild zu vervollständigen und zu stärken. So haben die Ägypter zur Bezeichnung der Farbe das Wort „Wesen, Substanz" verwendet. Nach Goethe heißt es: „Am farbigen Abglanz haben wir das Leben", d. h. der farbige Glanz ist für uns das Leben selbst.

Da, wo die Farbe der Trauer das Schwarz ist, kann sie auf die „Schattenwelt" nach dem Leben hinweisen, die nicht mehr die das Leben versinnbildlichende Helligkeit zu durchbrechen vermag und daher ihren Platz in der ewigen Finsternis einnimmt.

In einem anderen Kulturkreis könnte wiederum das Gegenteil existieren, indem das Weiß das Leben nach dem Tod versinnbildlicht, das Ende des irdischen Wanderwegs und die Unvergänglichkeit (Japan). Im volkstümlichen Sprachgebrauch ist ebenfalls eine eigene Auslegung der Farben zu finden: Im Grün liegt die Hoffnung, im Blau die Treue, im Gelb der Neid, im Rot die Liebe und im Weiß die Unschuld.

Schon in frühen und antiken Kulturen ordnete man den Farben bestimmte Begriffe zu, wie den Himmelsrichtungen, den Elementen oder sogar den gesellschaftlichen Klassen. In Mesopotamien hatten sich zu den Planeten entsprechende Farben gesellt: Zum Saturn gehörte das Schwarz, zum Jupiter das Dunkelrot, zum Mars das Rot, zur Venus das Gelb, zur Sonne das Gold und zum Mond das Silber. Im alten Persien wurden die drei Klassen der Gesellschaft nach Farben unterschieden: Das Weiß kennzeichnete die geistliche Schicht, das Rot (oder das Bunte) das Militär und das dunkle Blau die ackernde und säende Landbevölkerung. In Ägypten symbolisierte das Blau die Farbe der Götter, das Rot die des Seth (der Geist der Verleugnung), das Grün die des Lebens und das Schwarz die des Todes (und auch der Wiedergeburt). In Mexiko bedeuteten das Weiß die Morgenröte und den Ursprung, das Rot das Feuer und das Blut, das Blau das Wasser und den Regen. In der buddhistischen Kunst hatten die Farben zweierlei Rollen: eine objektive, erklärende und eine psychisch-ästhetische Funktion. Der Symbolwert der einzelnen Farben ist dabei viel schwieriger als bei anderen Kulturen zu beschreiben: Das Gold jedenfalls bedeutet die „wahre Farbe", das Sinnbild der Vollkommenheit. In der Welt der Schwarzafrikaner bilden drei Farben, das Schwarz, Rot und Weiß

Messgewand, 16. Jh. (Ungarisches Nationalmuseum)

einen „Dreiklang", nämlich das Zusammenklingen des irdischen Daseins, der Lebensfreude und der überirdischen Welt. Diese drei Farben werden bei den sudanesischen Völkern noch durch das Grün des Islam ergänzt.

Die Farbenwelt des Christentums entwickelte sich aus seinem unmittelbaren Umfeld, den Traditionen des Alten Testaments, und nahm im Laufe seiner Ausbreitung auch aus den Quellen anderer Länder und Kontinente Sinnbilder auf.

So steht das Schwarz für die Sünde, den Tod und die Trauer, das Weiß für die Unschuld, die Reinheit und den Frieden, das Rot für die Liebe und das Blutvergießen, das Grün für das Leben und die Hoffnung, das Gelb für den Neid und das Blau für die Treue.

Durch Papst Pius V. wurde in der allgemeinen und verbindlichen Gottesdienstverordnung der bis heute charakteristische Gebrauch von liturgischen Farben festgeschrieben.

In den apostolischen Zeiten waren die bei Gottesdiensten benutzten Gewänder mit der Alltagskleidung identisch, da die gemeinschaftliche Zeremonie des „Brotbrechens" in Privathäusern der Gemeinde abgehalten wurde. In

Jesuitenpater István Szántó (Arator) mit seinen Schülern vor Papst Gregor XIII. Werk eines unbekannten Malers aus dem XVI. Jh. (Collegium Germanicum et Hungaricum, Rom)

der Zeit der Kirchengründungen nahmen die liturgischen Handlungen zu und damit änderte sich auch die Art und Farbe der Gewänder der Geistlichen, sie wurden ausdrucksvoller und abwechslungsreicher. Während ein Unterkleid aus grobem und weißem Material bestehen blieb, erhielt das Oberge-

Papst Johannes Paul II. weiht 1980 im Kreise der Mitglieder der Ungarischen Katholischen Bischofskonferenz die Kapelle der Magna Domina Hungarorum in Petersdom

Adventsgottesdienst in der Budapester Basilika

Kommunion an einem Sonntag des Kirchenjahres

wand – ein tellerförmig rund geschnittener, in weiten Falten fallender capeartiger Überwurf (Casula) – eine rote Einfärbung. Vom 9. Jahrhundert an haben sich die Feiertagskreise mit den ihnen entsprechenden liturgischen Farben ausgebreitet, deren symbolische Merkmale sich bis zum heutigen Tag nicht veränderten.

Diese liturgische Farbenwelt zeigt sich fast ausschließlich in den Gewändern (Paramenten) der jeweiligen Gottesdienste.

WEIß ist die Farbe der inneren Welt Gottes, des Glücks und der Vollkommenheit. Die kirchliche Liturgie verwendet sie an den Feiertagen des Herrn: zu Weihnachten, Ostern und an den Feiertagen der Heiligen, die keine Märtyrer sind.

ROT, die Farbe des Feuers, des Heiligen Geistes, der liebevollen Selbstaufopferung und des Märtyrertums wird zu Palmsonntag, Karfreitag, Pfingsten, und an den Feiertagen der heiligen Märtyrer getragen.

GRÜN als die Farbe der tätigen Lebenskraft und der Hoffnung, wird deshalb an Sonntagen des Kirchenjahres und an solchen Werktagen benutzt, auf die keine Heiligenfeiern entfallen.

SCHWARZ als Farbe der Trauer wie in den meisten europäischen Kulturen, findet entsprechend bei Trauerfeiern und Beerdigungen ihre Verwendung.

LILA birgt eine gewisse Mystizität und Abstraktheit in sich und deshalb ist sie das Sinnbild der Buße und der Entsagung. Sie ist die charakteristische Farbe des Advents, der großen Fastenzeit und der Bittgottesdienste.

Die Farbe ROSA löst die lila Tönung der Reue und Sühne auf. Sie dient ausschließlich bei zwei Gelegenheiten, nämlich in der Liturgie des 3. Adventssonntags und des 4. Sonntags der Fastenzeit.

Die rote Farbe erscheint in zwei Varianten auf der Kleidung kirchlicher Würdenträger.

Der Papst trägt immer eine weiße Soutane und auf dem Kopf das Pileolus. Seine liturgische Kleidung ist dem jeweiligen Fest, den Feiertagen oder den vorgeschriebenen Farben der durchzuführenden Zeremonie angepasst.

Die aus Grundfarben erzeugten Stoffe wurden häufig mit Silber und Goldfäden bestickt, aber zur Hervorhebung der Bedeutung des Feiertags auch Silber- oder Goldbrokate verarbeitet. Diese Materialien konnten die weißen Gewänder ablösen. Die Vielfältigkeit der liturgischen Farben weist nicht nur auf den theologischen Reichtum des Kirchenjahres hin, sondern sie beschenkt den Gläubigen mit der gefühlsmäßigen Farbenvielfalt der Feiertage und der Feierkreise.

ATTILA FARKAS

Die Farben im Alten Testament und in der jüdischen Tradition

In dem sich mit der Bibel befassenden Schrifttum ist häufig zu lesen, dass es in den Ursprachen des Alten Testaments und selbst im Hebräischen keine Bezeichnungen für die Farben gab. Die Realität zeigt aber gerade das Gegenteil dieser in wissenschaftlichen Kreisen umgehenden irrtümlichen Meinung auf. Warum diente schließlich nach der Sintflut ausgerechnet der Regenbogen als Symbol des Bundes zwischen Gott und den Menschen? Und in der Tat hat auch schon in den frühsten hebräischen Literaturzeugnissen das Farbensehen eine Rolle gespielt. Im Lobgesang der israelitischen Seherin Debora (um 1200 vor unserer Zeitrechnung) heißt es: „...sie werden wohl Beute finden und verteilen... vielfarbige Beute für Sisera, vielfarbige Beute, Handgewebtes, zweifarbig Handgewebtes um den Hals der Sklavin" (Richter 5,30).

Der Prophet Jeremia vergleicht das israelitische Volk mit einem bunt gefiederten Vogel (12,9). Das Gewand des Joseph war dagegen nicht einfach „bunt", wie in manchen Bibelübersetzungen zu lesen ist (I. Mose 37,3), sondern von feinen Farbstreifen durchzogen, da dies den erstgeborenen Söhnen in Israel und Ägypten als Privileg zu tragen zukam. Solche Kleidungen (im Allgemeinen grün und rot gestreift) lassen sich auf ägyptischen Darstellungen von Erstgeborenen finden.

Der Umgang mit Farben zählte zu einem der wichtigen Tätigkeitsbereiche des frühen und mittelalterlichen Judentums. Die dafür geschaffenen Färbereien wurden „Haus der Farben" (Hebräisch: *Beth ha-Zewa*) genannt (Talmud Pesachim 58/b).

Die Alten kannten schon die Farben Weiß *(lawan)* und Schwarz *(schachor)* und ihre unterschiedlichen Tönungen. Das blendende Weiß verglich man mit dem Schnee, der Wolle (Jesaja 1,18), oder der Milch, z. B. im Abschiedsgesang des Jakob: „...seine Zähne sind

Biblische Szene mit weißen und schwarzen Lämmern in der Wüste Negev, Israel (1. Buch Mose. 30,32.)

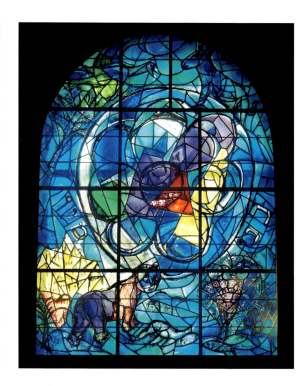

Stamm von Josef – Glasfenster von Chagall in der Synagoge des Hadassa-Krankenhauses in Jerusalem. Mit freundlicher Genehmigung der amerikanischen Zionistischen Frauenorganisation Hadassa

Stamm von Benjamin – Glasfenster von Chagall in der Synagoge des Hadassa-Krankenhauses in Jerusalem

weißer als die Milch" (I. Mose 49,12), das Gelbweiße mit dem Mond, oder mit den trübweißen Flecken eines Hautausschlags (III. Mose 13,39) und auch mit dem Fell von Pferden (z. B. Sacharja 6,6).

Neben dem Schwarz verwendete das Alte Testament auch den Ausdruck „schwärzlich" *(schecharchor)*. Im Hohelied Salomos (1,5), singt das Mädchen: „Ich bin schwärzlich, aber schön" (sie weist damit darauf hin, dass ihr Körper stark von der Sonne gebräunt wurde, sie also keine gänzlich schwarze Hautfarbe besitzt.)

Die schwarze Farbe symbolisierte aber auch Schlechtes. Die Haut von Ham, dem ursprünglich erstgeborenen Sohn von Noah, wurde zur Strafe schwarz (laut Kommentare zu I. Mose 9,26). Aber auch das Weiße stand nicht unbedingt nur für das Symbol der Sündlosigkeit und vertrat das Gute, obwohl es ehedem die Farbe der feierlichen Bekleidung gewesen ist (von daher stammt der in der heutigen religiösen Ausübung noch gebräuchliche weiße Kittel). Laban (als Eigenname) heißt deshalb „Weiß", weil er kein aufrichtiger Mensch gewesen ist: er betrog seinen Schwiegersohn Jakob, indem er diesem anstelle des geliebten Mädchens Rachel dessen ältere Schwester Lea zur Frau gab.

Außer dem Weiß und Schwarz waren damals auch das Rot, Grün und Gelb, Braun und Blau mit entsprechenden Abstufungen bekannt.

Zu den wichtigsten Farbstoffen für Textilien zählten der rote Purpur *(argaman)*, der blaue Purpur *(techelet)* und das Hochrot – auch Karmesinrot und Scharlachrot genannt – (ursprünglich unter *schani*, auch *tola'at schani* und später unter dem persischen Lehnwort *karmil* bekannt (II. Chronik 2,6). Man begegnet ihnen häufig in den Heiligtümern der Wüste.

Im Hohelied Salomos (7,6) wird emphatisch die Schönheit einer Tänzerin unter anderem auch mit kostbaren Farben verglichen: es heißt „dein Haupt auf dir ist wie das Karmesin („karmil" und nicht – wie allgemein übersetzt – dem (Berg) „karmel". Hebräisch sind beide Wortbildungen möglich), das Haar auf deinem Haupt ist wie der Purpur *(argaman)*.

Rahab, die Gastwirtin in Jericho hatte als Schutzzeichen in ihrem Fenster scharlachrote Fäden *(hut schani)* ausgehängt (Josua 2,1 ff).

Rot kann auch das Symbol des Blutes und der Sünde sein. In der berühmten Eröffnungsrede des Propheten Jesaja (1,18) heißt es: „Wären eure Sünden auch rot wie Blut, so sollen sie ausweißen wie der Schnee, wären sie auch so rot wie Scharlach, sollen sie so weiß wie die Wolle werden".

Das Adjektiv rot (hebräisch *adom*), abgeleitet vom Wortstamm dam, das Blut, ist auch mit *adama* (die Erde, der Erdboden) und sogar *adam* (der Mensch) verwandt.

Rot *(adom)* tritt ebenfalls als Eigenname auf: Es ist kein Zufall, dass Esau (der Behaarte) auch Edom (der Rote) genannt wurde, und das von ihm erbetene Linsengericht einen verwandtschaftlichen Bezug zu adom hat. Die nahöstliche Linse besitzt eine rötliche Farbe und deshalb sagte der von der Jagd ermüdete Esau zu seinem Bruder Jakob: „Gib mir doch etwas zu essen von dem Roten, von dem Roten da, ich bin ganz erschöpft." (I. Mose 25,39)

Für blassrot benutzt die Bibel *adamdom* (s. III. Mose, 14,4.).

Ein weiteres Farbadjektiv *admoni* (rötlich) deutet auf die Hautfarbe des Menschen hin. Der junge David „besitzt ein schönes Aussehen, gerötete Wangen und ist von guter Gestalt (I. Samuel 16,12).

Im Gegensatz zu einer frischen Hautfarbe des Menschen ist die eines Toten weiß. Daher lautet das hebräische Verb für beschämen, (erbleichen lassen) *„lehalbin"*, weil man beobachtete, dass das Gesicht eines Menschen vor Schamgefühl blass wird, das Blut aus dem Kopf weicht. Im Talmud heißt es deshalb: „Wer das Gesicht seines Nächsten erbleichen lässt (ihn beschämt), handelt so, als ob er ihn getötet hätte" (Baba Mezia 58/a).

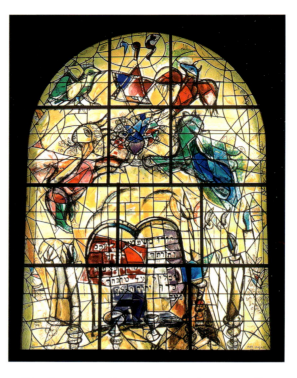

Stamm von Levi – Glasfenster von Chagall in der Synagoge des Hadassa-Krankenhauses in Jerusalem

Ein Rostrot oder Ziegelrot (Eisenoxid) ist das *scheschar* (Ezekiel, 23,14).

Der in Israel gebräuchliche orangerote Rosinenwein wurde mit Wasser und Gewürzen getrunken. Seine Farbschattierungen waren daher allgemein bekannt. (Im christlichen Glaubensritual mischt man den Messwein bis zum heutigen Tag nach israelischem Ritus.)

Die grüne Farbe *(jarok)*, die gleichzeitig auch für Gelb steht, kennt einige begriffliche Unterscheidungen: Sie selbst bedeutet das Grüne in weitestem Sinne. Ihr sprachlich verwandt ist jerek, die Farbe der Natur und der Kräuter, die der Nahrung dienten (s. I. Mose 9,3). Das blassere Grün hieß *jerakrak* (grünlich, auch gelblich, fahl, blass). Nach dem Talmud war das Gesicht der Königin Esther grünlich. Für die gelbe Farbe wurde oft das Wort *karkom* (safranfarbig) gebraucht.

In den Psalmen 68,14 heißt es: „Die Flügel der Taube sind mit Silber bedeckt, ihre Federn mit grünlichem Gold besetzt." Der Talmud regt zur Auslegung dieses Zitats an „Welches grünlich ist unter den Grünen gemeint? Rabbiner Eleazar sagte: „Es war so wie das Wachs oder die Karmellilie" (Jerusalemer Sukkot, 3), also ein Gelb! Mit dem Wort *jerakon*, das grün (eigentlich gelb) bedeutet, wird in der Bibel die Malaria bezeichnet (Jeremias 30,6).

Auch für Braun gab es zwei unterschiedliche Tönungen. Das *chamuz* war ein rötliches Braun, das der Prophet Jesaja an einem durch geronnenes Blut verschmutzten Kleid erwähnt (63,1). Das noch heute gebräuchliche Braun (*chum*), das mit dem hebräischen Wort cham für „warm" verwandt ist, steht daher für eine warme dunkelbraune Farbe, die zwischen einem Rot und Schwarz liegt. Im Alten Testament tritt die Farbe beim Streit zwischen Jakob und Laban wegen des Aussortierens der u. a. dunkelfarbigen Schafe auf (s. I. Mose 30,32).

Die Tönungen des blauen Purpur, des *techelet*, lassen sich mit den Farbschattierungen des Himmels vergleichen. Auch Königsmäntel wurden schon in den alten Zeiten des Ostens aus Purpurstoff gefertigt. Die landnehmenden jüdischen Stämme, die ca. 1400 Jahre vor unserer Zeitrechnung in Kanaan angekommen sind, erbeuteten den sogenannten „Sumerer"-Mantel, der von dieser Farbe gewesen sein kann. (Josua 7,2). Als weiterer sehr dunkler Blauton ist das *kachol*, zum Beispiel die Farbe des Meeres, bekannt.

In den alten Zeiten Israels bestand die Tageskleidung, der *talit*, (Gebetsmantel) den sich die religiösen Männer zum morgendlichen Gottesdienst überzogen, aus blau-weißen, weniger rot-weißen Streifenmustern. Da nach den Traditionsvorschriften die Juden früher dann aufstehen mussten, wenn sich der Himmel von der Farbe der Wolken trennte (also das Blau vom Weiß), genügte es ihnen, auf das an einem Nagel hängende Tageskleid zu schauen, um zu wissen, ob die Zeit des Aufstehens gekommen war. (Dies war ihre „Weckuhr"!)

Die Frauen benutzten zur Färbung ihrer Haare und zum Schminken der Gesichter Henna (*puch*). Ihre Haare wurden davon rötlich-violett und ihre Gesichter rosig. Sie umrandeten sogar ihre Augen mit Hennapuder, um sie durch die blau-violette Färbung hervortreten zu lassen.

Der Prophet Jeremia weist darauf hin, indem er die ausgeplünderte Stadt Jerusalem mit einer sich aussichtslos verschönernden Frau vergleicht: „Vergeblich kleidest du dich in Purpur, vergeblich schmückst du dich mit goldenen Kleinoden, vergeblich untermalst du deine Augen, vergeblich machst du dich schön, deine Liebhaber werden dich verachten und dir nach dem Leben trachten (4,30). In II. Könige 9,30 heißt es von Isebel: „Und als Jehu nach Jesreel kam und Isebel das erfuhr, belegte sie ihre Augen mit Schminke und schmückte ihr Haupt und schaute zum Fenster hinaus."

Im Abschiedsgesang des Jakob bezieht sich eine dichterische Zeile auf das bläuliche Aussehen seines Augenlids: „Deine Augen sind blauer als der Wein", d. h. dunkel verschattet, ähnlich wie der allgemein beliebte aromatische Wein (I. Mose 49.12).

Als Chagall die Glasfenster der Synagoge für das Jerusalemer Hadassa-Krankenhaus entwarf, studierte er sicherlich nicht nur die Symbole der früheren jüdischen Stämme, sondern auch jene mögliche Farbenwelt, welche die Tradition (und innerhalb dieser die mystische Überlieferung, die Kabbala) beispielsweise den namensgebenden Persönlichkeiten der Stämme zugeordnet hatte. So ist es kein Zufall, dass er – gemäß der Bibel – Joseph, den Erstgeborenen und später zum Unterkönig aufgestiegenen einen prachtvollen Mantel in einem das ganze Fenster dominierenden Gelb tragen lässt, während die Fenstertafel des Juda, der über die Daviddynastie zur Macht kam, durch das Rot versinnbildlicht wird.

Tamás Raj

Die Farbensymbolik des Alltags

Den gezielten, bewussten Einsatz der Farben finden wir in allen Bereichen des gesellschaftlichen Lebens: bei den Gegenständen unserer Umgebung, an Fahrzeugen, Lichtsignalen, industriellen Rohrleitungen, Verpackungsmaterial, in der Medizin usw. und sie spielen vorallem auch bei der Kommunikation zwischen den Menschen eine wesentliche Rolle.

Das Tragen bestimmter Kleidungsfarben gehörte schon seit je her zum Privileg gewisser Klassen, Gruppen oder Vereinigungen, während der überwiegende Teil der Bevölkerung sich mit einfachsten, meist unkolorierten Textilien begnügen musste. So hat die Farbe den Menschen ihren Platz in der gesellschaftlichen Hierarchie zugewiesen.

Uniformen und Amtskleidung haben eine doppelte Funktion: sie trennen und verbinden die Menschen. Goethe spricht auch über die Farben der Uniformen und Livreen etc. Im Allgemeinen sei festzustellen, meinte er, dass diese nicht harmonisch aussehen müssten. Die Livreen hätten eher auffällig zu erscheinen und die Uniformen sollten Würde und Charakter ausstrahlen (s. 6. Abt./847).

Die Uniformen des Militärs, der Polizei oder beispielsweise der Luftfahrtgesellschaften, die Amtskleidungen oder Roben von Richtern, Staatsanwälten und Geistlichen der Kirchen, weiter die Berufskleidung von Ärzten, Krankenpflegepersonal, Handwerken, Fabrikarbeitern etc., grenzen ihre Träger von Außenstehenden ab, vermitteln aber gleichzeitig auch informative Hinweise über diese Personen. Die Berufskleidung verleiht auch denjenigen höheres Ansehen, Rang und Ehre, die aufgrund ihrer gesellschaftlichen Zugehörigkeit oder ihres Lebensstandarts sich mit einem bescheidenen äußeren begnügen müssen.

Der Verfasser besuchte in den 80er Jahren den in New York lebenden berühmten Fotografen André Kertész. Noch heute ist ihm jener Mann gegenwärtig, der den Fahrstuhl im Hause des Künstlers bediente: Mit welcher Würde trug dieser seine Livree samt Kopfbedeckung!

Bei nationalen oder internationalen Sportveranstaltungen und bei den Sportvereinen symbolisiert die Farbe der Kleidung die Zusammengehörigkeit oder Herkunft der Teilnehmergruppen und gewährleistet, dass die gegeneinander kämpfenden Mannschaften unterschieden werden können.

Die manchmal lächerlich wirkenden Hüte oder Kappen der Leute einer Touristengruppe dienen zu deren Unterscheidung und gleichzeitig zur Stärkung des Sicherheits- und Zugehörigkeitsgefühls.

Die Form- und Farbenwelt der europäischen Volkskunst stellt eine Fundgrube an Symbolen dar. Von der Geburt bis ins Grab liefern die Farben unterschiedlichster Trachten Informationen über Alter, Ehe- und Besitzstand ihrer Träger und Trägerinnen und unterscheiden

Tänzer in der Volkstracht von Kalocsa: die Westen der unverheirateten Mädchen sind mit roten, die der verheirateten mit lila Blumenmotiven bestickt

Drei Generationen, dreierlei Hauben. Ankleidung einer Braut bei den Palozen (Nordungarn)

sich selbst auf kleinstem Verbreitungsraum von denjenigen der angrenzenden Nachbarn. Zu bestimmten Anlässen wie Heirat oder Trauer spielen sie in ihrer Prachtentfaltung eine noch größere Rolle. Leider sieht man Trachten heute nur noch zu bestimmten Anlässen in ihrer ganzen Schönheit – wie bei Auftritten von Volkstanzgruppen oder örtlichen Volksfesten.

Manche Ethnographen sehen in der rosafarbigen Kleidung von kleinen Mädchen und in den hellblauen Anzügen der Buben den profanisierten Gebrauch der Farben der Jungfrau Maria (zartrotes Kleid unter dem blaufarbigen Mantel) bzw. den blauen Überwürfen bei Christusdarstellungen (Flórián 1997, S. 763).

Neben den Trachten oder auch der städtischen Kleidung gaben früher die dazu getragenen Hauben, Hüte, Kopftücher oder anderer Haarschmuck, besonders bei den Frauen, ebenfalls Auskunft über Alter und Lebensumstände. Junge Mädchen schmückten ihr Haar mit rosafarbenen Bändern und trugen helle oder bunte Kleider, während ältere Frauen die Farben Blau und Grün bevorzugten und ihre Haare aufgesteckt tragen und auch bedecken mussten. Ältere unverheiratete Frauen hatten in manchen Gegenden solche Kopftücher umzubinden, die sie von den verheirateten Frauen ausgrenzten. Dies war durchaus kein Akt der Gutmütigkeit!

Die schwarze Farbe der Trauer wurde – abhängig vom Verwandtschaftsgrad des Verstorbenen – über einen gewissen Zeitraum getragen und lediglich durch blaue, grüne oder lila Farbtupfer gemildert.

Die zweckgebundene Verwendung der Farben im Informationssystem und die Signalfarben in der Sicherheitstechnik sind Orientierungshilfen von hohem Rang: das Rot signalisiert ein Verbot, das Blau einen Hinweis, das Grün die Aufforderung oder Information, das Orange eine Mahnung.

Auch in der Industrie bildete sich eine Vereinbarung bezüglich der Farbgebungen aus, so zur Unterscheidung des kalten und warmen Wassers, der Rohrleitungen und Montagekabel.

Im öffentlichen Straßenverkehr spielen die Farben ebenfalls eine wesentliche Rolle. Die EU arbeitete ein einheitliches hinweisendes Signalsystem aus, das jedoch noch nicht in allen Punkten umgesetzt wurde.

Die Grundfarbe der angebrachten Tafeln für Autobahnen ist das Blau [Cyan] mit weißer Schrift. In sie können weitere Informationen eingefügt sein, wie die Nummer von Europastraßen – grüner Grund mit weißer Schrift –, Hinweise auf private Ziele, die von Verkehrsbedeutung sind, wie Flughäfen, Messen etc. – weißer Grund mit schwarzer Schrift. Diese Einfügungen gibt es auch als selbstständige Schilder.

In Deutschland haben Bundesstraßen und sonstige Straßen bei allen Hinweisen gelbe Schilder mit schwarzer Schrift, während die gleichen Zeichen in Österreich weißgrundig mit schwarzer Schrift sind.

Auf Entlastungsstraßen und bei Umleitungen werden Hinweisschilder mit orangefarbigen Pfeilen auf weißem Grund angebracht.

Verkehrsschilder an Schnellstraßen: Die Nummer der Straße wird mit einer dem blauen Untergrund entsprechenden Farbe dargestellt

Touristische Informationen erscheinen auf Tafeln mit braunem Untergrund

Tafeln, die der Information zum Fremdenverkehr dienen und auf empfohlene Sehenswürdigkeiten verweisen, sind braun und haben eine weiße Aufschrift.

Für die Schweiz gelten andere Richtlinien. Abweichend bei Autobahnen: grüner Grund mit weißer Schrift, bei Hauptstraßen: blauer Grund mit weißer Schrift, Nebenstraßen: weißer Grund mit schwarzer Schrift.

Es ist üblich geworden, dass man die Eintrittskarten von Museen oder zu öffentlichen Veranstaltungen jeweils für bestimmte Tage in unterschiedlichen Farben drucken lässt, um damit einen schnelleren Einlass zu gewähren und eventuelle Verwechslungen auszuschließen.

Die möglichst schreienden und Aufmerksamkeit verlangenden Plakatierungen auf Flächen und Litfasssäulen auf Straßen, Plätzen und selbst an Häusern und die Dekorationen von Schaufenstern, Kinoeingängen etc. gehören mittlerweile zum täglichen Leben und werden kaum noch als störend empfunden. Dies gilt auch für Neonbeleuchtungen am Abend und in der Nacht, die besonders von den Großstädtern hingenommen werden müssen.

Es sei noch kurz darauf verwiesen, dass in allen Teilen der Welt natürlich die unterschiedlichsten Gebräuche des Farbentragens galten oder noch gelten, aber es ist nicht Aufgabe des vorliegenden Buches dieses Thema zu vertiefen.

Notbremse in einer Straßenbahn aus dem 19. Jahrhundert

Experimente zu Farbphänomenen

Prismatisches Phänomen I.

Prismatisches Phänomen II.

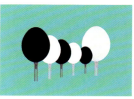

Prismatisches Phänomen III.

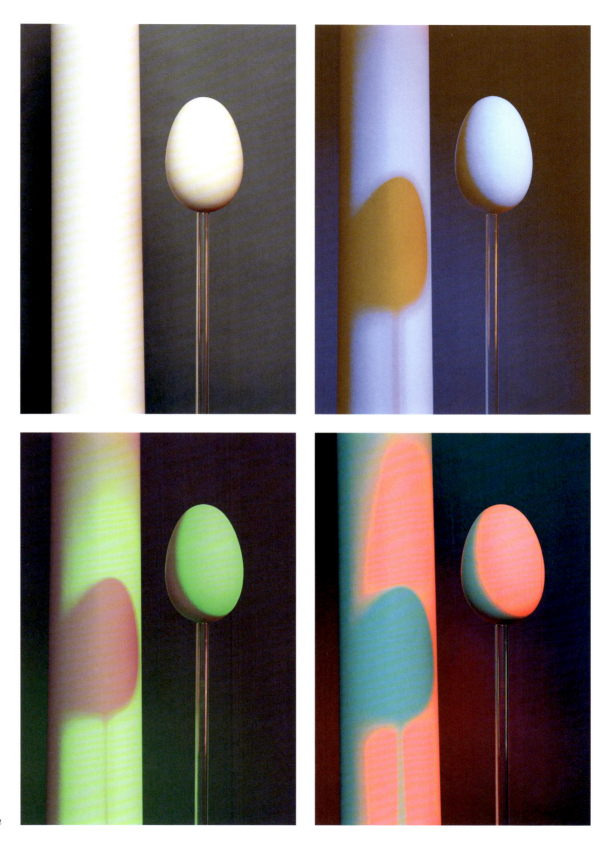

Farbige Schatten

Variationen für Lichtfarben

FARBBEZEICHNUNGEN DER IM BUCH ERWÄHNTEN WICHTIGSTEN FARBSYSTEME

Goethes Farbenkreis

| Gelb | Gelbrot | Purpur | Blaurot | Blau | Grün |

Farbenkreis von Josef Albers

| Gelb | Orange | Rot | Violett | Blau | Grün |

Munsells 10teiliger Farbenkreis

| green-yellow (GY) | yellow (Y) | yellow-red (YR) | red (R) | red-purple (R) | purple (RP) | purple-blue (P) | blue (PB) | blue-green (B) | green (BG) | green-yellow (GY) |

Farbenkreis von Johannes Itten

| Gelb-Grün | Gelb | Gelb-Orange | Orange | Rot-Orange | Rot | Rot-Violett | Violett | Blau-Violett | Blau | Blau-Grün | Grün | Gelb-Grün |

Zwölfteiliger Farbenkreis nach Harald Küppers

| Lind | Gelb | Dotter | Orange | Rot | Magenta | Lila | Violett | Blau | Cyan | Türkis | Grün | Lind |

Englishe Farbnamen

| yellow-green | yellow | yellow-orange | orange | red-orange | red | red-violet | violet | blue-violet | blue | blue-green | green | yellow-green |

18teiliger Farbenkreis von Imre Kner

8	**7**	6	5	**4**	3	2	**1**	18	17	**16**	15	14	**13**	12	11	**10**	9	8
Gruppe Gelb			Gruppe Orange			Gruppe Rot			Gruppe Violett			Gruppe Blau			Gruppe Grün			
Grüngelb	Gelb	Rotgelb	Gelborange	Orange	Rotorange	Gelbrot	Rot	Blaurot	Rotviolett	Violett	Blauviolett	Violettblau	Blau	Grünblau	Blaugrün	Grün	Gelbgrün	Grüngelb

Ostwalds 24teiliger Farbenkreis

1	2	3	4	5	6	7	8	9	10	11	12	13	14	15	16	17	18	19	20	21	22	23	24	1
Gelb				Kress					Rot				Veil				Ublau				Eisblau			Seegrün				Laubgrün			

Heutige Bezeichnung der Ölfarben

| Chromgrün | Kadmiumgelb | Kadmiumorange | Kadmiumrot | Zinnoberrot | Krapplack | Purpur | Preußischblau | Kobaltblau | Coelinblau | Cyanblau | Permanentgrün | Chromgrün |

Literaturverzeichnis

Albers, Josef: *Interaction of Color. Grundlegung einer Didaktik des Sehens*. Mit einem Vorwort von Erich Franz. Verlag DuMont, Köln, 1997

Albers, Josef: *Eine Retrospektive*. DuMont Verlag, Köln, 1988

Alberti, Nicoletto da: *A festészetről [Über die Malerei]*. Della pittura, 1436. Balassi Verlag, Budapest, 1997

Ábrahám, Dr. György (Ed.): *Optika [Optik]*. Panem Kft., Budapest-McGraw-Hill Inc., Maidenhead, 1997

Barabás, János – Gróh, Dr. Gyula (Ed.): Handbuch der Fotografie. Műszaki Könyvkiadó, Budapest, 1956

Bozai, Ágota: Ég, szín, kék (Himmel, Farbe, Blau). In: *Maktár*, 2005/8.

Brockhaus ABC der Optik

Burwick, Federick (Los Angeles): Goethes „Farbenlehre" und ihre Wirkung auf die deutsche und englische Romantik. In: *Goethe-Jahrbuch Band 111*. 1994, Verlag Hermann Böhlaus Nachfolger Weimar, S. 213–230

Copestick, Joanna and Lloyd, Meryl: *Wohnen mit Farbe*. Nicolaische Verlagsbuchhandlung Beuermann GmbH, Berlin, 2001

Corpus der Goethezeichnungen. Bearbeiter der Ausgabe Rupprecht Matthaei. VEB E. A. Seemann Buch- und Kunstverlag, Leipzig, 1963

Die schlafende Schönheit. In: *Der Spiegel* Nr. 33, 12. 08. 1959, S. 57

Eckermann, Johann Peter: *Gespräche mit Goethe in den letzten Jahren seines Lebens* (1823–1827). Weimar, 1835

Engel, Eduard: *Goethe – der Mann und das Werk*. Concordia Deutsche Verlags-Anstalt, 1910

Feininger, Andreas: *Die Hohe Schule der Fotografie*. Econ Verlag GmbH, Düsseldorf und Wien, 1970

Finlay, Victoria: *Colour: Travels through the paintbox*. Sceptre, 2007

Frieling, Heinrich: *Die Sprache der Farben; Vom Wesen des Lichts und der Farben in Natur und Kunst*. München und Berlin, 1939

Flórián, Mária: Öltözködés (Kleidung) In: *Magyar Néprajz IV. Életmód [Ungarische Volkskunde IV, Lebensweise]*. Chefredakteur: Iván Balassa. Akadémiai Kiadó, Budapest, 1997

Gage, John: *Kulturgeschichte der Farbe von der Antike bis zur Gegenwart*. E. A. Seemann Verlag, Leipzig, 2009

Gage, John: *Die Sprache der Farben. Bedeutungswandel der Farbe in der Wissenschafts- und Kunstgeschichte*. E. A. Seemann Verlag in der Seemann Henschel GmbH & Co. KG. Leipzig, 2010

Goethe, Johann Wolfgang von: *Beiträge zur Optik*. Verlag des Industrie-Comptoirs, Weimar, 1791

Goethe, Johann Wolfgang von: *Zur Farbenlehre*. Band 28. Stuttgart und Tübingen J. G. Cotta'scher Verlag, 1851

Goethe, Johann Wolfgang von: *Farbenlehre*. Band 1 Entwurf einer Farbenlehre. Mit Einleitungen und Kommentaren von Rudolf Steiner. Verlag Freies Geistesleben, 7. Auflage, 2003

Goethe, Johann Wolfgang von: *Farbenlehre*. Band 2 Vorarbeiten und Nachträge zur Farbenlehre. Mit Einleitungen und Kommentaren von Rudolf Steiner. Verlag Freies Geistesleben, 7. Auflage, 2003

Goethe, Johann Wolfgang von: *Die Tafeln zur Farbenlehre und deren Erklärungen*. Mit einem Nachwort von Jürgen Teller. Insel Verlag, Frankfurt/Main und Leipzig, 1994

Goethes Farbenlehre. Ausgewählt und erläutert von Rupprecht Matthaei. Otto Maier Verlag, Ravensburg, 1971

Fontana, David: *The Secret Language of Symbols*. Duncan Baird Publishers, 1993

Fotolexikon. Akadémiai Kiadó, Budapest, 1963

Hedgecoe, John: *Meisterschule der Photographie*. Hallwag Verlag, Bern und Stuttgart, 1978

Heimendahl, Eckart: Licht und Farbe. Walter de Gruyter and Co., Berlin, 1974

Herold, Ragna – Beuster, Kirsten: *Verschiedene Farbenlehren im Vergleich, ihre Bedeutung und Anwendbarkeit*. Studienarbeit. Vergolderei Beuster Atelier, Hamburg

Höpfner, Felix (Berlin): „Wirkungen werden wir gewahr [...]" Goethes „Farbenlehre" im Widerstreit der Meinungen. In: *Goethe-Jahrbuch Band 111*. 1994, Verlag Hermann Böhlaus Nachfolger, Weimar, S. 203–211

Hruska, Rudolf: *Általános színtan és színmérés [Allgemeine Farbenlehre und Farbmessung]*. Közgazdasági és Jogi Kiadó, Bp., 1956

Itten, Johannes: *Kunst der Farbe*. Studienausgabe. Otto Maier Verlag, Ravensburg, 1966/67

Kandinsky, Wassily: *Über das Geistige in der Kunst*. 1912 (Internet)

Kepes, György: *A látás nyelve [Die Sprache des Sehens]*. Gondolat Kiadó, Budapest, 1979

Kepes, György: *A világ új képe a művészetben és a tudományban [Das neue Weltbild in der Kunst und in der Wissenschaft]*. Corvina Kiadó, Budapest, 1979

Király, Sándor: *Általános színtan és látáselmélet [Allgemeine Farbenlehre und Theorie des Sehens]*. Tankönyvkiadó, Budapest, 1983

Kner, Imre: *A színharmónia [Die Farbharmonie]*. Überarbeiteter Sonderdruck im XXIV. Band des Jahrbuches der Ungarischen Drucker 1909, Gyoma, 1909

Küppers, Harald: *Farbe – Ursprung, Systematik, Anwendung*. Callwey Verlag München, 1987

Küppers, Harald: *Schule der Farben*. DuMont Buchverlag, Köln, 2001

Langford, Michael: Enzyklopädie der Fotopraxis. Weltbild Verlag GmbH, Augsburg, 1987

Leonardo da Vinci: *A festészetről [Über die Malerei, Trattato della pittura]*. Corvina Kiadó, 1973

Lawson, Andrew: *Das Gartenbuch der Farben*. Ellert and Richter Verlag GmbH, Hamburg, 1997

Liedl, Roman: *Die Pracht der Farben*. Eine Harmonielehre mit Bildbeispielen. BI Wissenschaftsverlag, Mannheim-Leipzig-Wien-Zürich, 1994

Lionardo da Vinci: *Das Buch von der Malerei*. Nach dem Codex Vaticanus (Urbinas) 1270, Wilhelm Braumüller K. K. Hof- und Universitätsbuchhändler, Wien, 1882

Lukács, Gyula: *Színmérés [Farbmessung]*. Műszaki Könyvkiadó, 1982

Life die Photographie: Licht und Film. Time-Life International (Nederland) N. V., 1971

Die Farbe. Time-Life International (Nederland) B. V., 1973 Matthaei, Rupprecht: *Goethes Farbenlehre*. Otto Maier Verlag, Ravensburg, 1971

Moholy-Nagy, László: *Festészet, fényképészet, film [Malerei, Fotografie, Film]*. Corvina Kiadó, Budapest, 1978

Nemcsics, Dr. Antal: *Színtan – Színdinamika [Farbenlehre – Farbendynamik]*. Für Architekturstudenten, Manuskript. Tankönyvkiadó, Budapest, 1979

Nemcsics, Dr. Antal: *Színdinamika. Színes környezet tervezése [Farbdynamik. Planung der farbigen Umwelt]*. Akadémiai Kiadó, Budapest, 2004

Ostwald, Wilhelm: *Die Farbenfibel*. Verlag Unesma GmbH., Leipzig, 1928

Passuth, Krisztina: *Moholy-Nagy*. Corvina Kiadó, 1982

Sain, Márton: *A fény birodalma. [Das Reich des Lichts]*. Gondolat zsebkönyvek, Budapest, 1980

Schmidt, Alfred: *Goethes herrlich leuchtende Natur*. Philosophische Studie zur deutschen Spätaufklärung. München, 1984

Sechszehn Tafeln zu Goethe's Farbenlehre und siebenundzwanzig Tafeln zu Dessen Beiträge zur Optik nebst Erklärung. Stuttgart und Tübingen, J. G. Cotta'scher Verlag, 1842

Sevcsik, Dr. Jenő: *Fényképezés [Fotografie]*. Műszaki Könyvkiadó, Budapest, 1965

Steiner, Rudolf: *A színek lényegéről [Über das Wesentliche der Farben]*. Eine Skizze der Farbenlehre. ZH Kiadó, Budapest, 2003

Steiner, Rudolf: *Das Wesen der Farben*. Philosophisch-Anthroposophischer Verlag am Goetheanum, Dornach, 1942

Steiner, Rudolf: *Das Wesen der Farben. 3 Vorträge*. Rudolf Steiner Online Archiv, 4. Auflage, 2010

Szőnyi, István (Ed.): *A képzőművészet iskolája [Die Schule der Bildenden Kunst]*. Ausgabe von Andor Győző, Budapest, 1941

Teicher, Gerhard (Ed.): *Handbuch der Fototechnik*. VEB Fotokinoverlag, Leipzig, 1974

Thurn, Hans Peter: *Farbwirkungen. Soziologie der Farbe*. DuMont Buchverlag, Köln, 2007

Vigotsky, Lev Semionovits: *Művészetpszichológia [Psychologie der Kunst]*. Kossuth Kiadó, Budapest, 1968

Weber, Ernst A.: *Sehen, Gestalten und Fotografieren*. Birkhäuser Verlag, Basel-Boston-Berlin, 1990

Wehlte, Kurt: *Werkstoffe und Techniken der Malerei*. Otto Maier Verlag, 1967

Windisch, Hans: *Schule der Farben-Fotografie*. Heering-Verlag in Harzburg, 1939

Wingler, Hans M.: *Das Bauhaus. Weimar Dessau Berlin 1919–1933 und die Nachfolge in Chicago seit 1937*. Verlag Gebr. Rasch and DuMont Schauberg, 1975

Wolff, Dr. Paul: *Sonne über See und Strand*. Ein Oskar-Barnack-Gedächtnisbuch. H. H. Bechhold Verlag, Frankfurt am Main

Zajonc, Arthur: *Die gemeinsame Geschichte von Licht und Bewusstsein*. Rowohlt Verlag GmbH, Reinbek bei Hamburg, 1994

In [ ] Klammern: deutsche Übersetzung der ungarischen Titel

REGISTER

A

Ács, Anna (1953) ungarische Kunsthistorikerin *4*

Aquilonius, Franciscus (1567–1617) belgischer Jesuit *26*

Albers, Josef (1888–1976) deutschstämmiger amerikanischer Maler, Kunstpädagoge *7, 8, 24, 34, 44, 45, 46, 99, 100, 104, 105, 124, 129, 130, 131, 135, 140, 149, 197, 198*

Alberti, Leon Battista (1404–1472) italienischer Baumeister, Humanist *13, 34*

Alhazen (Ibn al-Haitham, um 965–1040/41) arabischer Naturwissenschaftler, Mathematiker *12*

Angelico, Fra (um 1400–1455) italienischer Maler *127, 132*

Aquin, Thomas von (1224/25–1274) italienischer Theologe, Vertreter der christlichen Mystik *138*

Aristoteles (384–322 v. Chr.) griechischer Philosoph *7, 10, 11, 12, 13, 16, 34, 104, 160, 170*

Auber, János (1943) ungarischer Chemiker *4*

B

Bartha, Ágnes (1943) ungarische Email-Künstlerin, Goldschmied *172*

Bartók, Béla (1881–1945) ungarischer Komponist, Pianist, Forscher der Volksmusik *114*

Bauhaus (1919 Weimar, ab 1926 Dessau, von 1932 bis 1933 Berlin) *7, 23, 24, 44, 116, 135, 141, 168, 199*

Beethoven, Ludwig van (1770–1827) deutscher Komponist *118, 119*

Beke, László (1944) ungarischer Kunsthistoriker *4*

Bezold, Wilhelm von (1837–1907) deutscher Physiker, Mathematiker, Meteorologe *24, 53, 130*

Blon, Jacob Christof Le (1667–1741) deutscher Maler und Grafiker, Erfinder des Dreifarben-Drucks *101, 102*

Bohus, Zoltán ungarischer Bildhauer *79*

Bois-Reymond, Emil Heinrich Du (1818–1896) deutscher Physiologe, Begründer der experimentellen Elektrophysiologie *36*

Botticelli, Sandro (1444–1510) italienischer Maler *127*

Brinkmann, Donald (1909–1963) deutscher Philosoph *151*

Bruno, Giordano (1548–1600) italienischer Philosoph, Mönch *13*

Büttner, Christian Wilhelm (1716–1801) deutscher Naturwissenschaftler, Sprachprofessor *16*

C

Castel, Louis-Bertrand (1688–1757) französischer Mathematiker *116, 167*

Cézanne, Paul (1839–1906) französischer Maler *105*

Chagall, Marc (1889–1985) russischer Maler *127, 185, 186, 187*

Chevreul, Michel Eugène (1786–1889) französischer Chemiker *23, 24, 27, 41, 75, 99, 101, 104*

Ciurlionis, Mikalajus Konstantinus (1875–1911) litauischer Maler *116*

Crille, George Washinton (1864–1943) amerikanischer Philosoph *151*

D

Daguerre, Louis Lacques Mandé (1787–1851) französischer Chemiker, Erfinder der Fotografie (mit Nièpce) *12*

Dalton, John (1766–1844) englischer Physiker und Chemiker *36*

Delacroix, Eugène (1798–1863) französischer Maler *7, 18, 101, 104, 112*

Demokrit (um 460–371 v. Chr.) griechischer Philosoph *10*

De Stijl holländische Kunstbewegung, gegründet 1917 *24*

Dinshah, P. Ghadiali (1873–1966) indischer Philosoph *151*

Dove, Heinrich Wilhelm (1803–1879) preußischer Meteorologe, Physiker *36*

Dubuffet, Jean (1901–1985) französischer Maler, Bildhauer, Collage- und Aktionskünstler *157*

E

Eckermann, Johann Peter (1792–1854) Biograf und Mitarbeiter Goethes in dessen letzten Lebensjahrzehnt *36*

Elisabeth, die Heilige (Elisabeth von Thüringen, 1207–1231) Tochter des ungarischen Königs Andreas II. und der Gertrud von Andechs *126*

Empedokles (um 495– 435 v. Chr.) griechischer Philosoph, Arzt *10*

Farkas, Attila (1929) ungarischer erzbischöflicher Ratgeber, Kunsthistoriker *4, 183*

Fechner, Gustav Theodor (1801–1887) deutscher Philosoph und Physiker *99*

Feininger, Andreas (1906–1999) deutscher Fotograf *8*

Féré, Charles (1852–1907) französische Physiologe *151*

Festetics, Tassilo (1850–1933) ungarischer Graf *166*

Forsius, Aron Sigfrid (1550–1637) finnischer Mathematiker, Astronom, Geistlicher *26*

Fresnel, Augustin Jean (1788–1827) französischer Physiker *20, 82*

Fülep, Lajos (1885–1970) ungarischer Kunsthistoriker *40*

Fűköh, Levente (1951) ungarischer Biologe *113, 170*

G

Galilei, Galileo (1564–1642) italienischer Physiker und Astronom *13, 14*

Gautier d'Agoty, Jean Fabien (1747–1781) Franzose, einer der Pioniere des Farbdrucks *102*

Glisson, Francis (1597–1677) englischer Arzt, Physiker *26*

Goethe, Johann Wolfgang von (1749–1832) deutscher Schriftsteller, Dichter *8, 9, 11, 15, 16, 17, 18, 19, 20, 23, 24, 25, 35, 36, 37, 38, 39, 40, 41, 42, 48, 49, 52, 53, 54, 55, 66, 68, 72, 73, 74, 75, 76, 77, 79, 80, 81, 82, 83, 84, 89, 90, 91, 92, 94, 95, 97, 98, 100, 102, 104, 106, 108, 109, 110, 112, 113, 114, 115, 116, 120, 121 124, 127, 128, 132, 133, 134, 139, 141, 145, 148, 149, 150, 151, 153, 154, 155, 156, 158, 160, 162, 163, 164, 167, 168, 170, 171, 172, 174, 175, 176, 177, 178, 181, 188, 197, 198, 199*

Gregor XIII. (1572–1585) Papst *182*

Gropius, Walter (1883–1969) deutschstämmiger Architekt, mit Itten Begründer des Bauhauses *23*

Grünewald, Matthias (1470/80–1528) deutscher Maler *127*

G. Szabó, István (1962) ungarischer Ingenieur *4, 82, 83*

H

Hamilton, Mary-Victoria (1850–1922) englische Herzogin, Gemahlin des Grafen Tassilo Festetics *166*

Hartwig, Josef (1880–1956) deutscher Bildhauer, Designer *116*

HEISENBERG, WERNER KARL (1901–1976) deutscher Nobelpreisträger (1932) Physik-Theoretiker, bedeutenster Vertrer der modernen Quantenphysik *39*

HELMHOLTZ, HERMANN LUDWIG FERDINAND VON (1821–1894) deutscher Physiker, Physiologe, Arzt *21, 36, 101*

HEREND – 1820 gegründete, auch heute noch produzierende ungarische Porzellanmanufaktur, bekannt für ihre handbemalten Produkte. In der Zeit des Historismus entwickelte die Manufaktur ihren einzigartigen Dekorstil: Kombination von europäischen und östlichen Motiven *165, 171*

HERING, EWALD (1834–1918) deutscher Physiologe, Hirnforscher, Psychologe *22, 23, 24, 113, 134, 135*

HICKETHIER, ALFRED (1903–1967) deutscher Drucker *29*

HIRSCHFELD-MACK, LUDWIG (1893–1965) Werkstattleiter am Bauhaus *116, 117*

HÖLZEL, ADOLF (1853–1934) deutscher Maler, Pädagoge *18, 24, 104, 116, 124, 135*

HUMBOLDT, ALEXANDER FREIHERR VON (1769–1859) deutscher Naturforscher *165*

HUSZÁR, VILMOS (1884–1960) ungarischer Maler, Grafiker und Schriftsteller *24, 159*

HUYGENS, CHRISTIAN (1629–1695) holländischer Physiker, Astronom, Mathematiker *13, 20*

I

ILLIES, CHRISTIAN F. R. (1964) deutscher Philosoph, Professor *26*

INNOZENZ III. (1160/61–1276) Papst *12*

INNOZENZ IV. (1195–1254) Papst *145*

IPOLYI (STUMMER), ARNOLD (1823–1886) ungarischer Bischof, bedeutende Persönlichkeit der ungarischen Kunstgeschichte *163*

ITTEN, JOHANNES (1888–1967) Schweizer Maler, Kunstpädagoge, mit Gropius Gründer des Bauhauses *23, 55, 75, 104, 126, 135, 138, 146, 151*

J

JAHN, STEFANIE (1965) deutsche Restauratorin für Gemälde, Museumskonservatorin *4*

JOHANNES PAUL II. (1978–2005) Papst *182*

JOHNSON, PHILIP (1906–2005) amerikanischer Architekt *155*

K

KANDINSKY, WASSILY (1866–1944) russischer Maler *8, 23, 24, 66, 105, 113, 116, 132, 133, 135, 137, 154, 157, 158, 160, 164, 166, 168, 169, 170, 173, 174, 176*

KASS, JÁNOS (1927–2010) ungarischer Graphiker, Bildhauer *114*

KEPES, GYÖRGY (1906–2001) ungarischer Maler, Designer *8*

KEPLER, JOHANNES (1571–1630) deutscher Astronom *13*

KERESZTES, DÓRA (1953) ungarische Grafikerin *4, 48, 50, 53, 75, 81*

KERTÉSZ, ANDRÉ (1894–1985) amerikanischer Fotograf ungarischer Abstammung *188*

KIRCHER, ATHANASIUS (1601/2–1680) deutscher Universalgelehrter, Jesuit, lehrte Mathematik, Philosophie und orientalische Sprachen *26*

KLEE, PAUL (1879–1940) schweizer Maler und Grafiker, Lehrer des Bauhauses *18, 24, 135, 141*

KLEIN, YVES (1928–1962) französischer Maler, Performance-Künstler *173*

KNER, IMRE (1890–1944) ungarischer Drucker, Buchdesigner *40, 41, 42, 43, 117, 118, 197*

KNER, IZIDOR (1860–1935) ungarischer Drucker, Verleger *40*

KODÁLY, ZOLTÁN (1882–1967) ungarischer Komponist, Forscher der Volksmusik *43, 117, 118*

KOPERNIKUS, NIKOLAUS (1473–1543) polnischer Physiker *13*

KOVÁCS, KORNÉL (1934–2004) ungarischer Fotograf *174*

KOVÁCS, MIHÁLY (1818–1892) ungarischer Maler *163*

KOZMA, LAJOS (1884–1948) ungarischer Architekt, Kunsthandwerker, Grafiker *40*

KRÁL, ÉVA (1943) ungarische bildende Künstlerin, Restauratorin *71*

KÜPPERS, HARALD (1928) deutscher Farbforscher, Patente zur Verbesserung des Mehrfarbdrucks, Dozent für Farbenlehre *8, 24, 31, 66, 105, 197*

L

LAMBERT, JOHANN HEINRICH (1728–1777) deutscher Physiker, Mathematiker, Astronom, Philosoph *27*

LAND, EDWIN HERBERT (1909–1991) amerikanischer Physiker, Erfinder der Polaroid-Kamera *24, 25*

LE CORBUSIER (1887–1965) französissch-schweiz. Architekt, Stadtplaner und Maler *142*

LEONARDO DA VINCI (1452–1519) italienischer Maler, Bildhauer, Architekt, Konstrukteur, Schriftsteller und Naturwissenschaftler *7, 13, 14, 18, 32, 33, 34, 35, 55, 57, 102, 104, 110, 120, 122, 138*

LÉGER, FERNAND (1881–1955) französischer Maler *127, 141*

LIEDL, ROMAN (1940) deutscher Physiker, Mathematiker, Professor *8, 63, 77, 105, 114, 123, 135, 137*

LOCHNER, STEFAN (um 1400–1451) deutscher Maler *127*

M

MARGIT DIE HEILIGE (1242–1271) Tochter des ungarischen Königs Béla IV. *156*

MATISSE, HENRI (1869–1954) französischer Maler *24, 127*

MATTHIAS (1443–1490) ungarischer König von 1458 bis 1490 *32*

MAYER, TOBIAS JOHANN (1723–1762) deutscher Mathematiker *27*

MAULBERTSCH, FRANZ ANTON (1727–1796) deutscher Maler *121, 176*

MAURER, DÓRA (1937) Prof. Em., ungarische bildende Künstlerin *4, 8, 108*

MAXWELL, JAMES CLERCK (1831–1879) englischer Physiker *21, 24, 61, 64, 101*

MENGYÁN, ANDRÁS (1945) ungarischer bildender Künstler, Designer, Professor *82*

MIES VAN DER ROHE, LUDWIG (1886–1969) deutsch–amerikanischer Architekt, Direktor des Bauhauses 1930–1933 *155*

MIRÓ, JOAN (1893–1983) spanischer Maler, Keramiker, Bildhauer *127*

MODENA, NICOLETTO DA (1480–1538) italienischer Maler *12*

MOHOLY-NAGY, LÁSZLÓ (1895–1946) ungarischer Maler, Fachautor für Fotografie und Kunst, Begründer der modernen Fotografie *8, 24, 135, 141*

MONDRIAN, PIET (1872–1944) holländischer Maler, Mitbgründer und einflussreichstes Mitglied der De-Stijl-Bewegung *24, 127, 159*

MONET, CLAUDE (1840–1926) französischer Maler, wichtigster Vertreter des französischen Impressionismus *112*

MONGE, GASPARD (1748–1818) französischer Mathematiker *51*

MOZART, WOLFGANG AMADEUS (1756–1791) österreichischer Komponist *23, 127*

MUDRÁK, ATTILA (1958) ungarischer Fotograf *156, 161*

MUNSELL, ALBERT HENRY (1858–1918) amerikanischer Maler *27, 29, 66, 69, 197*

N

NAGY, GERGELY (1957) ungarischer Architekt *4*
NAGY, TAMÁS (1951) ungarischer Architekt *117*
NAPOLEON, BONAPARTE (1769–1821) französischer Kaiser *60*
NEMCSICS, ANTAL (1927) ungarischer Maler, Farbendesigner, Professor *8, 22, 31, 140, 142*
NÉMETH, ZSOLT (1958) ungarischer Physiker, Dozent *4*
NEWTON, ISAAC, SIR (1643–1727) englischer Physiker, Naturwissenschaftler, Mathematiker, Astronom *10, 11, 14, 15, 16, 17, 21, 25, 36, 38, 39, 40, 41, 72, 82, 83, 84, 90, 101, 102, 116*
NIÈPCE, JOSEPH NICÉPHORE (1765–1833) französischer Offizier, dann Lithograf, Erfinder der Fotografie (mit Daguerre) *12*

O

OROSZ, ISTVÁN (1951) ungarischer Graphiker *4, 11, 127*
OSTWALD, WILHELM FRIEDRICH (1853–1932) deutscher Physiker, Nobel-Preisträger für Chemie *23, 24, 28, 29, 41, 58, 135, 158, 159, 197*

P

PANTONE, VERNER (1926–1998) dänischer Designer *31*
PAUL II. (1464–1471) Papst *146*
PERKIN, WILLIAM HENRY (1838–1907) englischer Chemiker *60, 180*
PÉRELI, ZSUZSA (1947) ungarische Textilkünstlerin *101, 158*
PICASSO, PABLO RIUZ (1881–1973) spanischer Maler *127, 173*
PIUS V. (1504–1572) Papst *12, 182*
PLATON (427– 347 n. Ch.) griechischer Philosoph *10, 12*
POLNAUER, CECÍLIA (1945) ungarische Optikingenieurin *4*
PORTA, GIAMBATISTA DELLA (1535–1615) Erfinder der Camera Obscura *26*
PURKINJE, JAN EVANGELISTA RITTER VON (1787–1869) tschechischer Physiologe *52, 53*
PYTHAGORÄER – Nachfolger der Lehren des griechischen Philosophs Pythagoras (um 560 – um 480 v. Chr.) *10*

R

RAJ, TAMÁS (1940–2010) ungarischer Rabbi, Historiker *4, 187*
REISINGER, DAN (1934) israelischer Graphiker, Kunsthandwerker, Honorarprofessor der Moholy-Nagy-Universität für Kunsthandwerk und Gestaltung, Budapest *5*
REMBRANDT, HARMENS VAN RIJN (1606–1669) holländischer Maler *43*
RENOIR, PIERRE-AUGUST (1841–1919) französischer Maler *112*
RÉNYI, KATALIN (1951) ungarische bildende Künstlerin *4, 161*
RICHTER, MANFRED (1905–1990) erstellte den Entwurf des Farbsystema DIN 6164, leitete später alle Normungsarbeiten für die Deutsche Industrie Norm (DIN) *30*
RIETVELD, GERRIT (1888–1964) holländischer Architekt und Designer, Mitglied der De-Stijl-Gruppe *24*
ROOD, NICOLAS OGDEN (1831–1902) amerikanischer Physiker *101*
RÓTH, MIKSA (1865–1944) ungarischer Kunsthandwerker, Glasmaler *20*
RUBENS, PETER PAUL (1577–1640) flämischer Maler *26*
RUNGE, PHILIPP OTTO (1777–1810) deutscher Maler, Zeichner, Theoretiker *15, 24, 27, 66, 68, 69, 126*

S

SCHILLER, FRIEDRICH VON (1759–1805) deutscher Dichter, Freund Goethes *38, 148*
SCHMIDT, ALFRED (1931) deutscher Philosoph *39*
SCHOPENHAUER, ARTHUR (1788–1860) deutscher Philosoph *20, 124, 134*
SCHRAMMEL, IMRE (1933) ungarischer Bildhauer *174*
SCHWERDFEGEL, KURT (1897–1966) deutscher Bildhauer, Lehrer am Bauhaus *116*
SEURAT, GEORGES-PIERRE (1859–1891) französischer Maler, führender Vertreter des Neoimpressionismus *101*
SIBELIUS, JEAN (1865–1957) finnischer Komponist *117*
SKRIABIN, ALEXANDER NIKOLAIEVITSCH (1872–1915) russischer Komponist *116, 117*
SOKRATES (469–399 v. Chr.) griechischer Philosoph *10*
STEINER, RUDOLF (1861–1925) österreichischer Philosoph, Schöpfer der Anthroposophie *37, 38, 72, 106, 132, 133, 151*
SZABÓ, ANDRÁS/ANDREAS (1943) ungarisch-deutscher Chemiker, Naturwissenschaftler und Naturphilosoph *4*
SZABÓ, LŐRINC (1900–1957) ungarischer Dichter, Übersetzer *40*
SZÁNTÓ (ARATOR), ISTVÁN (1541–1612) ungarischer Jesuitenpater *182*

T

THOMSON, SIR BENJAMIN, GRAF VON RUMFORD (1752–1814) deutsch–englischer Militärexperte aus den USA, Physiker, Erfinder, Naturphilosoph *76, 110, 134*
THURN, HANS PETER (1943) deutscher Philosoph, Soziologe *147*
TOLCSVAY, LÁSZLÓ (1950) ungarischer Musiker, Komponist *4, 117*
TURNER, JOSEPH MALLORD WILLIAM (1775–1851) englischer Maler *52, 127*
TYNDALL, JOHN (1820–1893) englischer Physiker *36*

V

VAJDA, ZSIGMOND (1860–1931) ungarischer Maler *110*
VAN GOGH, VINCENT (1853–1890) holländischer Maler *18, 112*
VANTONGERLOO, GEORGES (1886–1965), belgischer Bildhauer, Gründungsmitglied der De-Stijl-Bewegung *24*
VASKÓ-ÁBRAHÁM, RITA (1978) ungarische Kunsthistorikerin *4*
VERLAINE, PAUL (1844–1896) französischer Dichter *116*
VIRCHOW, RUDOLF (1821–1902) deutscher Arzt, Anthropologe, Politiker *36*
VOGEL, HERMANN WILHELM (1834–1898) deutscher Fotograf *61*

W

WRIGHT, FRANK LLOYD (1867–1959) amerikanischer Architekt *143*

Z

ZONGOR, VERONIKA (1979) ungarische Designerin *59*

Zs

ZSOLNAY – heute noch produzierendes, als Familienunternehmen gegründetes Keramikwerk in Pécs (Fünfkirchen), berühmt für seine Jugendstil-Ziergegenstände, vor allem durch die metallisch schillernde Eosin-Glasur und seine Gebäudekeramik *178*

Y

YOUNG, THOMAS (1773–1829) englischer Arzt, Physiker *20, 21*

Quellen:
Brockhaus Enzyklopaedie, 1974
Simonyi Károly: Kulturgeschichte der Physik, Budapest, 1986
Kunstlexikon 1–4., Budapest, 1994–1995
www.artportal.hu
www.britannica.hu

Erklärungen der Fach- und Fremdwörter

Absorption
Umsetzung von Strahlungsenergie in andere Energieformen verursacht durch die Wechselwirkung von Strahlung und Materie

Achromatische Farbempfindung
Eine Farbempfindung die keine Buntfarben enthält

Adaptation des Auges
Anpassungsvorgänge an die vorwiegenden Leuchtdichten und Farbreize im Gesichtsfeld

Additive Farbmischung
Bezeichnung für die Mischung von farbigem Licht aus den drei additiven Grundfarben (Violett, Grün und Orange)

Analog-Fotografie
Chemische Fixierung eines durch Licht zustandekommenen latenten Bildes mit Hilfe einer lichtempfindlichen Schicht (Film)

Auge
Teil des Sehorgans, das die äußere Welt optisch wahrnimmt und über die Sehnerven ins Gehirn weiterleitet

Camera obscura („Dunkel"-Kamera)
Lochkamera, Vorläuferin des Fotoapparats

Chiaroscuro (it.)
Das Hell-Dunkel bei Leonardo da Vinci

Clair-obscur (fr.)
Das Hell-Dunkel in Goethes Farbenlehre

Chroma
Farbe

Chromatische Farbempfindung
Von Buntfarben ausgelöste Empfindung. Reine chromatische Empfindungen entstehen durch Spektralfarben und dem gesättigten Purpurrot

Chromatischer Farbreiz
Wirkung der Buntfarben, die charakteristischen Wellenlängen zugeordnet werden können

CIE
Kürzel für „Commission Internationale de l'Éclairage" (Internationale Kommission für Beleuchtungstechnik)

CMY
Internationales Kürzel für die Grundfarben der subtraktiven Mischung, dem Cyan, Magenta und Yellow (Gelb)

Diffraktion (Beugung)
Ablenkung von Wellen (wie Wasser- oder Schallwellen, Licht- und anderen elektromagnetischen Wellen) an einem nicht durchlässigen Hindernis, dessen Größe im Wesentlichen der Größenordnung der Wellenlänge entspricht

Diffusion
Streuung eines Lichtbündels von einer Oberfläche/Materie oder in einem transparenten Material in alle Richtungen

Dispersion
Frequenz- bzw. wellenlängenabhängige Ablenkung des farbigen Lichts in durchsichtigen Körpern von unterschiedlichen optischen Dichten

Durchsichtiger Körper
Ein durchsichtiger Körper (Gegenstand) ist, der über einen entsprechend großen Lichtdurchlässigkeitsfaktor verfügt. Die sich hinter ihm befindenden Gegenstände sind scharf erkennbar

Durchschimmernder Körper
Lichtdurchlässiger, jedoch völlig oder teils Licht zerstreuender Körper. Die dahinter sichtbaren Gegenstände sind nur verschwommen wahrnehmbar

Elementare Farben
Grundfarben

Emission
Ausstrahlung von Lichtenergie

Ergonomie
Wissenschaft von der Gesetzmäßigkeit menschlicher Arbeit, deren Ziel ist die Schaffung günstiger Arbeitsbedingungen und ökonomischer Ausnützung der technischen Einrichtungen

Farbe (in psychophysischem Sinne)
Durch Lichtfrequenz oder Wellenlänge charakterisierbare, sichtbare elektromagnetische Strahlung

Farbadaption – Adaption

Farbenspektrum
von dem menschlichen Auge wahrgenommener, sichtbarer Teil des elektromagnetischen Spektrums

Farbiges Sehen
Wahrnehmungsfähigkeit chromatische Farbreize zu empfinden

Farbkonstanz
Farbbeständigkeit

Farbmetrik
Lehre von den Maßbeziehungen der Farben

Farbreiz
Wirkung physikalisch bestimmbarer und sichtbarer Strahlung, die im Auge zustande kommt

Farbtemperatur
ist ein Maß für den Farbeindruck einer Lichtquelle

Fotometrie (Lichtmessung)
Wissenschaft der Messung des ausgestrahlten bzw. reflektierten Lichts mit Fotometer

Hell-Dunkel-Kontrast
Charakteristikum zwischen zwei Farben unterschiedlicher Helligkeit

Helligkeitsgrad
Charakteristikum des Sehempfindens. Hierdurch lässt sich bewerten, ob ein gegebener Körper mehr oder weniger Licht reflektiert beziehungsweise durchlässt

Infrarotstrahlung
Nicht sichtbarer, langwelliger, elektromagnetischer Strahlungsbereich unterhalb 750 Nanometer bis etwa 1 mm

Interferenz
Überlagerungserscheinungen bei Zusammentreffen von kohärenten Schwingungen nach dem Superpositionsprinzip

Irradiation
Optische Täuschung, durch die ein heller Fleck auf dunklem Grund größer erscheint, als ein dunkler Fleck auf hellem Grund

Isomere Farben
Farben, deren spektrale Zusammensetzung sich gleicht

Kalt-Warm-Kontrast
Maximum der Polarität zwischen der psychologischen Wirkung zweier Farben

Licht
Bereich elektromagnetischer Strahlen. Sichtbar für das menschliche Auge zwischen 380 und 750 Nanometern

Lichtreiz
Im Auge auftretende Wirkung der sichtbaren Lichtstrahlung

Mesopisches Sehen
Übergangsbereich zwischen photopischem und skotopischem Sehen (Dämmerungssehen). Zapfen und Stäbchen (s. u.) sind gleichermaßen aktiv

Metamere Farben
gleich aussehende, aber auf verschiedenen spektralen Strahlungsverteilungen beruhende Farben

Mikrometer (μm)
10^{-6} Meter

Monochrom – einfarbig

Monochromatische (einfarbige) Strahlung
mit nur einer Frequenz charakterisierbare Strahlung

Nanometer (nm)
10^{-9} Meter

Perspektive
Aus einer Position dem Blickwinkel entsprechend definiert gesehenes Bild

Photopisches Sehen
bezeichnet das Sehen des Menschen bei genügender Helligkeit, wobei Farben wahrgenommen werden (Tagsehen)

Physiologie
Lehre, die sich mit Funktionen der lebenden Organismen beschäftigt

Polarisation
Eigenschaft der transversalen Wellen, z. B. lineare Polarisation, wenn die Wellen waagerecht zur Ausbreitungsebene nur in einer bestimmten Ebene schwingen

Positivismus
Richtung in der Philospophie, die ihre Forschungen auf das Positive, Tatsäschliche und Zweifellose beschränkt und sich auf Erfahrungen beruft

Prisma
Geometrische Form eines Körpers aus lichtdurchlässigem und lichtbrechendem Stoff (meistens geschliffenes Glas). Die einfachste Form ist ein Dreikantenprisma, bei dem zwei Flächen als Brechflächen dienen und deren Schnittlinien als Brechkante

Psychologie
Lehre, die sich mit seelischen Vorgängen beschäftigt, sie beschreibt und erklärt das Erleben, Empfinden und Verhalten der Menschen

Psychophysik
Lehre, die sich mit den Zusammenhängen der physischen und psychischen Reize sowie Sinnesempfindungen beschäftigt

Pupille
Die runde Öffnung der Regenbogenhaut des Auges von veränderlicher Größe, die sich weitet oder verengt, je nach Intensität der Lichtstrahlen

Purkinje-Effekt (nach seinem Entdecker benannt)
unterschiedliches Helligkeitsempfinden von Farben bei Tag und bei Dämmerung, das auf den unterschiedlichen spektralen Empfindlichkeit der Sehzellen beruht

Qualitäts-Kontrast
Stellt den Gegensatz zwischen den reinen, gesättigten Farben und den stumpfen, gebrochenen Farben dar

Quantitäts-Kontrast
Verhältnis zweier, im Farbenkreis gegenüberliegenden Farben unterschiedlicher Größe

Reflektion
Zurückwerfung der Lichtstrahlen von einer beliebigen Fläche, ohne dass die Frequenz ihrer monochromatischen Komponente verändert wird

Refraktion
In einem optisch inhomogenen Medium fortschreitende oder an der Grenze zweier optisch abweichend dichten Medien durchschreitende Lichtstrahlung, bei der das Licht unterschiedlich lange Wege zurücklegt, und dadurch aus der ursprünglichen Ausbreitungsrichtung abgelenkt wird

Remission
Absorption eines Teils des Lichtspektrums und Transmission bzw. Reflektion eines anderen Teils des Lichtspektrums durch einen Körper

Retina, Netzhaut
Lichtempfindliche dünne Membran auf der inneren Fläche des Auges, wo unter anderem die Sehnerven (Zapfen und Stäbchen) enden

RGB
Internationales Kürzel für die Farben der additiven Farbmischung: red (Orange), green (Grün) und blue (Violett)

Sehorgan
Gesamtheit der Organe, die aus dem Auge, den Sehnerven und bestimmten Teilen des Gehirns bestehen. Diese formen den Lichtreiz in solche Signale um, deren subjektive Auswirkung die Sehempfindung darstellt

Sfumato (it.) „verraucht"
Technik der Ölmalerei im Mittelalter (Leonardo da Vinci) bei der die Weichheit der Konturen durch den verschwimmenden Übergang zwischen dunklen und hellen Schattierungen erreicht wurde

Simultan – gleichzeitig

Sinnlich-sittliche Ausstrahlung
ästhetisch- psychische Wirkung der Farben in Goethes Farbenlehre

Skotopisches Sehen
Sehen bei geringer Helligkeit, wenn die Wirkung der Stäbchen (s. u.) dominiert. Sie rufen eine achromatische Farbempfindung hervor. Im Gegensatz zum photopischen Sehen erfolgt keine Farbwahrnehmung (Nachtsehen)

Stäbchen
Besonders lichtempfindliche Elemente der Nervenmembran (Retina) des Sehorgans, welche die Lichtempfindung des Auges der Dunkelheit anpassen

Strahlung
Aussendung (Emission) von Energie sowie ihre Ausbreitung in Form von elektromagnetischen Wellen oder Teilchen

Stundenbuch
Es wurde für wichtige Persönlichkeiten als Gebetsbuch mit Kalendarium der Heiligen und biblischen Texten geschrieben

Subtraktive Farbmischung
Die Änderung eines Farbreizes bei Durchgang durch ein Medium oder Reflexion von einer Oberfläche

Sukzessiver Kontrast
Allmählich entstehendes negatives Nachbild, das beim Betrachten einer Farbe durch Ermüdung der Sehnerven im Auge in der entsprechenden Gegenfarbe entsteht

Transmission
Durchgang der Strahlen durch ein beliebiges Medium, ohne dass die Frequenz ihrer monochromatischen Komponente verändert wird

Ultraviolette Strahlung (UV-Strahlung)
Nicht sichtbarer, kurzwelliger, elektromagnetischer Strahlungsbereich, umfasst einen Wellenbereich von 100 bis 380 nm

Virtuell
Scheinbares Bild

Weber-Fechner-Gesetz
Die subjektiv empfundene Stärke von Sinneseindrücken verhält sich proportional zum Logarithmus der objektiven Intensität des physikalischen Reizes

Zapfen
Besonders lichtempfindliche Elemente der Nervenmembran (Retina) des Sehorgans, welche die Licht- und Farbempfindung des auf Helligkeit angepassten Auges sichern

Inhaltsverzeichnis

Einführung   7
Geschichtliche Übersicht   10
Die Systematisierung der Farben   26
Leonardo da Vinci der Renaissancegelehrte   32
Goethes Farbenlehre   36
Ein ungarischer Buchdrucker im Dienste des allgemeinen Geschacks:
Die Harmonielehre des Imre Kner   40
Josef Albers, der Magier der Farben   44
Grundkenntnisse der Farbenlehre   48
  Das Licht, Ursprung der Farbe   48
  Was ist Farbe?   49
  Der Vorgang des Farbensehens   49
  Die Anpassung des Auges an das Licht   51
  Farbkonstanz   51
  Die Relativität des Farbensehens   51
  Die Körperfarben   53
  Sieht man richtige Farben?   54
  Über die Benennung der Farben   56
  Einige Grundbegriffe   56
  Der Farbenkreis   57
  Die isomeren und metameren Farben   58
  Die Mischung der Farben   58
    Die Farben der Malerei und die subtraktive Mischung der Farben   59
    Die Mischung der farbigen Strahlen: die additive Mischung   64
  Die Qualifizierung der Farben   66
Auf den Spuren Goethes: eine Wanderung ins Reich der Farben   72
  Die Welt der „physiologischen" Farben   72
    Die Sinnestäuschungen des Auges: das Phänomen der Irradiation   73
    Farben, die nur innerhalb des menschlichen Sehorgans erscheinen:
    Nachbilder und farbige Schatten   74
    Die farbigen Schatten   76
  Die sogenannten „physischen" Farben   79
    Dioptrische Farben   79
    Katoptrische Farben   82
    Paroptische Farben   83
    Epoptische Farben   83
    Entoptische Farben   83
    Farbenspiele durch Goethes Prisma   84
  „Chemische" Farben   98
    Steigerung   98
    Scheinbare Mischung (optisch-additive Mischung)   100
    Die in Schatten entstehenden Bilder (scheinbare Mitteilung)   102
Die Wechselwirkung der Farben: Farbkontraste – Farbklänge   104
  Die charakterlosen Farbzusammenstellungen   106
  Charakteristische Farbzusammenstellungen   108
  Der Komplementär-Kontrast   110

    Variationen zum Komplementär-Kontrast   114
        „Schiefer" Kontrast   114
        „Gespaltener" Komplementär-Kontrast   115
    Dreiklänge   115
    Der Dur- und Moll-Farbklang   116
    Der Hell-Dunkel-Kontrast   120
    Der Qualitäts-Kontrast   122
    Quantitäts-Kontrast   124
    Der Farbe-an-sich-Kontrast   126
    Der Kalt-Warm-Kontrast   128
    Der Bezold-Effekt   130
CHARAKTERISTISCHE EIGENHEITEN EINZELNER FARBEN   132
TOTALITÄT UND HARMONIE   134
DIE RAUMWIRKUNG DER FARBEN   138
FARBDYNAMIK   141
FARBPRÄFERENZEN – DIE SUBJEKTIVE BEURTEILUNG DER FARBEN   145
DIE TEMPERAMENTENROSE   148
FARBENKREIS DES MENSCHLICHEN SEELENLEBENS   148
FARBENDREIECK   149
STIMMUNGSERWECKENDE WIRKUNG DER FARBEN   150
DIE UNBUNTEN FARBEN   153
    Die Farbe Weiß   153
    Die Farbe Schwarz   155
    Weiß und Schwarz   157
    Die Farbe Grau   158
DIE „ROTEN" FARBEN DES FARBENKREISES   160
    Orange   162
    Magenta   163
    Rot   166

    Dotter   167
    Gelb   168
    Grün   170
DIE „BLAUEN" FARBEN DES FARBENKREISES   172
    Violett   174
    Cyan   176
    Blau   178

    Türkis   179
    Lila   180
FARBENSYMBOLIK IM BEREICH DER KULTUREN, INSBESONDERE IN DER KATHOLISCHEN KIRCHENLITURGIE   181
DIE FARBEN IM ALTEN TESTAMENT UND IN DER JÜDISCHEN TRADITION   184
DIE FARBENSYMBOLIK DES ALLTAGS   188
EXPERIMENTE ZU FARBPHÄNOMENEN   191
FARBBEZEICHNUNGEN DER IM BUCH ERWÄHNTEN WICHTIGSTEN FARBSYSTEME   197
LITERATURVERZEICHNIS   198
REGISTER   200
ERKLÄRUNGEN DER IM BUCH VORKOMMENDEN FACH- UND FREMDWÖRTER   203

Dank

Für die vielseitige Hilfe und Mitarbeit beim Zustandekommen dieses
Buches richtet der Autor seinen Dank an
Nora Aristova, Josef Bartholemy, Éva Bajkay, Géza Buzinkay, Christopher Claris,
László Czoma, István Dékán, Hedvig Dvorszky, Béla Egri, Emporium GmbH,
Magdolna und Dieter Ernst, Géza Érszegi, Zsolt Fodor, Csaba Gabler, Rózsa Glóner,
Katalin Gopcsa, Marianne Haás, György Haiman, László Hegyeshalmi d. Ä,
Lajos Horváth, Tibor Kádár, Katy Keller, Tibor Keller, Kéri Pálné, Erika Korányi,
Mimi Kratochwill, Ernst Löchelt, Gábor Magyar, Miklós Maloschik, János Megyik,
Attila Mudrák, Katalin Nagy, Márta Németh, Erika Ortner, Gábor Papp, Gábor György Papp,
Mária Pataki, Ráchel Raj, Katalin Rényi, László Róka, László Rosivall, Ulrich Schumacher,
Márton Sass, Katalin Sárvári, Gábor Sályi, Klára Szatmári, András Székely,
Noémi Tréfás, Ungarisches Goethe-Institut, Budapest, József Vadas, Friedrich Weisert,
Gábor Zongor

Besonderer Dank gilt Sigrid Keil und Klaus Keil für ihre tatkräftige
Unterstützung bei der Durchsicht des Textes.